职业技能等级认定培训丛书
乡村振兴技能人才培养丛书

林业有害生物防治员职业培训教程

主　编　张文颖

副主编　崔亚慧　袁　率

参　编　闵　浩　曾文豪

主　审　闵水发

U0303141

华中科技大学出版社
http://press.hust.edu.cn
中国·武汉

内 容 简 介

本书紧紧围绕林业有害生物防治员国家职业技能标准规定的基础知识和工作要求确定编写内容,分上篇理论知识和下篇技能训练两大板块,设置了6章理论基础知识和12个技能训练内容。本书以培养技术应用能力为主线,以培养学习者林业有害生物防治技术的职业能力为重点,将课程内容与行业岗位需求和实际工作需要相结合,以学习者为主体、能力培养为目标、完成工作任务为载体,以工作过程为导向进行学习内容设计,在写法上突出任务实践,内容丰富,图文并茂,通俗易懂。

图书在版编目(CIP)数据

林业有害生物防治员职业培训教程 / 张文颖主编 . —武汉: 华中科技大学出版社, 2022.12
ISBN 978-7-5680-8883-1

Ⅰ.①林… Ⅱ.①张… Ⅲ.①森林植物-病虫害防治-职业培训-教材 Ⅳ.① S763.1

中国版本图书馆 CIP 数据核字(2022)第 211614 号

林业有害生物防治员职业培训教程
Linye Youhai Shengwu Fangzhiyuan Zhiye Peixun Jiaocheng

张文颖 主编

策划编辑:彭中军
责任编辑:李曜男
封面设计:孢 子
责任监印:朱 玢
出版发行:华中科技大学出版社(中国·武汉)   电话: (027)81321913
　　　　　武汉市东湖新技术开发区华工科技园   邮编:430223
录　　排:武汉创易图文工作室
印　　刷:武汉科源印刷设计有限公司
开　　本:787 mm×1092 mm   1/16
印　　张:17.5
字　　数:447 千字
版　　次:2022 年 12 月第 1 版第 1 次印刷
定　　价:49.00 元

前言

PREFACE

近年来,随着全球经济一体化速度的加快和国际贸易往来的增多,林业有害生物入侵、扩散、成灾的压力不断增加。新的外来有害生物入侵频繁,威胁加剧;已入侵的危险性有害生物正由经济发达地区向欠发达地区、由非林区和一般林区向重点林区和重要风景名胜区蔓延;森林鼠(兔)害在西北和东北地区猖獗,对新造林地构成严重威胁;有害植物在西部地区扩展迅速,严重影响林木生长、更新和生物多样性;经济林、天然次生林、灌木林和荒漠植被有害生物问题日渐突出,逐步由次要矛盾转为主要矛盾。所以,培养从事林业有害生物预防、除治作业及技术服务的专业人员是当今林业生态保护事业的迫切要求。

本书紧紧围绕林业有害生物防治员国家职业技能标准规定的基础知识和工作要求确定编写内容,分上篇理论知识和下篇技能训练两大板块,设置了6章理论基础知识和12个技能训练内容。本书以培养技术应用能力为主线,以培养学习者林业有害生物防治技术的职业能力为重点,将课程内容与行业岗位需求和实际工作需要相结合,以学习者为主体、能力培养为目标、完成工作任务为载体,以工作过程为导向进行学习内容设计,在写法上突出任务实践,内容丰富,图文并茂,通俗易懂。

同时,本书在每个章节后都附了有启发性、创造性的复习思考题,包括单选题、多选题和判断题等客观题。学习者可在学习之余进行针对性训练。

本书由湖北生态工程职业技术学院张文颖担任主编,由湖北生态工程职业技术学院崔亚慧、袁率担任副主编,由闵浩、曾文豪参编,由闵水发主审。第一章、技能训练一~三由袁率编写,第二章,第六章,技能训练五、六、十一、十二由张文颖编写,第三章,技能训练九、十由崔亚慧编写,第四章、技能训练八由闵浩编写,第五章,技能训练四、七由曾文豪编写。

本书在编写的过程中,得到了许多同行的大力支持和帮助,并得到了许多宝贵意见。这里还需要说明的是,书中参阅和借鉴了国内外专家学者的研究成果,在此一并表示诚挚的感谢。

由于时间仓促、作者水平有限、涉及内容广泛、技术性很强,书中不妥或疏漏之处在所难免,敬请各位同行和读者批评指正。

编 者

目录
CONTENTS

上篇 理论知识

下篇　技能训练

上篇 理论知识

第一章
林业基础知识

一

林业是指保护生态环境、保持生态平衡、培育和保护森林以取得木材和其他林产品、利用林木的自然特性发挥防护作用的生产部门,是国民经济的重要组成部分之一。森林是林业管理的主体,林业基础知识包括森林生态知识、森林培育知识、森林调查知识等。这些知识都是日常林业工作开展不可或缺的内容,是林业工作顺利开展的基础。

第一节　森林生态知识

生态主要是指环境与生物之间的关系,包含生物对环境的影响,也包含环境对生物的影响。森林的生长发育离不开其生长的环境,森林与其周围环境之间的关系即森林生态。森林生态的因子有很多种,主要有光、温度、水、气候、地形、土壤等。下面将从森林的定义及各个生态因子对森林植物生长的影响等方面介绍相关森林生态知识。

一、森林的定义及内涵

森林是以木本树种为主体的生物群落,该群落内生物(包括木本树种及其他植物、动物、微生物)种群之间、个体之间相互影响、相互制约、相互依存,群落内生物与所处的环境之间相互作用、相互影响,共同构成一个复杂的生态系统。森林是地球上最大的陆生生态系统,是地球表面最为壮观的植被景观。

二、森林的作用与价值

(1)森林是重要的可再生资源库。森林是陆生生态系统的主体,是陆地上最大的可再生资源库,能够提供丰富的原材料和林产品,对于支撑经济社会发展意义重大。

(2)森林是重要的生物质能源库。森林作为重要的能源库,是生产生物质能源的"绿色油田""绿色电厂"，对实施替代能源战略意义重大。

（3）森林具有强大的生态功能。森林具有固碳释氧、涵养水源、保育土壤、净化大气环境、积累营养物质及保护生物多样性等生态服务功能。

（4）森林是自然循环经济体。森林作为自然循环经济体，能够发挥可再生资源等作用，对发展绿色经济、治理环境污染、转变发展方式和扩大国内需求作用重大。

三、森林生长的相关因子

森林的培育离不开影响其生长的生态因子，影响森林及植物生长的生态因子主要有光、温度、水、气候、地形、土壤等。

（一）光因子

光是森林生长必需的生态因子，是森林生长能量的来源。对于森林植物，光主要从两个方面产生影响，一个是光照强度，另一个是光照时间（光周期）。

1.光照强度

根据植物对光照强度的适应程度，植物分为阳性植物、阴性植物、中性植物。

（1）阳性植物也称喜阳性植物，是指在全光照或强光照下生长发育良好，在荫蔽或弱光下生长发育不良的植物，如马尾松、银杏、板栗、杨树、桉树等。

（2）阴性植物也称耐阴性植物，是指在弱光条件下能正常生长发育或在弱光下比强光下生长更好的植物，如云杉、蚊母树、海桐、杜鹃花、蕨类植物等。

（3）中性植物是指介于阳性植物与阴性植物之间的植物，如雪松、罗汉松、樟树、木荷、桂花、元宝槭、枫香等。

2.光周期

日照长度以小时为单位，是指不计天气状况，仅考虑大气折射，从日出到日落太阳照射的时间。日照长度会影响植物的开花情况。根据植物对光周期的不同反应，植物可以分为长日照植物、短日照植物和日中性植物。

（1）长日照植物是指日照长度超过临界日长才能开花的植物，如凤仙花、唐菖蒲、风铃草等。

（2）短日照植物是指日照长度适于临界日长时才能开花的植物，如牵牛花、一品红、菊花、蟹爪兰等。

（3）日中性植物是指开花对光照时间不敏感的植物，是只要温度、湿度等生长条件适宜就能开花的植物，如月季、紫薇等。

（二）温度因子

温度是影响森林生长发育的重要因子，植物的生理活动，都离不开温度的影响，在不同的温度影响下，生物生长的状态也不同。根据植物生长状态的不同，我们把温度分为几个层次，即植物生长温度的三基点。植物生长的三基点温度是指最低温度、最高温度、最适温度。

温度还会影响部分植物的发育状况，比如开花，结果。比如日常最常见的小麦，必须冬天播种，第二年才能开花结实。春化作用是指许多秋播植物在其营养生长期必须经过一段时间低温诱导，才能开花结实的现象。

（三）水因子

林木的生长离不开水,水是植物进行光合作用的重要物质,森林的分布同降水量有密切的关系,森林分布的区域多为年降水量大于 400 mm 的地方。

（四）气候因子

气候因子是光、水、温度、地形等因子的综合体,表现为同一性。我国分为热带季风气候、亚热带季风气候、温带季风气候、温带大陆性气候、高原气候。森林类型也因气候的差异分为热带雨林、亚热带常绿阔叶林、亚热带针阔混交林、温带落叶阔叶林、寒温带针叶林、温带草原、高原草甸等类型。

（五）地形因子

地貌类型主要有山地、丘陵、平原、盆地。

坡度是指地面两点间高差与水平距离的比值。

坡向是坡地的朝向。

坡位是坡面所处的地貌部位。

（六）土壤因子

根据土壤中各粒级土粒所占比例及其表现出的物理性质,土壤主要分为砂土、壤土、黏土三大类。

土壤固体颗粒在内外因素的综合作用下,相互团聚成大小、形状和性质不同的土团、土块、土片等团聚体,称为土壤结构。常见的土壤结构有以下几种:块状结构、核状结构、柱状和棱柱状结构、片状结构、团粒结构。

土壤的酸碱性通常用土壤溶液 pH 来表示。我国土壤的特征为"南酸北碱"。

复习思考题

一、单选题

1.在干燥多风的沙漠地区进行绿化,最理想的植物是(　　　)。

A.根系发达、矮小丛生的灌木　　　　　　B.根系发达、树冠高大的乔木

C.根系浅小、地上部分较大的植物　　　　D.根系浅小、生长快速的大叶植物

2.喜欢生活在阴湿环境中的植物种类,叶片一般大而薄,主要作用是(　　　)。

A.充分利用光能　　　　　　　　　　　　B.少阳光照射

C.适应低温　　　　　　　　　　　　　　D.适应潮湿的环境

3.大多数植物适宜在(　　　)土壤中生长。

A.中性　　　　　　B.酸性　　　　　　C.碱性　　　　　　　D.中性微酸性

4.土壤中(　　　)质地的土壤最适合植物生长。

A.砂土　　　　　　B.黏土　　　　　　C.壤土　　　　　　　D.粗砂土

5. 下列树种中能在贫瘠土壤上正常生长的树种是(　　　)。

A. 毛竹　　　　　　B. 马尾松　　　　　　C. 泡桐　　　　　　D. 杉木

6. 毛竹是(　　　)。

A. 喜肥树种　　　　B. 中性树种　　　　　C. 耐瘠树种　　　　D. 耐阴树种

7. 营造护火林带应选用(　　　)。

A. 桉树　　　　　　B. 杉木　　　　　　　C. 木荷　　　　　　D. 松树

8. 樟树是(　　　)。

A. 喜肥树种　　　　B. 中性树种　　　　　C. 耐瘠树种　　　　D. 耐阴树种

9. 在林分生长过程中,对五大生活因子起再分配作用的立地因子是(　　　)。

A. 降水量　　　　　B. 土壤理化性质　　　C. 地质地貌　　　　D. 地形

10. 马尾松是(　　　)。

A. 喜肥树种　　　　B. 中性树种　　　　　C. 耐瘠树种　　　　D. 耐阴树种

二、多选题

1. 森林的作用有(　　　)。

A. 森林是重要的可再生资源库

B. 森林是重要的生物质能源库

C. 森林具有强大的生态功能

D. 森林是自然循环经济体

2. 下列属于影响森林生长的自然因素是(　　　)。

A. 光照　　　　　　B. 温度　　　　　　　C. 人的活动　　　　D. 地形

3. 下列属于阳性植物的有(　　　)。

A. 马尾松　　　　　B. 银杏　　　　　　　C. 杜鹃　　　　　　D. 杨树

4. 属于短日照植物的有(　　　)。

A. 牵牛花　　　　　B. 蟹爪兰　　　　　　C. 菊花　　　　　　D. 月季

5. 土壤的质地有(　　　)。

A. 砂土　　　　　　B. 壤土　　　　　　　C. 黏土　　　　　　D. 红土

三、判断题

1.(　　)种子萌发时需要的养料来自土壤。

2.(　　)播种的时候,种子不要埋入土里太深,深度大约1 cm比较合适。

3.(　　)阳性植物多具有抗旱能力。

4.(　　)森林是不可再生资源。

5.(　　)泡桐能在贫瘠的土壤上正常生长。

6.(　　)马尾松是阳性植物。

7.(　　)土壤质地最好的种类是壤土。

8.(　　)有的植物对光周期不敏感。

9.（　　）年降水量为 400 mm 以下的地区适合森林的生长。

10.（　　）菊花是长日照植物。

参 考 答 案

一、单选题

1～5.AAACB　6～10.ACBDC

二、多选题

1.ABCD　2.ABD　3.ABD　4.ABC　5.ABC

三、判断题

1～5. ×√√××　6～10. √√√××

第二节　森林培育知识

森林生态因子对森林的形成具有至关重要的作用,我国是全世界人工林面积最大的国家,天然林面积较小。森林培育工作,在林业上至关重要,也很普遍。根据我国《森林法》的规定,我们对森林进行了划分。在森林培育方面,我们根据工作中的适地适树、林种选择等介绍森林培育知识,为森林培育提供基本知识。

一、基本概念

人工林是通过人工造林或人工更新形成的森林。

人工造林是在宜林的荒山、荒地,以及其他无林地上通过人工植树或播种营造森林的过程。

人工更新是在各种森林迹地(采伐迹地、火烧迹地)或林冠下、林中空地上通过人工植树或播种恢复森林的过程。

二、人工林的划分

《中华人民共和国森林法》将森林划分为 5 大类,即防护林、用材林、经济林、能源林及特种用途林。防护林是以发挥防风固沙、护农护牧、涵养水源、保持水土、净化大气等防护效益为主要目的的森林、林木和灌木丛。用材林是以生产木材、竹材为主要目的的森林和林木。经济林是以生产木材以外的林产品为主要目的的林木。能源林是以生产燃料为主要目的的林木。特种用途林是以国防、环境保护、科学实验、保护生物多样性、生产繁殖材料等为主要目的的森林和林木。

三、适地适树

适地适树是指将树木栽在最适宜它生长的地方,使造林树种的生态学特性与造林地的立地条件相适应,以充分发挥造林地的生产潜力,达到该立地在当前的技术经济和管理条件下可能达到的高产水平或高效益。适地适树的途径主要有选树适地、选地适树、改树适地、改地适树几种。

四、林木群体的生长发育

林木群体在其生长发育过程中，随着年龄的增长，其内部结构和对外界的要求均有所不同，并表现出一定的阶段性。一般来说，从幼苗到成熟，典型的林分都要经过幼苗、幼树、幼林、中龄林、成熟林、过熟林等几个生长发育阶段。

五、森林立地

森林立地类型是森林立地分类系统中的最基本的分类单位。气候因素是森林分布的限制性因子，对林木生长有很大作用，但在同一个地理区域范围内，大气候条件是基本相似的，所以从生产方面考虑，在一个县或一个单位这样一个不大的地理范围内，一般不作为划分立地条件类型的依据。地形因子通过对光、热、水等生活因子的再分配，深刻地反映着不同造林地的小气候条件，对局部生态环境起着综合决定性作用，可作为在山区划分立地类型时的主要依据之一。

划分方法有两种：一是主导因子法，即选择若干主导环境因子，对每个因子进行分级，按因子、因子水平组合成一张立地条件类型表；二是生活因子法，即按对林木成活生长影响最大的土壤水分和养分两个主要生活因子来划分立地条件类型。

六、树种选择

造林树种和种源选择正确与否是人工造林成败及人工林效益能否正常发挥的关键。

造林树种选择的原则主要遵从生态原则、经济原则、林学原则、稳定原则、可行性原则。

（一）用材林树种的选择

速生性：树种生长速度快、成材早是选择用材树种的重要条件。我国速生树种资源丰富，如桉树、杨树、相思木、杉木、马尾松、落叶松、油松、湿地松、柳杉、水杉、池杉、落羽杉、刺槐、泡桐、檫树、毛竹等。

丰产性即树种单位面积的蓄积量高。有些树种既能速生，又能丰产，如杉木、桉树、杨树、马尾松、相思木；有些树种只能速生，难以丰产，如苦楝、泡桐、檫树、刺槐；有些树种，如红松、云杉等有丰产的特性，但不能速生。

优质性：良好的用材树种应该具有树干通直、圆满，分枝细小，整枝性能良好等优良特性，且应具有良好材性。

（二）经济林树种的选择

经济林必须选择生长快、收益早、产量高、质量好、用途广、价值大、抗性强、收获期长的优良树种，如木本油料树种必须结果早、产量大、含油量高和油质好。

（三）能源林树种的选择

能源林应选择速生、生物量大、繁殖容易、萌蘖力强、易燃、火旺、适应性强的树种，还应考虑其木材在燃烧时不冒火花，烟少，无毒气产生等。

（四）防护林树种的选择

防护林的树种一般应具有生长快、郁闭早、寿命长、防护作用持久、根系发达、耐干旱瘠薄、繁殖容易、落叶丰富、能改良土壤等特点。

（五）特种用途林树种的选择

特种用途林的树种应根据不同造林目的进行选择。

七、林分密度

林分密度是指单位面积林地上林木的数量。森林起源时形成的密度称为初始密度。人工林的初始密度也称造林密度,是指单位面积造林地上林木的数量。

确定造林密度的原则:要以经营目的、树种特性、立地条件、造林技术、经济因素为考虑因素确保取得最大经济效益、生态效益和社会效益。

种植点的配置和计算:种植点的配置指播种点或栽植点在造林地上的间距及其排列方式,主要有行状配置、群状配置两大类。行状配置可分为3种方式,即正方形配置、长方形配置、三角形配置。正方形配置株距、行距相等,种植点位于正方形的顶点。长方形配置行距大于株距。三角形配置行间的种植点彼此错开,也称品字形配置。群状配置也称簇式配置、植生组配置,即植株在造林地上呈不均匀的群丛状分布,群内植株密集,群间距离很大。

八、树种组成

森林树种组成是指构成森林的树种成分及其所占的比例。通常把由一种树种组成的林分叫作纯林,把由两种或两种以上的树种组成的林分称为混交林。纯林由一种树种组成,或虽由多种树种组成,但主要树种的数量、断面积或蓄积量占总数量、总断面积或总蓄积量65%(不含)以上的森林。混交林由两种或两种以上树种组成,其中主要树种的数量、断面积或蓄积量占总数量、总断面积或总蓄积量65%(不含)以下的森林。混交林中的树种,依其所起的作用可分为主要树种、伴生树种和灌木树种3类。常用的混交方法有7种:形状混交、株间混交、行间混交、带状混交、块状混交、不规则混交、植生组混交。混交林中各树种所占的百分比称为混交比例。

九、造林施工

（一）造林地整理

造林地整理是人工林培育技术措施的主要组成部分,包括造林地清理和造林地整地。造林地清理是指在翻耕土壤前,清除造林地上的灌木、杂草、杂木、竹类等植被,或采伐迹地上的枝丫、伐根、梢头、倒木等剩余物的一道工序。造林地清理有改善造林地上的卫生状况,为造林整地施工创造条件,为播种、植苗施工创造便利条件,为幼林抚育等作业创造便利条件等作用。造林地整地是翻垦土壤、改善造林条件的造林整理工序,有改善立地条件、增强水土保持、提高造林成活率、促进幼林生长、减少杂草和病虫害、便于造林施工、提高造林质量的作用。整地主要有带状整地、块状整地两大类,常见的有山地带状整地、穴状整地、块状整地等。

（二）造林方法

常用的造林方法主要有播种造林、植苗造林两种，对于不同区域及树种还可以采用缝植法造林、分殖法造林。播种造林也称直播造林，是把林木种子直接播种到造林地来培育森林的造林方法，可分为人工播种造林和飞机播种造林。植苗造林是以苗木作为造林材料进行栽植的造林方法。植苗造林具有造林初期生长快、节约种子、适用于多种立地条件等优点。穴植法是植苗造林最常见的一种方法，实施要点在于"三埋两踩一提苗"：挖好植苗穴，回填底土、肥料，根据穴的深度、苗根部的长度适度回填；将栽植苗放在穴中，一手拿苗木的根茎部，一手整理根系，将苗直立于穴正中，继续将细碎的表土、心土填入穴中，填至穴深的一半或三分之二；将苗木轻轻向上略提一下，使苗木根部与土壤充分接触，然后将回土踩实；回填土壤至高出苗木原土印上方 2~5 cm，再次踩实；充分浇透定根水，完成植苗过程。

（三）植苗造林季节选择

适宜的造林时机，从理论上讲应该是苗木的地上部分生理活动较弱，而根系的生理活动较强，因而根系的愈合能力较强的时段。我国植苗造林主要有春季造林、雨季造林、秋季造林、冬季造林四种。春季是适合大多数树种栽植造林的季节。雨季造林主要用在春旱严重、雨季明显的地区（如华北地区和云南省），适用于若干针叶树种（特别是侧柏、柏木等）和常绿阔叶树种。秋季造林的时机应在落叶阔叶树种落叶后。冬季造林实质可视为秋季造林的延续或春季造林的提前。

（四）幼林抚育

幼林抚育管理是造林后到幼林郁闭成林这段时间（一般 3~5 年），人为调节林木生长发育与环境条件之间的相互关系。幼林抚育管理主要分为幼林土壤管理、幼树管理两大块。幼林土壤管理主要有松土除草、水分管理、林地施肥、林农间作等措施，幼树管理主要有间苗、平茬、除蘖、抹芽、修枝等措施。

（五）造林验收

造林作业检查的主要内容是造林的面积和质量。在造林面积不大时，可采用逐块造林地实测检查的方法；在造林面积较大时，可采用抽样实测的抽查方法。抽样实测面积与上报面积之间的差距不能超过 3%。造林质量检查播种位置、间距是否符合要求等。造林验收主要调查成活率及保存率，成活率调查必须遍及每一块造林地，采用标准地或标准行的方法，造林成活率不足 40% 的小班，要从统计的新造幼林面积中注销，成活率为 41%~84% 的小班，要求补植，成活率高于 84% 的为合格造林小班。一般幼林经过 3 年左右的抚育管理，成活率已经稳定，可以核实幼林保存面积及保存率。

复习思考题

一、单选题

1. 风景林属（　　）。

A. 用材林　　　　　　B. 防护林　　　　　　C. 经济林　　　　　　D. 特殊用途林

2. 我国植苗造林最常见的季节是(　　　)。

A. 春季　　　　　　　B. 雨季　　　　　　　C. 秋季　　　　　　　D. 冬季

3. 生活因子划分立地类型较适用于(　　　)。

A. 山地　　　　　　　B. 丘陵　　　　　　　C. 平原地区　　　　　　　D. 滩涂地

4. 根据经营目的安排造林地时,好地先安排给(　　　)。

A. 一般用材林　　　B. 能源林　　　　　　C. 防护林　　　　　　　D. 速丰林

5. 确定造林密度时,(　　　)。

A. 耐阴树种宜稀　　　B. 喜光树种宜稀　　　C. 慢生树种宜稀

6. 混交林中主要树种的比例应(　　　)。

A. 大于伴生树种　　　B. 小于伴生树种　　　C. 等于伴生树种

7. 行状配置能较合理的利用营养空间,以下配置对空间利用最合理的是(　　　)。

A. 正方形　　　　　　B. 长方形　　　　　　C. 正三角形　　　　　　D. 等腰三角形

8. (　　　)适用于干旱瘠薄,阳向陡坡造林地。

A. 穴状整地　　　　　B. 块状整地　　　　　C. 鱼鳞坑整地　　　　　D. 高台整地

9. 带状清理时,(　　　)适用于缓坡造林地。

A. 南北方向　　　　　B. 横山带　　　　　　C. 顺山带　　　　　　　D. 斜山带

10. 应用最普遍的造林方式是(　　　)。

A. 植苗造林　　　　　B. 播种造林　　　　　C. 分殖法造林　　　　　D. 飞机播种造林

二、多选题

1. 下列属于我国用材林树种的有(　　　)。

A. 樟树　　　　　　　B. 马尾松　　　　　　C. 杉木　　　　　　　　D. 桉树

2. 我国植苗造林的季节有(　　　)。

A. 春季　　　　　　　B. 秋季　　　　　　　C. 雨季　　　　　　　　D. 旱季

3. 造林整地的方法有(　　　)。

A. 穴状整地　　　　　B. 块状整地　　　　　C. 鱼鳞坑整地　　　　　D. 高台整地

4. 播种的方法有(　　　)。

A. 穴播　　　　　　　B. 条播　　　　　　　C. 撒播　　　　　　　　D. 缝播

5. 植苗造林的优点有(　　　)。

A. 初期生长快　　　　　　　　　　　　　　B. 节约种子

C. 适用于多种立地条件　　　　　　　　　　D. 新技术发展应用快

三、判断题

1. (　　　)与天然林相比,我国的人工林普遍生长快、产量高和林分稳定。

2. (　　　)营造高生产力的森林应普遍采用播种造林。

3. (　　　)适地适树是森林营造过程中必须遵循的基本原则。

4. (　　　)当相邻或相近的数个小班的离地条件、经营方向、树种选择一致,而数个小班的总面积不大时,可合并为一个造林作业区。

5.(　　)造林作业设计由造林作业区所在县(市、区、旗)以上林业行政主管部门审批。

6.(　　)营造速生丰产林必须选择同时具备速生、丰产优质性的树种。

7.(　　)合理的结构既能提高人工林的产量,又能取得良好的生态效益和减少成本。

8.(　　)采用长方形配置,行的方向应与等高线垂直。

9.(　　)混交林中树种间生态要求一致有利于混交成功。

10.(　　)松土除草的持续年限应根据造林树种、立地条件、造林密度和经营强度等具体情况而定。

参 考 答 案

一、单选题

1～5.DACDB　6～10.ACCCA

二、多选题

1.BCD 2.ABC 3.ABCD 4.ABCD 5.ABCD

三、判断题

1～5. √ × √√√　6～10. √√ × × √

第三节　森林调查知识

森林调查实质上就是对森林进行质量和数量的评价。我国森林调查分为三类,即全国森林资源清查、林业规划设计调查、作业设计调查。

全国森林资源清查简称一类调查,一般以省(自治区、直辖市)、大林区为单位进行,为制定全国林业方针、政策,编制全国、各省(自治区、直辖市)、大林区的各种林业计划、规划和预测趋势提供依据,其特点是在统一规定的时间内,清查全国森林资源现状及其消长变化规律。林业规划设计调查(森林经理调查)简称二类调查,以国有林业局、林场、县(旗)或其他部门所属林场为单位进行,以满足编制森林经营方案,总体设计和县(旗)级林业区划、规划、基地造林规划等的需要,调查时以局、场为总体,可取得局、场的森林资源精度。作业设计调查简称三类调查,是林业生产作业前的调查,是林业基层单位为满足生产上的需要进行的伐区设计、造林设计、抚育采伐设计等的调查,其目的是取得作业前的资料,以便合理地进行作业设计和施工。

一、距离丈量与直线定向知识

测量工作必须遵循"由整体到局部、先控制测量后碎步测量、精度从高级到低级"的原则。

丈量距离的工具通常有钢尺、皮尺、玻璃纤维卷尺、测绳和辅助工具。丈量距离时,如果两点间距离较长(超过一尺段长)或地势起伏较大,使直线丈量发生困难,需要在直线的方向上标定若干个节点,作为分段量距的依据,这项工作称为直线定线。

直线定向是确定一条直线与基本方向间角度关系的工作。基本方向主要有三种,即真子午线方向、磁子午线方向、坐标纵轴方向。

真子午线方向是地面点的真子午线的切线方向。通过地面上一点指向地球南北极的方向线就是该点的真子午线。

磁子午线方向指在地球磁场作用下,地面某点上的磁针自由静止时其轴线所指的方向,可用罗盘仪测定。

坐标纵轴方向是指平面直角坐标系中的纵轴方向,是坐标纵轴北端所指的方向。

方位角指由基本方向的北端起,沿顺时针方向到某一直线的水平夹角。以真子午线方向为基本方向的,称为真方位角,用 A 表示;以磁子午线方向为基本方向的,称为磁方位角,用 A_m 表示;以坐标纵轴为基本方向的,称为坐标方位角,用 α 表示。

象限角是从基本方向的北端或南端起,到某一直线的水平锐角,以 R 表示,起角值为 $0° \sim 90°$。

二、罗盘仪测量

罗盘仪是观测直线磁方位角或磁象限角的一种仪器,也可用来测绘小范围内的平面图。地面上的各种物体为地物;地球表面高低起伏的形态为地貌。将地物沿铅垂方向投影到水平面上,再按一定的比例缩绘而成的图被称为平面图。

比例尺就是图上某线段的长度 d 与地面上相应线段水平距离 D 之比,用分子为1的分数表示,可表示为 $1/M = d/D$。在森林调查中,通常将比例尺大于或等于 $1:5000$ 的图称为大比例尺图;比例尺为 $1:100\,000 \sim 1:10\,000$ 的图称为中比例尺图;比例尺小于 $1:100\,000$ 的图称为小比例尺图。比例尺主要有两种类型:数字比例尺,如 $1/500$,$1:500$ 等;图式比例尺。比例尺的精度是指图上 $0.10\,mm$ 代表的实地水平距离。

在测区范围内布设若干控制点,将选定的控制点按顺序连接起来,组成的连续折线或多边形称为导线,导线转折处的控制点则称为导线点。用罗盘仪测定各导线边的磁方位角,用皮尺丈量(或视距测量)相邻两导线点间的距离,最后绘制导线图,称为导线测量。

三、水准测量

设想以一个静止不动的海水面延伸穿越陆地,形成一个闭合的曲面包围整个地球,这个闭合的曲面被称为水准面。由于海水面在涨落变化,水准面可有无数个,其中通过平均海水面的一个水准面被称为大地水准面。

高程就是地面点到大地水准面的铅垂距离,一般用 H 表示。在个别局部测区地面上两点高程之差叫高差,用 h 表示。水准点就是用水准测量方法测定高程的控制点,一般用 BM 表示。距离、角度、高差是确定点位的三要素。

四、地形图

按一定法则,有选择地在平面上表示地球表面各种自然现象和社会现象的图,通称地图。地形图是地图的一种,是按一定的比例尺,用规定的符号表示地物、地貌平面位置和高程的正射投影图。

在地图上表示地貌的方法很多,地形图通常用等高线表示,等高线不仅能表示地面的起伏形态,还能表示地面的坡度和地面点的高程。等高线是地面上高程相同的点连接而成的连续闭合曲线。相邻等高线的高差称为等高距,常以 h 表示。等高线有不同种类,主要有首曲线、计曲线、间曲线和助曲线。

地形图应用:地形图可以计算某点的直角坐标,可以计算图上两点的距离和方向,可以计算图上某点高程,可以求直线的坡度。在野外,我们可以用地形图实地定向、确定站立点的位置、与实地对照和实地填图与勾绘,测算图形面积。

五、单株树木材积测定

形数是指树干材积与以其树干一定位置处的断面积为底断面积和以其树高为高的比较圆柱体体积之比。

由计算树木材积的三要素可知,测定树木直径、树高是测算树木材积的基本工作。树木直径是指树干横断面外缘两条相互平行切线的距离,常见的种类有胸径、任意部位直径、上部直径。测量树木直径的工具有轮尺、围尺等。树高是指树木从地面上根颈到树梢的距离或高度,是表示树木高矮的调查因子,是主要的伐倒木和立木测定因子。一般常见的测高器有勃鲁来测高器、望远测树仪等。

六、林分调查

林分是指内部结构特征相同,并与四周有明显区别的森林地段。最常用的林分调查因子主要有林分起源、林相(林层)、树种组成、林分年龄、立地质量、郁闭度、林木的大小(直径和树高)、数量(蓄积量)和质量(出材量)等。

林分起源是描述林分中乔木的发育来源的标志。林分可分为天然林和人工林。由种子起源的林分被称为实生林;原有林木被采伐或被自然灾害破坏后,有些树种可以由根株上萌发或由根蘖形成的林分,称作萌生林或萌芽林。

林相(林层)是指林分中乔木树种的树冠所形成的树冠层次。明显只有一个树冠层的林分称作单层林;乔木树冠形成两个或两个以上明显树冠层次的林分称作复层林。

树种组成是指组成林分树种的成分,包括纯林、混交林(前面已提过)。

林分年龄通常指林分内林木的平均年龄。林木年龄完全相同的林分称为绝对同龄林;林木年龄变化在一个龄级范围内的称为相对同龄林;变化幅度超过一个龄级或一个“世代”的称为异龄林。根据主伐年龄可以把龄级归为龄组,即幼龄林、中龄林、近熟林、成熟林和过熟林。

立地质量是对影响森林生产能力的所有生境因子综合评价的一种量化指标。我国常用的评定立地质量的指标有以下两种:地位级和地位指数。

郁闭度是指林冠的投影面积与林地面积之比,它可以反映林冠的郁闭程度和树木利用生活空间的程度。经济林出材率等级,简称出材级。用材部分长度占全树干长度 40% 以上的树为用材树;

用材长度在 2 m(针叶树)或 1 m(阔叶树)以上但不足树干长度 40% 的树木为半用材树;用材长度不足 2 m(针叶树)或 1 m(阔叶树)的树为薪材树。

林分蓄积量指林分中所有活立木材积的总和。按照随机抽样的原则,设置实测调查地块,称作抽样样地,简称样地,根据全部样地实测调查结果,推算林分总体,这种调查方法称作抽样调查法。另一种是根据认为判断选定的能够充分代表林分总体特征平均水平的地块,称作典型样地,简称标准地,根据标准地实测调查结果,推算全林分的调查方法,称作标准地调查法。

标准地按设置目的和保留时间可分为临时标准地、固定标准地。

标准地的基本要求如下。

(1)标准地必须具有充分的代表性。

(2)标准地不能跨越林分。

(3)标准地不能跨越小河、道路或伐开的调查线,且应离开林缘(至少应距林缘为 1 倍林分平均高的距离)。

(4)标准地内树种、林木密度应分布均匀。

林分蓄积量的测定方法很多,可概括为实测法和目测法两大类。目测法是以实测法为基础的经验方法。实测法又可分为全林实测和局部实测,主要有平均标准木法、材积表法、标准表法和平均实验形数法、目测法。

复习思考题

一、单选题

1. 由于直线定线不准确,造成丈量偏离直线方向,其结果使距离(　　　)。

A. 偏大 　　　　　　　　　　　　B. 偏小

C. 无一定的规律 　　　　　　　　D. 忽大忽小、相互抵消,对结果无影响

2. 罗盘仪磁针南北端读数差在任何位置均为常数,这说明(　　　)。

A. 磁针有偏心 　　　　　　　　　B. 磁针无偏心,但磁针弯曲

C. 刻度盘刻画有系统误差 　　　　D. 磁针既有偏心又弯曲

3. 比例尺较大即(　　　)。

A. 比例尺分母大,在图上表示地面图形会较大

B. 比例尺分母小,在图上表示地面图形会较小

C. 比例尺分母小,在图上表示地面图形会较大

D. 比例尺精度的数值相对较大,在图上表示地面图形会较大

4. 地面上某点到大地水准面的垂直距离,称为该点的(　　　)。

A. 绝对高程 　　　B. 高差 　　　C. 相对高程 　　　　　D. 黄海高程

5. 在水准测量中,若 B 点向 A 点为前进方向,两点高差等于(　　　)。

A. 前视读数(a)减去后视读数(b)

B. 后视读数(a)减去前视读数(b)

C. 后视读数(b)减去前视读数(a)

D. 前视读数(b)减去后视读数(a)

6. 在图上不但表示出地物的平面位置,而且表示地形高低起伏的变化,这种图称为(　　)。

A. 平面图 　　　　　　B. 地图 　　　　　　C. 地形图 　　　　　　D. 断面图

7. 同一等高线上所有点的高程(　　),但高程相等的地面点(　　)在同一条等高线上。

A. 相等,不一定 　　B. 相等,一定 　　　C. 不等,不一定 　　D. 不等,一定

8. 相邻两条等高线的高差称为(　　)。

A. 等高线 　　　　　　B. 等高距 　　　　　　C. 等高线平距

9. 根据林分(　　),林分可分为天然林和人工林。

A. 年龄 　　　　　　B. 组成 　　　　　　C. 起源 　　　　　　D. 变化

10. 能够客观反映(　　)的因子,称为林分调查因子。

A. 林分生长 　　　B. 林分特征 　　　　C. 林分位置 　　　　D. 林分环境

二、多选题

1. 我国森林资源调查分为(　　)三类。

A. 全国森林资源清查 　　　　　　　B. 林业规划设计调查

C. 作业设计调查 　　　　　　　　　D. 林地调查

2. 影响单株树木材积的因素有(　　)。

A. 树高 　　　　　　B. 胸径 　　　　　　C. 形数 　　　　　　D. 年龄

3. 林分调查因子主要有(　　)。

A. 林分起源 　　　B. 林相 　　　　　　C. 树种组成 　　　　D. 蓄积量

4. 标准地的选设原则包括(　　)。

A. 具有充分的代表性 　　　　　　　B. 不能跨越林分

C. 应离开林缘 　　　　　　　　　　D. 标准地内树种、林木密度应分布均匀

5. 林分蓄积量的测定方法有(　　)。

A. 平均标准木法 　　B. 材积表法 　　　C. 标准表法 　　　　D. 平均实验形数法

三、判断题

1.(　　)在平坦地面上进行直线目估定线时,应由远及近定点。

2.(　　)一条直线的磁方位角等于其真方位角加上磁偏角。

3.(　　)地形图的比例尺精度数值愈小,表示地物、地貌愈简略。

4.(　　)为了消除磁倾角的影响、保持磁针两端的平衡,常在磁针北端缠上铜丝。

5.(　　)如以 2 cm 为一个径阶,树木直径为 11.9 cm,属于 10 cm 径阶。

6.(　　)对于一个树木而言,实验形数只有一个。

7.(　　)测定林分蓄积量的方法很多,但无论哪种方法都必须经过设置标准地、每木调查、测定树高的基本程序。

8.(　　)在某种立地条件下最符合经营目的的树种称为主要树种。

9.(　　)不同树种的形数不同。

10.(　　)角规测树是一种高效率的调查方法。

参 考 答 案

一、单选题

1～5.ABCAC　　6～10.CABCB

二、多选题

1.ABC　2.ABC　3.ABCD　4.ABCD　5.ABCD

三、判断题

1～5. √ √ × × √　　6～10. √ × √ √ √

第二章
林业有害生物基础知识

—

　　林业有害生物是指危害或可能危害森林植物或森林产品的任何植物、动物或病原体的种、株（或品系）或生物型，包括害虫、病害、害鼠（兔）和有害植物等。

　　据统计，我国林业有害生物有 8000 余种，能够造成一定危害的近 300 种。其中从国（境）外传入的有 34 种，本土的有 260 余种，危害较严重的有 71 种。

第一节　森林害虫

　　森林害虫对森林的影响很大：危害轻时，影响林木的观赏性和美感；危害严重时，对森林造成毁灭性的打击。昆虫的种类繁多，形态各异，如果能够准确识别森林害虫，就能对虫害做到及时发现、事先预防，保证森林正常发挥功能和效益。

一、昆虫外部特征

　　昆虫种类繁多，外部形态多样，但在其成虫阶段都具有共同的基本外部形态特征。了解昆虫的外部形态特征是识别昆虫和治理害虫的基础。

（一）昆虫的分类

　　在地球表面生活的生物可划分为六大类群：病毒界、原核生物界、原生生物界、植物界、真菌界和动物界。昆虫属于动物界、节肢动物门、昆虫纲。

　　昆虫通常是中小型到极微小的无脊椎生物，是节肢动物的主要成员之一。许多昆虫危害植物或寄生在人体、畜体上，如蝗虫、蚊、蝇等，被称为"害虫"。有些昆虫可以取食害虫，如草蛉、食蚜蝇、寄生蜂等，被称为"天敌昆虫"。有些昆虫能帮助植物授粉，如蜜蜂。有些昆虫的虫体及其代谢物是工业、医药和生活原料，对人类有益，如家蚕、白蜡虫等，被称为"益虫"。

（二）昆虫的鉴别特征

昆虫成虫体躯可明显分为头部、胸部和腹部 3 个体段（见图 L-2-1）。

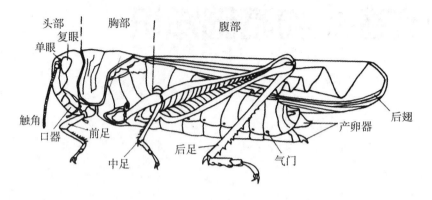

图 L-2-1　蝗虫的外部形态

（1）头部具有一对触角，通常还有复眼、单眼和口器，是昆虫感觉和取食的中心。

（2）胸部由前胸、中胸、后胸三个体节组成，有三对胸足，大多数昆虫在成虫期一般还生有两对翅，是昆虫运动的中心。

（3）腹部通常由 9～11 个体节组成，内含大部分内脏和生殖系统，末端还具有转化为外生殖器的附肢，是昆虫生殖和代谢的中心。

昆虫在生长发育过程中，通常需经过一系列显著的内部和外部形态上的变化（即变态），才能转变为性成熟的成虫。

（三）昆虫的头部观察与识别

昆虫的头部是昆虫体躯最前面的一个体段。坚硬的头壳多呈半球形、圆形或椭圆形。昆虫头部通常可分为头顶、额、唇基、颊和后头五个区。头部的附器有触角、眼和口器。头部是昆虫感觉和取食的中心。

1.昆虫的头式

昆虫头部的形式称为头式。根据口器在头部的着生位置和方向，昆虫的头式可分为下口式、前口式和后口式三种类型。

（1）下口式。

口器着生在头部下方，与身体的纵轴垂直，如蝗虫、粘虫等。具有这种头式的昆虫大多数以植物的茎、叶为取食对象，取食方式也比较原始。

（2）前口式。

口器着生于头部的前方，与身体的纵轴成钝角或近乎平行，如步甲、天牛幼虫等。具有这类头式的昆虫大多数适合捕食或钻蛀。

（3）后口式。

口器向后倾斜，与身体纵轴成锐角，不用时贴在身体的腹面，如蝽象、蝉等。具有这类头式的昆虫大多数适合刺吸植物的汁液或动物的体液。

不同的头式反映了不同的取食方式,这是昆虫适应生活环境的结果。在昆虫分类上经常要用到头式。

2.昆虫的触角

(1)触角的构造和功能。

昆虫的触角由多节组成。基部第一节为柄节;第二节为梗节,一般比较细小;梗节以后的各节统称为鞭节。昆虫除少数种类外,头部都有1对触角,一般着生于额两侧。触角上有许多触觉器和嗅觉器,是信息接收和传递的主要器官,在昆虫觅食、求偶、产卵、避害等活动中起重要作用,少数还具有呼吸、抱握作用。根据触角类型,可识别昆虫和诱杀害虫。

触角是昆虫的重要感觉器官,上面生有许多感觉器和嗅觉器,有的还具有触觉和听觉的功能,昆虫主要用它来寻找食物和配偶。一般近距离起接触感觉作用,决定是否停留或取食;远距离起嗅觉作用,能闻到食物气味或异性分泌的性激素气味,以此找到所需的食物或配偶。

(2)触角的类型。

昆虫触角的形状因昆虫的种类和雌雄不同而多种多样(见图L-2-2)。

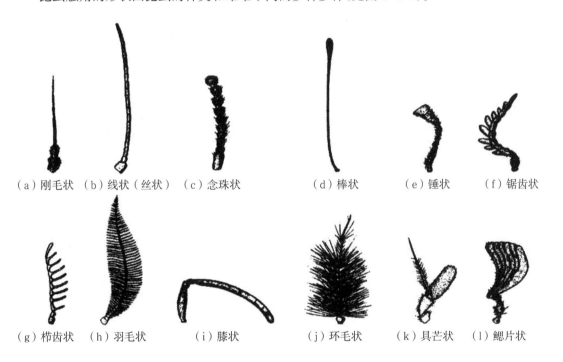

(a)刚毛状　(b)线状(丝状)　(c)念珠状　　　　(d)棒状　　　(e)锤状　　(f)锯齿状

(g)栉齿状　(h)羽毛状　　(i)膝状　　　(j)环毛状　　(k)具芒状　(l)鳃片状

图L-2-2　昆虫触角的基本类型

① 刚毛状。触角短,基部两节较粗,鞭节部分则细如刚毛,如蝉和蜻蜓。

② 线状(丝状)。触角细长,除基部1~2亚节外,其余各亚节大小和形状相似,如蝗虫和蟋蟀。

③ 念珠状。鞭节由近似圆球形且大小相似的亚节组成,像一串念珠,如白蚁和褐蛉。

④ 棒状。触角细长如杆,近端部数节逐渐膨大,如白粉蝶。

⑤ 锤状。触角与球杆状相似,但较短,末端数节显著膨大似锤,如皮蠹甲。

⑥ 锯齿状。鞭节各亚节向一侧稍突出如锯齿,整个触角似锯条。如叩头虫和锯天牛。

⑦ 栉齿状。鞭节各亚节的一边向外突出成细枝状,形如梳子,如毒蛾和雄性绿豆象。

⑧ 羽毛状。鞭节各节向两边伸出,呈细羽状突出,形似鸟羽,如蚕蛾和毒蛾。

⑨ 膝状。柄节特长,梗节短小,鞭节各亚节和柄节弯成膝状,如蜜蜂和象鼻虫。

⑩ 环毛状。鞭节各亚节均生有一圈细毛,近基部的毛较长,如雄蚊。

⑪ 具芒状。触角短,鞭节仅为一节,上有一根刚毛或芒状构造,称为触角芒,如蝇。

⑫ 鳃片状。触角末端数节延展成片状,状如鱼鳃,可以开合,如金龟子。

总之,昆虫种类不同,触角类型也不一样,昆虫触角是昆虫分类的常用特征。例如,具有鳃片状触角的昆虫几乎都是金龟甲类;具有具芒状触角的昆虫都是蝇类。此外,触角着生的位置,分节数目,长度比例,触角上感觉器的形状、数目及排列方式等,也常用于蚜虫、蜂的种类鉴定。

利用昆虫的触角,还可区别害虫的雌雄,这在害虫的预测预报和防治策略上很有用处。例如,小地老虎雄蛾的触角为羽毛状,雌蛾则为线状;雄性绿豆象的触角为栉齿状,雌性绿豆象的触角为锯齿状。如果诱虫灯下诱到的害虫多是雌虫,且尚未达到产卵的程度,那么及时预报诱杀成虫就可减少产卵危害,这常用于测报上分析虫情。

3.昆虫的眼

眼是昆虫的视觉器官,在取食、栖息、繁殖、避敌、决定行动方向等各种活动中起重要作用。昆虫的眼有单眼和复眼之分。单眼的有无、数目和位置常被当作分类依据。复眼的大小、形状也是昆虫分类的重要依据。

(1)复眼。

昆虫的成虫和不完全变态类的若虫一般都具有1对复眼。复眼位于头部的侧上方,大多数为圆形或卵圆形,也有的呈肾形(如天牛)。低等昆虫、穴居昆虫及寄生性昆虫的复眼常退化或消失。

复眼由多个小眼组成。小眼的数目在各类昆虫中变化很大,可以有1~28 000个不等。小眼的数目越多,复眼的成像就越清晰。复眼能感受光的强弱、一定的颜色和不同的光波,特别是对于短光波的感受,很多昆虫更为强烈。这就是利用黑光灯诱虫效果好的原因。复眼还有一定的辨别物像的能力,但只能辨别近处的物体。

(2)单眼。

昆虫的单眼有背单眼和侧单眼两类。背单眼为成虫和不完全变态类的幼虫所具有的单眼,一般与复眼并存,着生在两复眼之间。背单眼一般有3个,排成倒三角形,有时只有1~2个。侧单眼为完全变态类幼虫所具有的单眼,着生于头部两侧,但无复眼。每侧的单眼数目在各类昆虫中不同,一般为1~7个(如鳞翅目幼虫一般为6个,膜翅目叶蜂类幼虫只有1个,鞘翅目幼虫一般为2~6个),多的可达几十个(如长翅目幼虫为20~28个)。

背单眼具有增强复眼感受光线刺激的作用,某些昆虫的侧单眼能辨别光的颜色和近距离物体的移动。单眼同复眼一样,也是昆虫的视觉器官,但只能感受光的强弱,不能辨别物像。

4.昆虫的口器

口器是昆虫的取食器官。因食性和取食方式的不同,各种昆虫的口器在结构上有几种不同的类型。取食固体食物的口器为咀嚼式,取食液体食物的口器为吸收式,兼食固体和液体两种食物的口器为嚼吸式。吸收式口器按其取食方式又可分为把口器刺入植物或动物组织内取食的刺吸式、锉吸式、刮吸式,吸食暴露在物体表面的液体物质的虹吸式、舐吸式等。

(1)咀嚼式口器。

咀嚼式口器是昆虫最原始、最基本的口器类型。所有别的口器类型都是由咀嚼式口器演化而来的。咀嚼式口器由上唇、上颚、下颚、下唇及舌 5 个部分组成(见图 L-2-3)。

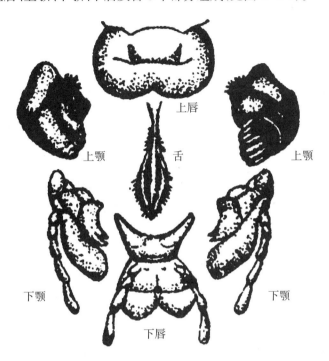

上唇

上颚　舌　上颚

下颚　下颚

下唇

图 L-2-3　蝗虫的咀嚼式口器

具有咀嚼式口器的昆虫危害植物的共同特点是造成植物各种形式的机械损伤,如取食叶片造成缺刻、孔洞,严重时将叶肉吃光,仅留叶脉,甚至使叶全部被吃光。钻蛀性害虫常造成茎秆、果实等植物上留有隧道和孔洞等:有的钻入叶中潜食叶肉,形成迂回曲折的蛇形隧道;有的啃食叶肉和下表皮,只留上表皮,似"开天窗";有的咬断幼苗的根或根茎,造成幼苗萎蔫枯死;还有吐丝卷叶、缀叶等。

防治具有咀嚼式口器的害虫,通常使用胃毒剂和触杀剂。胃毒剂可喷洒在植物体表,或制成毒饵撒在这类害虫活动的地方,使其和食物一起被害虫食入消化道,引起害虫中毒死亡。

(2)刺吸式口器。

刺吸式口器是昆虫用来吸食动物体液、植物汁液的口器,如蚜虫、蝉、介壳虫、蝽象等的口器。刺吸式口器的构造特点:具有刺进寄主体内的针状构造,上唇短小呈三角形,上颚与下颚变成两对口针,下唇延长成包藏和保护口针的喙;具有吸食汁液的管状构造,其中一条管道是用来排出唾液的通道,另一条管道是用来把汁液吸进消化道的通道。

危害植物时将口针刺入组织内,吸取汁液,而喙留在植物体外。受害植物通常无明显残缺、破损,而是留下变色斑点、卷缩扭曲、肿瘤、枯萎等受害症状。该种口器昆虫在取食时还能传播病毒,使植物遭受严重损失。

防治具有刺吸式口器的害虫,通常使用内吸性杀虫剂、触杀剂或熏蒸剂,而使用胃毒剂效果较小或没有效果。蝉的刺吸式口器如图L-2-4所示。

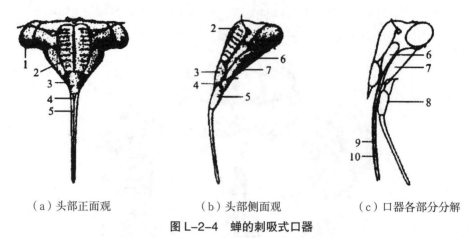

（a）头部正面观　　　　　　（b）头部侧面观　　　　　（c）口器各部分分解

图L-2-4　蝉的刺吸式口器

1.复眼；2.额；3.唇基；4.上唇；5.喙管；6.上颚骨片；7.下颚骨片；8.下唇；9.上颚口针；10.下颚口针

（四）昆虫的胸部观察与识别

胸部是昆虫的第二体段,由前胸、中胸和后胸3个体节组成。各胸节均具有1对足,分别称为前足、中足和后足。大多数昆虫在中、后胸上还各有1对翅,分别称为前翅和后翅。足和翅都是昆虫的行动器官,所以胸部是昆虫的运动中心。

昆虫胸部的每个胸节都是由四块骨板构成的,背面的为背板,左右两侧的为侧板,下面的为腹板。骨板因其所在的胸节部位得名,如前胸背板、中胸背板、后胸背板等。

1.昆虫的胸足

（1）胸足的构造。

昆虫的胸足是胸部行动的附肢,着生在各节的侧腹面。成虫的胸足一般由六节组成,自基部向端部依次分为基节、转节、腿节、胫节、跗节和前跗节(见图L-2-5)。

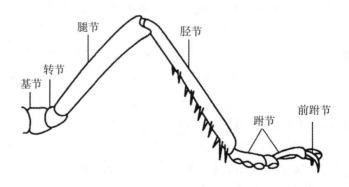

图L-2-5　昆虫胸足的基本构造

①基节:基节是胸足的第1节,通常与侧板的侧基突相接,形成关节窝,为牵动全足运动的关节构造。基节通常较短粗,多呈圆锥形。

②转节:转节是足的第2节,一般较小,转节一般只有1节,只有少数种类,如蜻蜓等的转节有2

节。

③腿节:腿节常为胸足中最强大的一节,末端同胫节以前后关节相接,腿节和胫节间可进行较大范围活动,使胫节可以折贴于腿节之下。

④胫节:胫节通常较细长,比腿节稍短,边缘常有成排的刺,末端常有可活动的距。

⑤跗节:跗节通常较短小,成虫的跗节有2~5个亚节,各亚节间以膜相连,可以活动。有的昆虫,例如蝗虫等的跗节腹面有较柔软的垫状物,称为跗垫,可用于辅助行动。

⑥前跗节:前跗节是足的最末一节,在一般昆虫中,前跗节退化而被两个侧爪取代。

完全变态类昆虫的幼虫胸足的构造简单,跗节不分节,前跗节仅为1爪,节间膜较发达,节间通常只有单一的背关节。只有脉翅目、毛翅目等幼虫在腿节与胫节间有两个关节突。部分鞘翅目幼虫的胫节和跗节合并,称为胫跗节。

(2)胸足的类型。

昆虫胸足的原始功能为行动,由于生活环境和活动方式的不同,胸足的形态和功能发生了相应的变化,常见的有以下几类(见图L-2-6)。

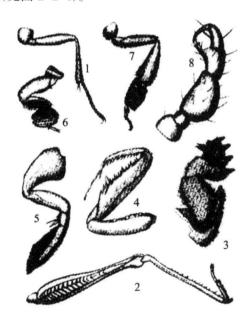

图L-2-6　昆虫胸足的类型

1.步行足；2.跳跃足；3.开掘足；4.捕捉足；5.游泳足；6.抱握足；7.携粉足；8.攀缘足

①步行足:步行足是昆虫中最常见的一种足,各节较细长,无显著特化,适于行走,如步行虫的足。

②跳跃足:一般由后足特化而成,腿节特别膨大,胫节细长,适于跳跃,如蝗虫、蟋蟀的后足。

③开掘足:一般由前足特化而成,胫节宽扁有齿,适于掘土,如蝼蛄的前足。

④捕捉足:为前足特化而成,基节延长,腿节和胫节的相对面上有齿,形成捕捉结构,如螳螂、猎蝽的前足。

⑤游泳足:足扁平,胫节和跗节边缘缀有长毛,用来划水,如龙虱的后足。

⑥抱握足:跗节膨大成吸盘状,在交尾时用来抱握雌体,如雄性龙虱的前足。

⑦携粉足:胫节宽扁,两边有长毛,用来携带花粉,通称"花粉篮",第一跗节很大,内面有10～12排横列的硬毛,用来梳刮附着在身体上的花粉,如蜜蜂的后足。

⑧攀缘足:又叫攀悬足、攀登足、攀握足。攀缘足各节较短较粗,胫节端部有1个指状突,与跗节及呈弯爪状的前跗节构成一个钳状构造,能牢牢夹住人、畜的毛发等,如虱类的足。

了解昆虫胸足的构造和类型,对于识别害虫、了解它们的生活方式,以及在害虫防治和益虫利用上都有很大的实践意义。

2.昆虫的翅

翅是昆虫的飞行器官,昆虫是无脊椎动物中唯一能飞的动物。翅的存在,使昆虫在觅食、求偶、避敌和扩大地理分布方面获得了强大的生存竞争力。多数昆虫具有2对翅,少数昆虫只有1对翅,有的昆虫无翅。

(1)翅的构造。

昆虫的翅常呈三角形,分为"三缘""三角""三褶"和"四区"。"三缘"为前缘、外缘和内缘;"三角"为肩角、顶角和臀角;"三褶"为基褶、臀褶和轭褶;"四区"为腋区、臀前区、臀区和轭区。昆虫翅的构造及分区如图L-2-7所示。

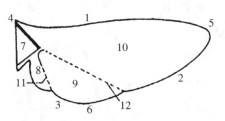

图L-2-7　昆虫翅的构造及分区

1.前缘;2.外缘;3.内缘;4.肩角;5.顶角;6.臀角;7.腋区;8.轭区;9.臀区;10.臀前区;11.臀褶;12.轭褶

昆虫的翅由双层膜质表皮合成,其间分布硬化的气管。翅面在气管部位加厚形成翅脉,起加固作用。翅脉有纵脉和横脉两种,由基部伸到边缘的翅脉为纵脉,连接两条纵脉的短脉为横脉。纵、横翅脉将翅面围成若干小区,称为翅室。翅室有开室和闭室之分。翅脉的分布形式(脉序)是识别昆虫所属科的依据之一。

(2)翅的类型。

根据翅的形态、发达程度、质地和附着物等的不同,翅可以分为以下几种类型(见图L-2-8)。

①膜翅:翅为膜质,透明,翅脉明显,如蚜虫、蜂类、蝇类的翅。

②毛翅:膜质,翅面与翅脉被很多毛,多不透明或半透明,如石蛾的翅。

③覆翅:革质,多不透明或半透明,主要起保护后翅的作用,如蝗虫,叶蝉类的前翅。

④半翅:基半部为革质,端半部为膜质,如蝽象的前翅。

⑤鞘翅:角质,坚硬,翅脉消失,如金龟子、叶甲等的前翅。

⑥缨翅:翅为膜质,狭长,边缘着生很多细长的缨毛,如蓟马的翅。

⑦鳞翅:翅为膜质,翅面覆一层鳞片,如蛾、蝶的翅。

⑧棒翅:后翅退化成很小的棍棒状,仍有前翅,如蚊、蝇和介壳虫雄虫的后翅。

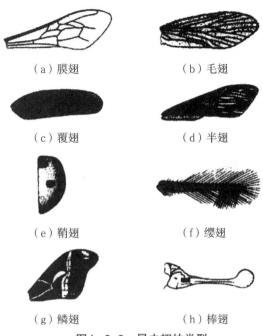

（a）膜翅　　　　　　　　（b）毛翅

（c）覆翅　　　　　　　　（d）半翅

（e）鞘翅　　　　　　　　（f）缨翅

（g）鳞翅　　　　　　　　（h）棒翅

图 L-2-8　昆虫翅的类型

（五）昆虫的腹部观察与识别

腹部是昆虫的第三体段,紧连于胸部之后,一般呈长筒形或椭圆形,但在各类昆虫中常有很大的变化。成虫的腹部一般由 9~11 节组成,在 1~8 节两侧各有 1 对气门。腹节的结构比胸节简单,有发达的背板和腹板,但没有像胸部那样发达的侧板,两侧只有膜质的侧膜。腹节可以互相套叠,后一腹节的前缘常套入前一腹节的后缘,因此能伸缩、扭曲自如,并可膨大和缩小,有助于昆虫的呼吸、蜕皮、羽化、交配、产卵等活动。

昆虫腹部一般没有分节的附肢,里面包藏有各种内脏器官,端部着生有雌雄外生殖器和尾须。内脏器官在昆虫的新陈代谢中发挥着重要的作用,雌雄外生殖器主要承担了与生殖有关的交尾及产卵等活动,尾须在交尾及产卵过程中对外界环境进行感觉。腹部是昆虫新陈代谢和生殖的中心。

1.昆虫的外生殖器

昆虫的外生殖器是交配和产卵的器官。雌虫的外生殖器为产卵器,雄虫的外生殖器为交配器。各类昆虫的交配器构造复杂,种间差异也十分明显,但在同一类群或虫种内个体间比较稳定,因此可作为鉴别虫种的重要依据。

（1）雌虫的外生殖器。

雌虫的外生殖器为产卵器,一般为管状结构,着生于第 8 和第 9 腹节上,由 2~3 对瓣状的构造组成。第 8 腹节的瓣为腹产卵瓣,第 9 腹节的瓣为内产卵瓣和背产卵瓣。产卵器的构造、形状和功能,在各类昆虫中变化很大。有的昆虫并无特别的产卵器,直接由腹部末端几节伸长成一根细管来产卵,如鳞翅目、双翅目、鞘翅目等的雌虫。有的昆虫的产卵器已不再用来产卵,而是特化成螫刺,用来自卫或麻醉猎物，如蜜蜂、胡蜂、泥蜂、土蜂等蜂类的产卵器。有的昆虫利用产卵器把植物组织刺破将卵产入，给植物造成很大的伤害，如蝉、叶蝉和飞虱等。这些变化在分类上也是常用到的特征。雌虫的外生殖器如图 L-2-9 所示。

昆虫产卵器的形状和构造可以帮助我们了解害虫的产卵方式和产卵习性，从而采取针对性的防治措施，还可以作为昆虫重要的分类特征，以区分不同的目、科和种类。

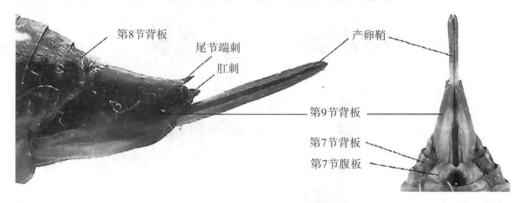

图 L-2-9 雌虫的外生殖器

(2)雄虫的外生殖器。

雄虫的外生殖器为交配器，主要包括阳具和抱握器。多数雄虫的交配器由将精子输入雌体的阳具和交配时挟持雌体的 1 对抱握器两部分组成。雄虫的外生殖器如图 L-2-10 所示。

阳具包括 1 个阳茎和 1 对位于基部两侧的阳茎侧叶。阳茎多是单一的骨化管状构造，是有翅昆虫进行交配时插入雌体的器官。抱握器大多属于第 9 腹节的附肢。抱握器的形状有很多变化，常见的有宽叶状、钳状和钩状等。抱握器多见于蜉蝣目、脉翅目、长翅目、半翅目、鳞翅目和双翅目昆虫中。有些昆虫的抱握器十分发达，而有些昆虫则没有特化的抱握器。

各类昆虫的交配器构造复杂，种间差异也十分明显，在同一类群或虫种内个体间比较稳定，具有种的特异性，以保证自然界昆虫不能进行种间杂交。雄虫的外生殖器，既是分辨雌雄昆虫的依据，也常用作种和近缘类群鉴定的重要特征。

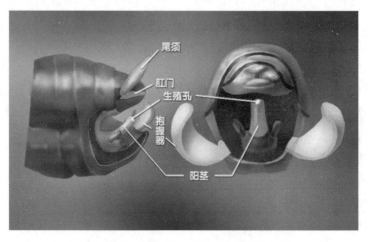

图 L-2-10 雄虫的外生殖器

2.昆虫的尾须

昆虫的尾须是由第11腹节附肢演化而成的1对须状外突物,存在于部分无翅亚纲和有翅亚纲中的蜉蝣目、蜻蜓目、直翅目及革翅目等较低等的昆虫中。

尾须的形状变化较大:有的不分节,呈短锥状,如蝗虫;有的细长、多节,呈丝状,如缨尾目、蜉蝣目;有的硬化成铗状,如革翅目。尾须上生有许多感觉毛,具有感觉作用。在革翅目昆虫中,由尾须骨化成的尾铗,具有防御敌害和折叠后翅的功能。在缨尾目和蜉蝣目中,尾须之间还有一根与尾须相似的细长分节的丝状外突物,它不是由附肢演化而来的,而是末端腹节背板向后延伸而成的,称为中尾丝。有些昆虫的尾须有时向前移位,移到前方的第10腹节上,如蝗虫等。

(六)昆虫的体壁观察与识别

体壁是包在整个昆虫体躯最外层的组织,具有皮肤和骨骼两种功能,又称外骨骼。

1.昆虫体壁的构造

昆虫体壁是由胚胎发育时期的外胚层发育而成的,由里向外由底膜、皮细胞层和表皮层构成。皮细胞层和表皮层是体壁的主要组成部分,皮细胞层是一层活细胞,表皮层是皮细胞层分泌的非细胞性物质。体壁的保护作用和特性大都是由表皮层形成的。

2.昆虫体壁的功能

体壁构成昆虫的躯壳,着生肌肉,保护内脏,防止水分蒸发以及阻止微生物和其他有害物质的入侵,起保护作用。体壁还是营养物质的贮存库,色彩和斑纹的载体。此外,体壁可特化成各种感觉器官和腺体等,参与昆虫的生理活动。

昆虫体壁的功能归纳起来主要有以下几点。

(1)它构成昆虫身体外形,并供肌肉着生,起着高等动物的骨骼的作用,因此有"外骨骼"之称。

(2)它对昆虫起着保护作用:一方面防止体内水分过度蒸发,这点对陆生昆虫维持体内水分平衡是十分重要的;另一方面防止外来物的侵入,如病原微生物和杀虫剂等的侵入,施用杀虫剂防治害虫必须注意此特点。

(3)它上面有许多感觉器官,是昆虫接受刺激并产生反应的组织。

(4)由它形成的各种皮细胞腺起着特殊的分泌作用。

(5)它起着一定的呼吸和排泄作用:一些昆虫主要靠体壁进行呼吸和排泄。

3.体壁的构造与害虫防治的关系

昆虫体壁上往往生长着刚毛、鳞片、毛、刺等,下表皮主要由蜡层、护蜡层构成,这些都影响杀虫剂在昆虫体表的黏着和展布,因此在药液中加适量的洗衣粉可提高杀虫效果。既具有高度脂溶性又有一定水溶性的杀虫剂能顺利通过亲脂性的上表皮和亲水性的内、外表皮而表现出良好的杀虫效果。在储粮中加入惰性粉可磨损害虫的上表皮,使其失水死亡。同一种昆虫的低龄期时的体壁比老龄期的薄,抗药性弱,因此防治害虫应防早、防小。刚蜕皮时,外表皮尚未形成,药剂比较容易透入体内。破坏体壁的结构可以提高物理化学防治的效果;了解昆虫体壁外长物的功能及其分泌物的性质可以进行害虫控制和昆虫资源的开发与利用,例如国内外根据某些昆虫分泌物的性质,进行人工提取、分析和合成,广泛地应用于害虫的防治和生产开发领域。

二、昆虫生物学特性

昆虫的一生包括繁殖、发育、变态、习性变化，以及从卵开始到成虫死亡的发生世代和年生活史等。通过了解昆虫的生物学特性，我们可以找出它们生命活动中的薄弱环节。对于对园林植物的有害的昆虫，我们可以通过改变环境条件予以控制；对于益虫，我们可以找出人工保护、繁殖和利用的途径。

（一）昆虫各虫态生物学特性及类型

1.昆虫的变态

昆虫自卵中孵出后，在胚后发育过程中，要经过一系列外部形态和内部组织器官等方面的变化才能转变为成虫，这种现象为变态。昆虫在进化过程中，随着成虫与幼虫体态的分化、翅的获得，以及幼虫期对生活环境的特殊适应和其他生物学特性的分化，形成了各种不同的变态类型，主要有不完全变态和完全变态两类。

（1）不完全变态。

不完全变态的特点是个体发育过程经过卵、幼虫（若虫）和成虫三个虫期。幼虫期的翅在体外发育。这类昆虫的幼虫期和成虫期在外部形态和生活习性上大体相似，不同之处是幼虫期翅未发育完全、生殖器官尚未成熟。不完全变态如图 L-2-11(a) 所示。

（2）完全变态。

完全变态的特点是个体发育经过卵、幼虫、蛹和成虫四个发育阶段。幼虫在化蛹蜕皮时，各器官形成的构造同时翻出体外，因此蛹已具备待羽化时伸展的成虫外部构造。完全变态昆虫的幼虫不仅外部形态和内部器官与成虫很不相同，而且生活习性和活动行为也和成虫有很大差别，如蛾、蝶类和甲虫类昆虫均属于完全变态昆虫。完全变态如图 L-2-11(b) 所示。

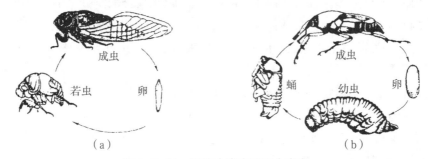

图 L-2-11　不完全变态和完全变态

2.卵

卵自产下到孵化为幼虫（若虫）之前的这段时间叫卵期。了解害虫卵的形状、产卵方式及产卵场所，对识别、调查及虫情估计等方面都有重要的意义。摘除卵块、剪除产卵枝条，都是有效控制害虫的措施。

（1）卵的基本构造。

卵实际上是一个大型细胞，昆虫的卵外包有一层起保护作用的卵壳，卵壳下面为一层薄的卵黄膜，其内为原生质和卵黄。卵的前端有 1 个或若干个贯通卵壳的小孔，称为卵孔，是精子进入卵的通道，因此也称为精孔或受精孔。在卵孔附近区域，常有放射状、菊花状等刻纹，可作为鉴别不同昆虫卵的依据之一。

卵壳有保护和防止卵内水分过量蒸发的作用。杀卵剂的效果与卵壳的构造有密切关系。雌虫产卵时,其内生殖器官的附腺分泌由鞣化蛋白组成的黏胶层附着于卵壳外面,卵孔也为之封闭。黏胶层可以阻止杀卵剂的侵入。

(2)卵的类型与大小。

昆虫卵的形状多种多样,常见的有圆形和椭圆形,还有馒头形、半圆形、扁圆形、桶形等。草蛉类的卵有一个丝状卵柄,蟪的卵还具有卵盖。有些昆虫卵的卵壳表面有各种各样的脊纹,或呈放射状(如夜蛾),或在纵脊之间还有横脊(如菜粉蝶),以增加卵壳的硬度。昆虫卵的类型如图L-2-12所示。

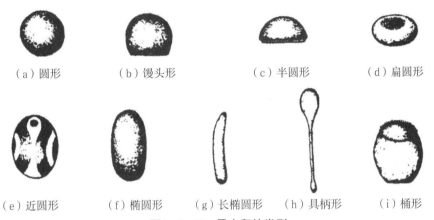

（a）圆形　　　　（b）馒头形　　　　（c）半圆形　　　　（d）扁圆形

（e）近圆形　　　（f）椭圆形　　　（g）长椭圆形　　　（h）具柄形　　　（i）桶形

图L-2-12　昆虫卵的类型

昆虫卵的大小因种间差异而相差很大,较大者如蝗卵,长6~7 mm,而葡萄根瘤蚜的卵则很小,长度仅为0.02~0.03 mm。卵的颜色初产时一般为乳白色,此外还有浅黄色、黄色、浅绿色、浅红色、褐色等,至接近孵化时,通常颜色变深。

(3)产卵方式。

昆虫的产卵方式多种多样,有单个分散产的,有许多卵粒聚集排列在一起形成各种形状卵块的。有的昆虫将卵产在物体表面,有的产在隐蔽的场所,甚至寄主组织内。常见的昆虫的产卵方式如图L-2-13所示。

图L-2-13　常见的昆虫的产卵方式

（4）孵化。

昆虫胚胎发育到一定时期,幼虫或若虫冲破卵壳而出的现象被称为孵化。初孵化的幼虫的体壁的外表皮尚未形成,身体柔软、色浅,抗药能力差。随即吸入空气或水(水生昆虫)使体壁伸展。一些夜蛾、天蛾等的初孵幼虫,常有取食卵壳的习性。有些昆虫的幼虫孵化后,并不马上开始取食活动,而常常停息在卵壳上或其附近静止不动。此期间它们还可继续利用包在中肠内的胚胎发育的残余卵黄物质。

3.幼虫

幼虫期是昆虫的主要取食危害阶段,也是防治的关键时期。不完全变态昆虫自卵孵化为若虫到变为成虫所经历的时间称为若虫期;完全变态昆虫自卵孵化为幼虫到变为蛹所经历的时间称为幼虫期。昆虫是外骨骼动物,其坚硬的体壁不能随着身体的增大而增长,因此,幼虫生长过程中必须将束缚体躯的旧表皮蜕去,代之以形成的新表皮才能继续生长,这种现象称为蜕皮。昆虫每蜕 1 次皮,虫龄增长 1 龄,每两次蜕皮之间的历期称为龄期,计算虫龄则为蜕皮次数加 1。从卵孵化出来到第 1 次蜕皮称为第 1 龄期,此时期的幼虫称为 1 龄幼虫,第 1 次蜕皮与第 2 次蜕皮间的时期称为第 2 龄期,其幼虫称为 2 龄幼虫,依此类推。昆虫在刚蜕去旧皮、新表皮尚未形成之前,抵抗力很差,是施用触杀剂的好时机。一般 2 龄前的幼虫活动范围小,取食少,抗药力差,幼虫生长后期,食量剧增,抗药力强。因此在害虫防治上,将害虫消灭在 3 龄前或幼龄阶段往往能收到更好的防治效果。

不完全变态昆虫的若虫的口器、复眼、胸足与成虫相同,其翅芽随蜕皮逐渐发育长大。完全变态昆虫的幼虫的构造、形态、体色、生活方式与成虫截然不同,没有复眼、翅等,而且有成虫期所没有的临时性器官,如腹足等。

幼虫的类型主要有多足型、寡足型和无足型三种,如图 L-2-14 所示。

（1）多足型。

多足型幼虫的主要特点是除具胸足外,还具有数对腹足,如鳞翅目和膜翅目的叶蜂类幼虫。鳞翅目幼虫有 2~5 对腹足,腹足末端具有趾钩;膜翅目的叶蜂类幼虫的腹足多于 5 对,其末端不具趾钩。

（2）寡足型。

寡足型幼虫的主要特点是有发达的胸足,无腹足,如鞘翅目多数甲虫和脉翅目草蛉类幼虫。

（3）无足型。

无足型幼虫的特点是既无胸足,又无腹足。一般认为,此类幼虫是因为寡足型或多足型幼虫长期生活于容易获得营养的环境中,行动的附肢逐渐消失而形成的,如双翅目蝇类幼虫、鞘翅目象甲类幼虫等。

（a）无足型　　　（b）寡足型　　　（c）多足型

图 L-2-14　幼虫的类型

4.昆虫的蛹

蛹是完全变态昆虫在胚后发育过程中,由幼虫转变为成虫时,必须经过的一个特有的静止虫态。蛹的生命活动虽然是相对静止的,其内部却进行着将幼虫器官改造为成虫器官的剧烈变化:一方面分解幼虫原有的内部器官,另一方面形成成虫所具有的内部器官。由于蛹期是昆虫生命活动中的薄弱环节,对外界不良环境条件的抵抗力也较差,昆虫在化蛹前常寻找隐蔽场所,如在树皮裂缝中或土壤内做土室,在卷叶内或植物组织内,甚至吐丝做茧,以免遭受敌害的侵袭和气候变化等的不良影响。了解蛹期的生物学特性,破坏害虫的化蛹环境,是消灭害虫的一个途径,如进行翻耕晒土,可将害虫在土中的土室破坏或深埋,使害虫暴晒致死,或增加天敌捕食机会。

完全变态昆虫的末龄幼虫老熟后会寻找适当场所,身体缩短,不食不动,然后蜕去最后一层皮变为蛹,该过程称为化蛹。末龄幼虫在化蛹前的静止时期称为预蛹期。从化蛹时起至成虫羽化所经历的时间被称为蛹期。昆虫种类不同,蛹的形态也不同,常见的有离蛹、被蛹和围蛹三种类型。离蛹的触角、足、翅等附肢不紧贴在蛹体上,可自由活动,也被称为裸蛹,如多数鞘翅目昆虫的蛹。被蛹的触角、足、翅等附肢均紧贴于蛹体上,不能自由活动,如鳞翅目蝶、蛾类昆虫的蛹。围蛹实际是一种离蛹,只是由于幼虫最后蜕下的皮包围于离蛹之外,形成了圆筒形的硬壳,如双翅目蝇类昆虫的蛹。

5.昆虫的成虫

成虫从羽化开始直至死亡所经历的时间被称为成虫期。成虫期是昆虫个体发育的最后阶段,此时昆虫的主要任务是交配、产卵、繁衍后代。因此,昆虫的成虫期实质上是生殖时期。

1)羽化

不完全变态昆虫的末龄若虫和完全变态昆虫的蛹蜕去最后一次皮变为成虫的过程被称为羽化。

2)性成熟和补充营养

某些昆虫在羽化后,性器官已经成熟,不再需要取食即可交尾、产卵。这类成虫口器往往退化,寿命很短,一般只有几天,对植物危害不大,如一些蛾、蝶类。大多数昆虫羽化为成虫后,性器官还未成熟,需要继续取食,才能达到性成熟及交配产卵。这类昆虫的成虫有的对植物仍能造成危害。这种成虫期对性成熟不可缺少的取食被称为补充营养,如蝗虫、蝽类、叶蝉等。补充营养对成虫生殖力影响很大,如以花蜜为食的成虫在蜜源植物丰富的地区或年份,产卵量显著增加。由于需要补充营养,这类昆虫不仅在幼虫期危害植物,而且成虫期往往也危害植物。因此了解成虫补充营养的特性,对于预测预报、设置诱集器进行诱杀等都有重要意义。

3)交配与产卵

成虫性成熟后即交配和产卵。从羽化到第一次产卵间隔的时间被称为产卵前期。第一次产卵到产卵终止的时间被称为产卵期。

产卵量:一般每只害虫的雌虫可产卵数十粒到数百粒,很多蛾类雌虫可产卵千粒以上。

4)性二型和多型现象

多数昆虫的成虫的雌雄个体,在体形上比较相似,仅外生殖器等第一性征不同。但也有少数昆虫的雌雄个体除第一性征不同外,在体形、色泽及生活行为等第二性征方面也存在着差异,这种现象被称为雌雄二型性或性二型,如介壳虫雄虫有翅,雌虫则无翅;一些蛾类雌性触角为丝状,而雄性触角则为羽毛状。有的昆虫在同一时期、同性别中,存在着两种或两种以上的个体类型,被称为多型现象,如蚜虫的雌性个体又有无翅雌蚜和有翅雌蚜之分。多型现象不仅出现在成虫期,也出现在幼虫期,不仅可以表现在构造、颜色的不同上,而且在白蚁、蚂蚁、蜜蜂等社会性昆虫中,还表现在行为的差异上,甚至表现在社会分工上。多型现象反映了环境变化与种群的动态,对分析虫情及确定防治指标具有重要价值。

防治害虫成虫应当在产卵前期进行。成虫产完卵后,多数种类很快死亡,雌虫的寿命一般比雄虫长。社会性昆虫的成虫有照顾子代的习性,它们的寿命比一般昆虫长得多。

5)昆虫的繁殖方式

绝大多数昆虫为雌雄异体,极少数为雌雄同体。雌雄异体的昆虫的繁殖方式主要是两性生殖。此外,还有一些特殊的生殖方式,如孤雌生殖、胎生、幼体生殖和多胚生殖等。

(1)两性生殖。

绝大多数昆虫进行两性生殖和卵生。这种生殖方式的特点是昆虫必须经过雌雄两性交配,卵受精后产出体外发育成新个体。

(2)孤雌生殖。

孤雌生殖也被称为单件生殖。这种生殖方式的特点是卵不经过受精也能发育成正常的新个体。孤雌生殖一般又可以分为以下3种类型。

①偶发性孤雌生殖。

偶发性孤雌生殖是指某些昆虫在正常情况下进行两性生殖,但雌成虫偶尔产出的未受精卵也能发育成新个体的现象。东亚飞蝗、家蚕、一些毒蛾和枯叶蛾等,都能进行偶发性孤雌生殖。

②经常性孤雌生殖。

经常性孤雌生殖也被称为永久性孤雌生殖,其特点是雌成虫产下的卵有受精卵和未受精卵两种,前者发育成雌虫,后者发育成雄虫,例如膜翅目的蜜蜂和小蜂总科的一些昆虫。

③周期性孤雌生殖。

周期性孤雌生殖的特点是昆虫通常在进行一次或多次孤雌生殖后,再进行一次两性生殖。这种以两性生殖与孤雌生殖随季节变化交替进行的方式繁殖后代的现象又被称为异态交替或世代交替。

(3)胎生。

多数昆虫为卵生,但一些昆虫的胚胎发育是在母体内完成的,母体产下的不是卵而是幼体,这种生殖方式被称为胎生。

(4)幼体生殖。

少数昆虫在幼虫期就能进行生殖,被称为幼体生殖。多数昆虫完全或基本上以某一种生殖方式进行繁殖,但有的昆虫兼有两种以上生殖方式,如蜜蜂、蚜虫等。

(5)多胚生殖。

多胚生殖是一个卵细胞可产生两个或多个胚胎,每个胚胎又能发育成正常新个体的生殖方式。这种现象多见于膜翅目的一些寄生蜂类。

（二）昆虫的习性与行为

昆虫的习性包括昆虫的活动和行为，是昆虫调节自身、适应环境的结果。只要掌握了昆虫的这些习性，我们就可以正确地进行虫情调查、预测预报，寻找害虫的薄弱环节，采取各种有效措施消灭害虫。

1.昆虫的食性

不同种类的昆虫，取食食物的种类和范围不同，同种昆虫的不同虫态也不会完全一样，甚至差异很大。昆虫在长期演化过程中，对食物形成的一定选择性被称为食性。

根据昆虫所取食的食物性质不同可将其食性分为植食性、肉食性、腐食性和杂食性四类。了解了昆虫的食性，我们就可以正确运用轮作与间套作、调整作物布局、中耕除草等园林技术措施防治害虫。同时，了解昆虫食性对害虫天敌的选择与利用也有实际价值。

1）根据昆虫取食对象的不同分类

（1）植食性昆虫。

植食性昆虫以植物的各部分为食物，这类昆虫占昆虫总数的40%～50%，如家蚕、鳞翅目幼虫等。

（2）肉食性昆虫。

肉食性昆虫是以其他动物为食物的昆虫，又可分为捕食性昆虫和寄生性昆虫两类，例如七星瓢虫、草蛉、寄生蜂、寄生蝇等，它们在害虫生物防治上有着重要的意义。

（3）腐食性昆虫。

腐食性昆虫是以动物的尸体、粪便或腐败植物为食物的昆虫，例如果蝇等。

（4）杂食性昆虫。

杂食性昆虫兼食动物、植物等，例如蜚蠊。

2）根据昆虫取食食物范围分类

（1）单食性昆虫。

单食性昆虫以某一种植物为食物，例如三化螟只取食水稻、豌豆象只取食豌豆等。

（2）寡食性昆虫。

寡食性昆虫以1个科或少数近缘科植物为食物，例如菜粉蝶取食十字花科植物、棉大卷叶螟取食锦葵科植物等。

（3）多食性昆虫。

多食性昆虫以多个科的植物为食物，例如地老虎可取食禾本科、豆科、十字花科、锦葵科等各科植物。

2.昆虫的趋性

趋性是指昆虫对外界刺激（如光、温、湿、化学物质等）产生的一种强迫性定向活动。趋向的活动被称为正趋性，背向的活动被称为负趋性。按刺激源的性质，趋性可分为趋光性、趋化性、趋温性、趋湿性等。其中趋光性和趋化性在害虫防治上应用较广，如灯光诱杀、色板诱杀、食饵诱杀、性诱剂诱杀等。

3.昆虫的假死性

假死性是指昆虫受到某种刺激,停止活动、身体蜷曲、或从植株上坠落地面,一动不动,稍停片刻才爬行或起飞的现象。金龟子、象甲、叶甲、瓢虫和蝽象的成虫以及粘虫的幼虫受到突然的刺激时,身体蜷缩,静止不动或从原栖息处突然跌落,呈"死亡"状,稍后又恢复常态。假死是许多鞘翅目成虫和鳞翅目幼虫的防御方式,因为许多天敌通常不取食死亡的猎物,所以假死是这些昆虫躲避敌害的有效方式。对于此类害虫,我们可用振落的方法进行捕杀或进行调查。

4.昆虫的群集性、迁飞性和扩散性

群集性是指同种昆虫的大量个体高度密集在一起的习性。群集性分为两种:一种是暂时性群集,发生在昆虫生活史的某个阶段,一定时间后就分散,如美国白蛾在4龄前在网幕中群集取食;另一种是长期群集,包括整个生活周期,群集形成后往往不再分散,如竹蝗、飞蝗等。了解昆虫的群集性可帮助我们在群集时进行人工捕杀。

迁飞性也称迁移性,是指一种昆虫成群地从一个发生地长距离地转移到另一个发生地的现象,是昆虫在进化过程中长期适应环境而形成的遗传特性,是一种种群行为。了解害虫迁飞性,查明它的来龙去脉及扩散转移的时期,对害虫的测报和防治具有重要意义。

扩散性是指昆虫为了满足食物和环境的需要,向周围扩散、蔓延的习性,如蚜虫。

5.昆虫的社会性

昆虫的社会性群体有别于一般的昆虫群体。一般的昆虫群体的产生主要是由外部的自然条件(如食物的集中、温度、湿度、光线和地理环境等)引起的,群体内的个体之间只可能有暂时性的生活关系(如争斗和交配),亲子之间不发生任何联络,如某些鳞翅目昆虫的幼虫群栖一处、越冬前许多瓢虫个体的团聚、蝗虫成群迁飞等。

昆虫的社会性群体的产生,主要是由内部条件造成的,众多成虫间具永久性的生活关系,并以超越个体的特征互相辨认,它们的活动既有分工,又有配合,彼此相依为命,是一个世代重叠生存适应的统一体。群体的最典型特征是存在等级分化。一个群体通常只有一个或少数几个个体能进行生殖,其他多数个体则不能生殖或生殖能力大大减退。群体中的非生殖个体常以其形态和年龄而有所分工。例如:在蜜蜂中年轻的工蜂通常是留在巢内喂养幼虫和蜂王,而年老的工蜂则负责保卫蜂巢和外出觅食。这种等级分化主要决定于食物的数量和质量、它在发育期间所接触到的化学物质以及群巢内部的条件等,这也是长期演化的结果。

昆虫社会性行为是由雌性照顾后代这种本能行为发展演化而来的,昆虫的各种外激素对昆虫社会性群体的维持具有十分重要的意义。

6.昆虫的隐蔽和保护性

昆虫的隐蔽和保护是指昆虫为了躲避敌害、保护自己而将自己隐藏起来的现象,包括拟态、保护色和伪装。

1)拟态

拟态是一种昆虫在外形、姿态、颜色、斑纹或行为等方面"模仿"其他种生物或非生命物体,以躲避敌害、保护自己的现象。

2)保护色

保护色也被称为隐藏色。一些昆虫的体色与背景颜色非常相似,可以躲过捕食性动物的视线而获得保护自己的效果。这种与背景颜色相似的体色被称为保护色。菜粉蝶蛹的颜色因化蛹场所的背景颜色的不同而有差异:在青色甘蓝叶上的蛹常为绿色或蓝绿色,在灰褐色篱笆或土墙上的蛹多呈褐色。另一些昆虫的体色断裂成几部分镶嵌在背景颜色中,起躲避捕食性天敌的作用,这种保护色又叫混隐色,例如一些生活于树干上的蛾类,其体色常断裂成碎块,镶嵌在树皮与裂缝的背景颜色中。

3)伪装

伪装是指昆虫利用环境中的物体伪装自己的现象。伪装多见于半翅目、脉翅目、鞘翅目、鳞翅目等昆虫的幼虫期,如沫蝉的若虫利用泡沫隐藏自己、一些叶甲的幼虫将蜕黏在体背或腹末等。

7.昆虫活动的昼夜节律

绝大多数昆虫的活动,如交配、取食和飞翔,甚至孵化、羽化等都与白天和黑夜密切相关,其活动期、休止期常随昼夜的交替而呈现一定节奏的变化规律,这种现象被称为昼夜节律,即与自然界中昼夜变化规律相吻合的节律。这些都是种的特性,是对物种有利的生存和繁育的生活习性。根据昆虫昼夜活动节律,昆虫可以分为以下类型:日出性昆虫,如蝶类、蜻蜓、步甲和虎甲等,它们均在白天活动;夜出性昆虫,如小地老虎等绝大多数蛾类,它们均在夜间活动;昼夜活动的昆虫,如某些天蛾、大蚕蛾和蚂蚁等,它们在白天、黑夜均可活动。有人还把在弱光下活动的昆虫称为弱光性昆虫,如蚊子等常在黄昏或黎明时活动。

大自然中昼夜的长短是随季节变化的,所以很多昆虫的活动节律也表现出明显的季节性。多化性昆虫,各世代对昼夜变化的反应也不相同,明显地表现在其迁移、滞育、交配、生殖等方面。

三、昆虫的主要类群

昆虫分类是研究昆虫科学的基础,是认识昆虫的一种基本方法。根据昆虫的形态特征、生理学、生态学、生物学等特征,通过分析、比较、归纳、综合的方法,将自然界中种类繁多的昆虫分门别类,以尽可能客观地反映出昆虫的历史演化过程,类群间的亲缘关系,种间形态、习性等方面的差异,可以帮助我们提高识别昆虫的能力,便于进一步研究昆虫,保护、利用益虫和控制害虫。

（一）昆虫的分类与命名

昆虫的分类系统由界、门、纲、目、科、属、种七个基本阶梯组成,种是分类的基本单位。为了更好地反映物种间的亲缘关系,在种以上的分类等级间加设亚纲、亚目、总科、亚科、亚属、亚种等。

（二）昆虫主要类群认知

昆虫分类的依据主要有形态学特征、生物学和生态学特征、地理学特征、生理学和生物化学特征、细胞学特征、分子生物学特征。根据目前的分类科学水平,昆虫分类的主要依据是形态学特征。分亚纲和目所应用的主要特征是翅的有无、形状、对数、质地,口器的类型,触角、足、腹部附肢的有无及形态。根据国内多数学者的意见,昆虫分为 33 个目,现将与林木关系密切的主要目的特征概述如下。

1.直翅目及主要科

直翅目昆虫的体型为中型至大型,触角多为丝状,口器为咀嚼式,头式为下口式。其前翅为革质覆翅,后翅为膜质,透明。多数种类后足腿节发达,为跳跃足,有些种类前足为开掘足。雄虫产卵器发达,形式多样,腹部具有听器。成虫、若虫多为植食性,不完全变态。主要的科有蝼蛄科、蝗科、蟋蟀科、螽蟖科。

1)蝼蛄科

蝼蛄科属蝼蛄亚目,如图L-2-15(a)所示。触角比体短,头与体轴近平行,听器位于前足胫节内侧,退化为缝状,前足为开掘足。前翅短,后翅长,纵折伸过腹末端如尾状;尾须长。产卵器不发达,不外露。蝼蛄科昆虫为杂食性的地下害虫,不仅咬食种子、嫩茎、树苗,而且在土中挖掘隧道,使植物吊根死亡,造成缺苗断垄,如华北蝼蛄、东方蝼蛄等。

2)蝗科

蝗科属蝗亚目,俗称蝗虫或蚂蚱,如图L-2-15(b)所示。体粗壮;触角比体短,丝状或剑状;翅为覆翅。雄虫能以后足腿节摩擦前翅发音。听器位于第1腹节两侧,后足为跳跃足。产卵器粗短。蝗科包括许多重要的园林害虫。

3)蟋蟀科

蟋蟀科属螽亚目,如图L-2-15(c)所示。体粗壮,色暗,触角比体长,端部尖细,听器在前足胫节两侧。雄虫发音器在前翅近基部,尾须长且多毛。产卵器发达,为针状或长矛状。多数一年一代,以卵越冬。喜穴居土中、石块下或树上,夜出活动。夏、秋两季为成虫盛发期,雄虫昼夜发出鸣声。蟋蟀科昆虫危害各种植物幼苗,或取食根、叶、种子等,如花生大蟋蟀、姬蟋蟀、黄脸油葫芦等。

4)螽蟖科

螽蟖科属螽亚目,如图L-2-15(d)所示。触角比体长,听器位于前足胫节基部,雄虫能发音。产卵器特别发达,为刀状或剑状,尾须短小。翅发达,也有无翅与短翅的种类,多为绿色。螽蟖科昆虫一般为植食性昆虫,少数为肉食性昆虫,常产卵于植物组织之间,危害植物枝条,如日本绿螽蟖等。

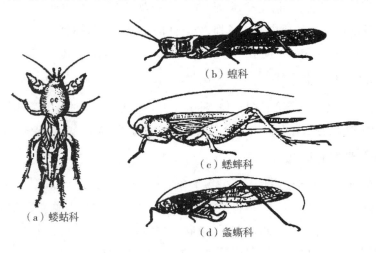

（a）蝼蛄科　　（b）蝗科　　（c）蟋蟀科　　（d）螽蟖科

图L-2-15　直翅目主要科代表

2.等翅目及主要科

等翅目昆虫通称白蚁,为社会性昆虫,生活于隐藏的巢居中,有完善的群体组织。体型为小型或中型,多型性,有工蚁、兵蚁、繁殖蚁之分。一般头部骨化坚硬。复眼有或无,单眼有 2 个或无;触角为念珠状;口器为典型的咀嚼式。足短,跗节 4~5 节,尾须短,2~8 节。前胸背板形状因种类而异,是分类的重要特征。等翅目昆虫有长翅、短翅及无翅类型,具翅者,2 对翅狭长,膜质,大小、形状及脉序相同,因此得名"等翅目"(见图 L-2-16)。主要的科有鼻白蚁科、白蚁科。

1)鼻白蚁科

鼻白蚁科昆虫头部有囟。兵蚁的前胸背板扁平,窄于头。有翅成虫一般有单眼,触角为 13~23 节,前翅鳞显然大于后翅鳞,跗节为 4 节,尾须为 2 节。鼻白蚁科昆虫为土木栖昆虫,危害植物、建筑物等。

2)白蚁科

白蚁科昆虫头部有囟。成虫一般有单眼;前翅鳞略大于后翅鳞,两者距离仍远。兵蚁前胸背板的前中部隆起,跗节为 4 节,尾须为 1~2 节。白蚁科昆虫以土栖为主,危害植物、建筑物等。

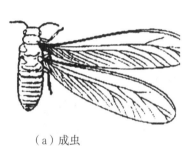
（a）成虫

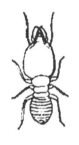
（b）兵蚁

图 L-2-16　白蚁

3.半翅目及主要科

1)异翅亚目

异翅亚目昆虫通称蝽,体型为小型至中型,略扁平。其口器为刺吸式,自头的前端伸出,不用时贴在头、胸的腹面;触角多为丝状,3~5 节;前翅为半翅,基部为角质或革质,端部为膜质,后翅为膜翅,静止时前翅平覆于体背;前胸背板发达,中胸有三角形小盾片。很多种类有臭腺,多开口于腹面后足基节旁,不完全变态。半翅目昆虫多为植食性,少数为肉食性天敌昆虫,如猎蝽、小花蝽等。主要的科有蝽科、盲蝽科、网蝽科、缘蝽科、猎蝽科等。

(1)蝽科。

蝽科的触角为 5 节,一般有 2 个单眼,中胸小盾片很发达,为三角形,超过前翅爪区的长度。前翅分为革区、爪区、膜区三部分,膜片上具有多条纵脉,有发自基部的一根横脉。卵多为鼓形,产于植物表面。危害园林植物的蝽科昆虫主要有枝蝽、麻皮蝽[见图 L-2-17(a)]等。

(2)盲蝽科。

盲蝽科的触角为 4 节,无单眼。前翅分为革区、爪区、楔区和膜区四个部分,膜区基部翅脉围成两个翅室,其余翅脉均消失。卵为长卵形,产于植物组织内。园林植物重要害虫有绿盲蝽[见图

L-2-17(b)],捕食性的盲蝽科昆虫有食蚜盲蝽等。

(3)网蝽科。

网蝽科昆虫的体型为小型,体扁,无单眼。触角为4节,第3节最长,第4节膨大。前胸背板向后延伸盖住小盾片,两侧有叶状侧突。前胸背板及前翅均布有网状花纹。网蝽科昆虫以成虫、若虫群集叶背刺吸汁液为主。危害园林植物的网蝽科昆虫主要有梨冠网蝽[见图L-2-17(c)]、杜鹃冠网蝽等。

(4)缘蝽科。

缘蝽科体较狭长,两侧缘略平行。触角为4节。中胸小盾片短于爪片。前翅分为革区、爪区和膜区三部分,膜片上的脉纹从一条基横脉上分出多条分叉的纵脉。缘蝽科昆虫植食性。园林植物害虫主要有危害观赏花木的红背安缘蝽[见图L-2-17(d)]等。

(5)猎蝽科。

猎蝽科昆虫的体型为中型至大型,触角为4节或5节。喙坚硬,基部不紧贴于头下,而弯曲成弧形。前翅分为革区、爪区和膜区三部分,膜区基部有两个翅室,从其上发出2条纵脉。猎蝽科昆虫多为肉食性,捕食各种昆虫等小型动物,如圆腹猎蝽[见图L-2-17(e)]等。

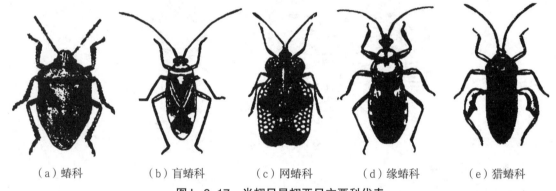

（a）蝽科　　　　（b）盲蝽科　　　　（c）网蝽科　　　　（d）缘蝽科　　　　（e）猎蝽科

图L-2-17　半翅目异翅亚目主要科代表

2)半翅目其他亚目

体型为小型至大型;口器为刺吸式,自头的后方伸出;触角为刚毛状或丝状。前翅质地均匀,为膜质或革质,静止时呈屋脊状覆于体背;后翅为膜质。少数种类无翅。多为两性生殖,有的进行孤雌生殖,不完全变态,植食性。有些种类在刺吸植物汁液的同时能传播植物病毒,如叶蝉。半翅目其他亚目主要的科有蝉科、叶蝉科、蜡蝉科、粉虱科、木虱科、蚜总科等。

(1)蝉科。

蝉科昆虫的体型为中型到大型。复眼发达,单眼有3个。触角短,为刚毛状。前足腿节膨大,下方有齿。前、后翅为膜质,透明,脉纹粗。雄虫有发音器,位于腹部腹面。若虫在土中生活,成虫刺吸汁液和产卵危害果树枝条,若虫吸食根部汁液。危害观赏木本植物的种类主要有黑蚱蝉[见图L-2-18(a)]、蟪蛄。

(2)叶蝉科。

叶蝉科昆虫单眼体为小型,狭长。触角为刚毛状,位于两复眼之间。单眼有2个,着生于头部前缘与颜面交界线上。后足胫节下方有 1~2 列短刺。产卵器为锯状,多产卵于植物组织内。园林植物害虫重要种类有大青叶蝉、小绿叶蝉[见图 L-2-18(b)]等。

(3)蜡蝉科。

蜡蝉科昆虫的体型为中型至大型,体色美丽。额常向前延伸而略呈象鼻状。触角基部 2 节明显膨大,鞭节为刚毛状。前、后翅发达,翅为膜质,脉序呈网状。腹部通常大而扁。常见的蜡蝉科昆虫有斑衣蜡蝉[见图 L-2-18(c)]、龙眼樗鸡等。

(4)粉虱科。

粉虱科昆虫的体型为小型,体翅均被蜡粉。单眼有 2 个。触角为线状、7 节,第 2 节膨大。翅短圆,前翅有两条翅脉,前一条弯曲,后翅仅有一条直脉。若虫、成虫腹末背面有皿状孔,是本科最显著特征。粉虱科昆虫为过渐变态。成虫、若虫吸食植物汁液。常见的粉虱科昆虫有危害温室花卉的温室粉虱[见图 L-2-18(d)]、黑刺粉虱等。

(5)木虱科。

木虱科昆虫的体型为小型,善跳。单眼有 3 个。触角较长,为 9~10 节,基部 2 节膨大,末端有 2 条不等长的刚毛。前翅质地较厚,在基部有 1 条由径脉、中脉和肘脉合并成的基脉,并由此发出若干分支。若虫常分泌蜡质盖在身体上,多危害木本植物。木虱科昆虫主要有柑橘木虱[见图 L-2-18(e)]、梧桐木虱等。

(6)蚜总科。

蚜总科昆虫的体型为微小型,柔软。触角为丝状,通常为 6 节,末节中部突然变细,故又分为基部和鞭部两部分,第 3~6 节基部有圆形或椭圆形的感觉孔,感觉孔的数目和分布是分种的重要依据。蚜总科有具翅和无翅两大类个体。具翅型有 2 对翅,膜质,前翅大,后翅小。前翅近前缘有一条由纵脉合并而成的粗脉,端部为翅痣,由此发出一条径脉,2~3 支中脉,2 支肘脉;后翅有一条纵脉,分出径脉、中脉、肘脉各 1 条。多数种类在腹部第 6 节背面生有 1 对管状突起,即腹管,腹管的大小、形状、刻纹等差异很大。腹部末端有一个尾片,形状不一,均为分类的重要依据。

蚜虫的生活史极为复杂,行两性生殖与孤雌生殖,一般在春、夏季进行孤雌生殖,在秋冬进行两性生殖。一般蚜虫都具有迁移习性,由于生活场所转换而产生季节迁移现象,从一个寄主迁往另一寄主。

本科昆虫为植食性,以成蚜、若蚜刺吸植物汁液,引起植物发育不良,并能分泌蜜露滋生霉菌和传播病毒性病害。重要害虫种类主要有棉蚜[见图 L-2-18(f)]、绣线菊蚜、桃蚜等。

(7)蚧总科。

蚧总科种类繁多,形态多样。雌雄异型,如图 L-2-18(g)、(h)所示。雌成虫无翅,虫体呈圆形、长形、球形、半球形或扁形等;身体分节不明显,虫体通常被介壳、蜡粉或蜡丝覆盖,有的虫体固定在植物上不活动;口器位于前胸腹面,口针细长且卷曲,常超过身体的几倍;触角为丝状、念珠状、膝状或退化;胸足有或退化。雄成虫口器退化,仅有 1 对膜质的前翅,翅上有 1~2 条翅脉,后翅变成各种形状的平衡棒。全世界已知的蚧总科昆虫有 5000 多种。重要害虫有吹绵蚧、矢尖蚧、龟蜡蚧、红蜡蚧等。

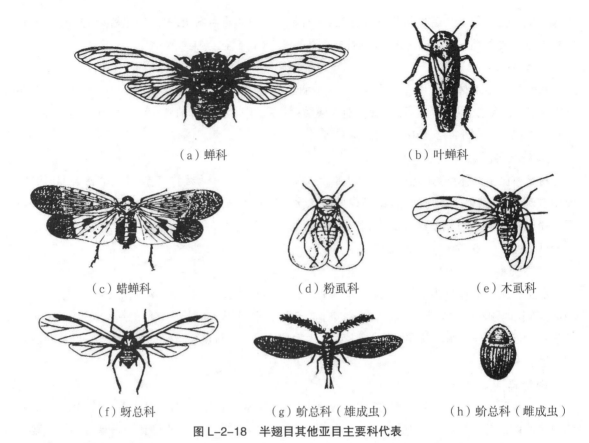

（a）蝉科　　　　　　　　　　　　（b）叶蝉科

（c）蜡蝉科　　　　　　（d）粉虱科　　　　　　（e）木虱科

（f）蚜总科　　　　　（g）蚧总科（雄成虫）　　　（h）蚧总科（雌成虫）

图 L-2-18　半翅目其他亚目主要科代表

4.鳞翅目及主要科

鳞翅目昆虫通称蛾、蝶类。虫体为小型至大型,大小常以翅展表示。成虫体、翅密生鳞片,并由其组成各种颜色和斑纹。前翅大,后翅小,少数种类雌虫无翅。触角为丝状、栉齿状、羽毛状、棒状等。复眼大、发达,单眼有两只或无。成虫的口器为虹吸式,不用时呈发条状卷曲在头下方。鳞翅目昆虫为完全变态。幼虫为圆柱形,柔软,为多足型,口器为咀嚼式。蛹为被蛹,腹末有刺突。鳞翅目昆虫的成虫一般不为害植物,幼虫多为植食性,会食叶、卷叶、潜叶、钻蛀茎、钻蛀根、钻蛀果实等。鳞翅目昆虫按其触角类型、活动习性及静止时翅的状态分为异角亚目和锤角亚目。

1)异角亚目(蛾类)

触角形状各异,但不呈棒状或锤状。飞翔时前、后翅通过翅缰连接。昼伏夜出,有趋光性,静息时翅平放在身上或斜放在身上呈屋脊状。卵散产或块产,蛹外常有茧。主要的科有木蠹蛾科、袋蛾科、透翅蛾科、卷蛾科、斑蛾科、刺蛾科、尺蛾科、螟蛾科、夜蛾科、毒蛾科、舟蛾科、灯蛾科、枯叶蛾科、天蛾科等。

(1)木蠹蛾科。

木蠹蛾科昆虫的体型为中大型,体粗壮,喙退化,触角为栉齿状或羽毛状。前、后翅中室内有分叉的脉纹。幼虫粗壮肥胖,头部发达,多为红色、白色或黄色。幼虫蛀食林木枝干。常见的木蠹蛾科昆虫有柳乌木蠹蛾[见图 L-2-19(a)]等。

(2)袋蛾科。

袋蛾科又叫蓑蛾科、避债蛾科。体型为中小型,触角为双栉齿状,口器退化。雌雄异型:雄虫有翅,翅面鳞毛稀少,前、后翅中室内有一个简单的中脉主干;雌虫无翅。幼虫肥胖,胸足发达,腹足退化为吸盘状,趾钩单序、缺环。幼虫食叶,并吐丝缀叶成袋状的囊,一生在袋囊内,取食时头胸伸出袋外,并能负囊行走。常见的种类有大袋蛾[见图 L-2-19(b)]、小袋蛾、茶袋蛾等。

(3)透翅蛾科。

透翅蛾科昆虫的体型为中小型,体较光滑,色彩常似胡蜂状,前翅较狭长,前、后翅大部分透明,仅边缘及翅脉上有鳞片。幼虫体多白色,气门为椭圆形,腹部第 8 节气门距背中线近。幼虫常蛀食林木茎秆。常见种类有白杨准透翅蛾、苹果兴透翅蛾[见图 L-2-19(c)]等。

(4)卷蛾科。

卷蛾科昆虫的体型为小型,前翅近长方形,外缘平直,顶角常突出,静止时两翅合拢成吊钟形,有些种类前翅有前缘褶。幼虫多为绿色,趾钩环状,双序或三序,极少单序。幼虫多卷叶为害。常见的种类有棉褐带卷蛾[见图 L-2-19(d)]、槐小卷蛾等。

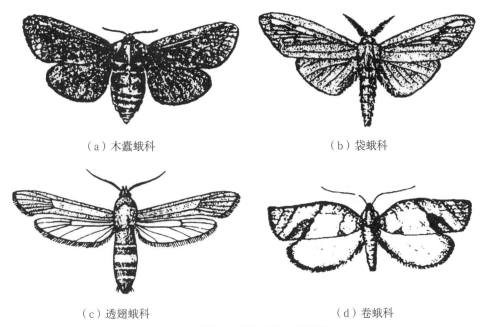

(a)木蠹蛾科　　　　　　　　　　　　　(b)袋蛾科

(c)透翅蛾科　　　　　　　　　　　　　(d)卷蛾科

图 L-2-19　鳞翅目异角亚目主要科代表 1

(5)斑蛾科。

斑蛾科昆虫的体型为中大型,体较光滑,成虫多呈灰黑色,有的种类较鲜艳,口器发达。翅薄且鳞片稀少,翅中室内常有中脉主干,后翅在中室中部处接触或以一横脉相连。幼虫体粗短,头小,体有粗大毛瘤,上生短毛。腹足趾钩为单序中带式。幼虫多以卷叶为害。常见的种类有梨叶斑蛾[见图 L-2-20(a)]、朱红毛斑蛾等。

(6)刺蛾科。

刺蛾科昆虫的体型为中型,体被粗短密毛,多为黄褐色或绿色,口器退化,雌性触角为丝状,雄性触角为双栉齿状。翅宽阔,生有密且厚的鳞片。幼虫俗称洋辣子,体短而胖,蛞蝓型,头小并缩入前胸,胸足小或退化,腹足呈吸盘状,体上生有枝刺,有些刺有毒,茧为坚硬的雀卵形。幼虫食叶,危害多种观赏林木。常见的刺蛾科昆虫有黄刺蛾[见图L-2-20(b)]、桑褐刺蛾、丽绿刺蛾、扁刺蛾等。

(7)尺蛾科。

尺蛾科昆虫的体型为小至大型,体多细长,鳞片稀少,翅宽大薄弱;有些种类雌虫翅退化,后翅脉基部急剧弯曲,臀脉只有1条。幼虫体细长,只在第6节、第10节上生有2对腹足,行走时,身体一曲一伸,似用尺量物,故称"尺蠖""步曲"。尺蛾科昆虫以幼虫食叶为主,多食性,主要有油桐尺蛾、丝棉木金星尺蛾[见图L-2-20(c)]等。

(8)螟蛾科。

螟蛾科昆虫的体型为中小型,细长柔弱,腹部末端尖削,鳞片细密,体光滑。下唇须长,伸出头的前方。翅为三角形,后翅接近、平行或超过中室后有一小段合并。幼虫细长光滑,趾钩缺环,少数为全环,多为双序,极少数为三序或单序。螟蛾科昆虫主要有棉大卷叶螟、竹织叶野螟[见图L-2-20(d)]等。

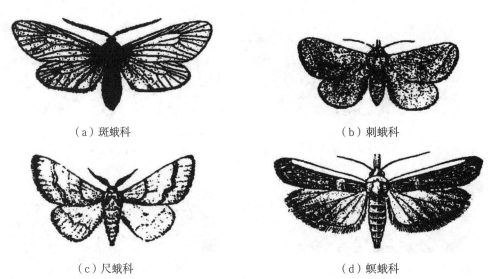

（a）斑蛾科　　　　　　　　　　　　（b）刺蛾科

（c）尺蛾科　　　　　　　　　　　　（d）螟蛾科

图L-2-20　鳞翅目异角亚目主要科代表2

(9)夜蛾科。

夜蛾科昆虫的体型为中大型,体粗壮,多色暗,鳞片稀疏且蓬松。前翅为三角形,密被鳞片,形成色斑,后翅脉在翅近基部与中室有一点接触又分开,形成一个小的基室。幼虫体粗壮,光滑无毛,颜色深,趾钩单序中带式,如为缺环则缺口较大。幼虫可食叶、钻蛀果实或茎秆等,危害树木的种类有小地老虎[见图L-2-21(a)]、斜纹夜蛾、银纹夜蛾、玫瑰巾夜蛾、凤凰木夜蛾等。

(10)毒蛾科。

毒蛾科与夜蛾科相似,昆虫的体型为中大型,体粗壮多毛,喙退化,雄虫触角为双栉齿状。雌虫腹末有成簇的毛,静止时多毛的前足伸向体前方。后翅在中室的1/3处与中室接触,形成一个大的基室。幼虫体多毛,某些体节有成束而紧密的有毒毛簇,腹部第6、7腹节背面有翻缩腺,趾钩单序中带式。幼虫食叶为主。危害树木的主要有舞毒蛾[见图L-2-21(b)]、黄尾毒蛾、金毛虫、乌桕毒蛾等。

(11)舟蛾科。

舟蛾科又叫天社蛾科,与夜蛾科相似。昆虫的体型为中大型,口器退化,雄蛾触角多为双栉齿状,少数为锯齿状,雄蛾触角多为丝状。后翅在中室前缘平行靠近,但不接触。幼虫胸部有峰突,静止时头尾翘起似"小舟",故称舟蛾。幼虫食叶为主。危害树木的种类主要有舟形毛虫苹掌舟蛾[见图L-2-21(c)]、杨扇舟蛾等。

(12)灯蛾科。

灯蛾科与夜蛾科相似。昆虫的体型为中型,色泽较鲜艳,多为白、黄、灰、橙色,有黑色斑,腹部各节背中央常有一个黑点,触角为丝状或双栉齿状。后翅在基部有长距离的愈合,但不超过中室末端。幼虫体上有突起,上生浓密的毛丝,其长短较一致。幼虫食叶为主。主要种类有美国白蛾[见图L-2-21(d)]、红缘灯蛾等。

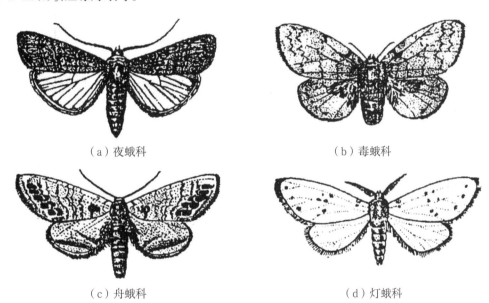

（a）夜蛾科　　　　　　　　　　　（b）毒蛾科

（c）舟蛾科　　　　　　　　　　　（d）灯蛾科

图L-2-21　鳞翅目异角亚目主要科代表3

(13)枯叶蛾科。

枯叶蛾科昆虫的体型为中大型,体粗壮而多毛,喙退化,雄虫触角为双栉齿状;后翅无翅缰,肩角发达,有肩脉。幼虫粗壮,多长毛,前胸在足的上方有1或2对突起,腹足趾钩双序中带式。幼虫食叶为主。常见的种类有天幕毛虫[见图L-2-22(a)]、马尾松毛虫等。

(14)天蛾科。

天蛾科昆虫的体型为大型,体粗壮,纺锤形,腹末尖削;触角为棒状,中部加粗,末端弯曲成小钩。前翅较狭长,外缘倾斜,呈三角形,后翅小,稍圆。幼虫大且粗壮,较光滑,胴部每节分为6~8个环节,第8节背面有一个尾状突起,称"尾角"。幼虫食叶为主。天蛾科昆虫主要有豆天蛾[见图L-2-22(b)]、霜天蛾等。

（a）枯叶蛾科　　　　　　　　　　　　　（b）天蛾科

图 L-2-22　鳞翅目异角亚目主要科代表 4

2）锤角亚目（蝶类）

触角端部膨大呈棒状或锤状。前、后翅无特殊连接构造，飞翔时后翅肩区贴在前翅下。白天活动，静息时双翅竖立在背面或不时扇动，翅色鲜艳，卵散产。锤角亚目主要的科有粉蝶科、凤蝶科、蛱碟科等。

（1）粉蝶科。

粉蝶科昆虫的体型为中型，白色或黄色，有黑色或红色斑。前翅为三角形，后翅为卵圆形，展翅时整个身体略呈正方形。前翅有 1 条臀脉，后翅有 2 条臀脉。幼虫体表有很多小突起及细毛，多为绿色或黄绿色，趾钩双序或三序，中带式。幼虫食叶为主，如菜粉蝶 [见图 L-2-23(a)]、山楂粉蝶等。

（2）凤蝶科。

凤蝶科昆虫的体型为中大型，翅的颜色及斑纹多艳丽。前翅为三角形，后翅外缘为波状，臀角处有尾状突。幼虫体光滑无毛，后胸隆起最高，前胸背中央有一个可翻出的分泌腺，"Y"或"V"形，红色或黄色，受惊时可翻出，并散发臭气，又叫"臭角"。趾钩三序或双序，中带式。常见的有柑橘凤蝶 [见图 L-2-23(b)] 等。

（3）蛱蝶科。

蛱蝶科昆虫的体型为中大型，翅上色斑鲜艳，前足退化，触角端部特别膨大。前翅中室为闭式，后翅中室为开式。幼虫头部常有突起，胴部常有枝刺，腹足趾钩中带式，多为三序，少数为双序。幼虫为食叶性害虫，如危害杨、柳的紫闪蛱蝶 [见图 L-2-23(c)]。

（a）粉蝶科　　　　　　　　（b）凤蝶科　　　　　　　　（c）蛱蝶科

图 L-2-23　鳞翅目锤角亚目主要科代表

5.鞘翅目及主要科

鞘翅目是昆虫纲中最大的目。鞘翅目昆虫通称甲虫，其体为小型至大型，体壁坚硬。成虫的前翅为鞘翅，静止时平覆于体背，后翅为膜质，折叠于鞘翅下，少数种类后翅退化。前胸背板发达且有小盾片，口器为咀嚼式。触角形状多变，有丝状、锯齿状、锤状、膝状或鳃片状等。复眼发达，一般无单眼。多数成虫有趋光性和假死性,完全变态,幼虫为寡足型或无足型,蛹为离蛹。鞘翅目包括很多园林植物的害虫和益虫。肉食亚目常见的科有步甲科(皱鞘步甲)、虎甲科(中华虎甲)。多食亚目常见的科有叩甲科、吉丁甲科、瓢甲科、叶甲科、金龟甲科、天牛科、象甲科、小蠹科等。

(1)步甲科。

步甲科昆虫的体型为小型至大型,多为黑色或褐色,带有金属光泽。头较前胸狭,前口式。触角为丝状,着生于上唇基部与复眼之间。后翅常退化。跗节为 5 节。成虫、幼虫捕食小型昆虫。常见的步甲科昆虫有金星步甲[见图 L-2-24(a)]、中华广肩步甲等。

(2)虎甲科。

虎甲科昆虫的体型为中型,与步甲相似,具有鲜艳的色斑和金属光泽。头较前胸宽,下口式。复眼突出。触角为丝状,11 节。上颚大,锐齿状。跗节为 5 节。成虫、幼虫捕食小型昆虫。常见种类有中华虎甲[见图 L-2-24(b)]、星斑虎甲等。

(3)叩甲科。

叩甲科昆虫的体型为小型至中型,触角为锯齿状。前胸与中胸结合不紧密,能上下活动。前胸背板后侧角突出,前胸腹板后缘中央有一个强大的突起向后延伸到中胸腹板的深凹窝内,可弹跳。跗节为 5 节。幼虫体细长,略扁,坚硬光滑,黄色或黄褐色,大多生活在土中,以植物的地下部分为食,统称为金针虫,为苗圃重要地下害虫。常见的叩甲科昆虫有沟金针虫[见图 L-2-24(c)]、细胸金针虫等。

(4)吉丁甲科。

吉丁甲科成虫与叩甲科成虫体型相似,大多数具有美丽的金属光泽。体为长形,末端尖削。头较小,嵌入前胸。触角为锯齿状,11 节。前胸腹板也有大型的后突,嵌入中胸腹板的凹窝内,但前胸与后胸紧密相连,不能自由上下活动,前胸背板的后侧角不向后突出。幼虫体细长扁平,无足,前胸宽大扁阔。幼虫钻蛀树木枝干为主。常见的吉丁甲科昆虫有苹果小吉丁虫[见图 L-2-24(d)]、杨十斑吉丁虫、六星吉丁虫等。

(5)瓢甲科。

瓢甲科昆虫的体型为小型至中型,头小,触角为锤状。体背隆起呈半球形或半卵形,似瓢状。鞘翅上常有红、黄、黑色斑纹。足短,跗节隐 4 节,第 3 节特别小,看起来似 3 节,又称拟 3 节。幼虫体上常生有枝刺、毛瘤、毛突等。大多数为捕食性益虫,可捕食蚜虫、介壳虫、螨类等,常见的有七星瓢虫[见图 L-2-24(e)]、龟纹瓢虫、异色瓢虫等。少数为植食性害虫。

(6)叶甲科。

叶甲科昆虫又称金花虫,体型为中小型,体色多鲜艳,具金属光泽。触角为锯齿状或丝状,常短于体长。跗节隐 5 节,似为 4 节。幼虫体上常有肉质刺及瘤状突起。成虫、幼虫均为植食性,多取食植物叶片。常见的叶甲科昆虫有泡桐叶甲[见图 L-2-24(f)]、榆蓝叶甲等。

(7)金龟甲科。

金龟甲科昆虫的体型为中型至大型,触角为鳃片状。前足为开掘足,跗节为 5 节。鞘翅短,腹部可见腹板 5~6 节。幼虫为蛴螬,体白色,圆筒形,胸足发达,腹部后端肥大,向腹面弯曲呈"C"形。食性杂,多数为植食性,幼虫多土栖,为重要的地下害虫,取食植物幼苗的根茎部分,也有腐食性和粪食性的种类。常见种类有铜绿丽金龟[见图L-2-24(g)]、小青花金龟、红脚绿金龟等。

(8)天牛科。

天牛科昆虫的体型为中型至大型,体狭长。触角为11~12节,常与体等长或超过身体。复眼为肾形,环绕触角基部。跗节隐5节,似为4节。幼虫体肥胖,胸足很小或无胸足。幼虫钻蛀树干、树根或树枝。常见的天牛科昆虫有星天牛、桑天牛[见图L-2-24(h)]等。

(9)象甲科。

象甲科昆虫通称象鼻虫。昆虫的体型为小至大型,头部向前延伸成象鼻状突起,长短不一,末端着生有咀嚼式口器。触角多为膝状。跗节隐5节,似为4节。幼虫为无足型,身体柔软弯曲。成虫和幼虫均为植食性,有食叶、蛀茎、蛀根及种子的种类,也有卷叶或潜叶的种类。常见的象甲科昆虫有大灰象甲[见图L-2-24(i)]、绿鳞象甲、杨干象甲等。

(10)小蠹科。

小蠹科昆虫的体型为小型,圆筒形,触角为锤状。前胸背板大,与鞘翅等宽,常长于体长的1/3。前足第1跗节短于第2、3、4跗节之和。幼虫为白色,粗短,头部发达,无足。成虫和幼虫蛀食树皮和木质部,形成不规则的坑道。常见种类有为害柳树、榆树的脐腹小蠹、为害松树的纵坑切梢小蠹[见图L-2-24(j)]等。

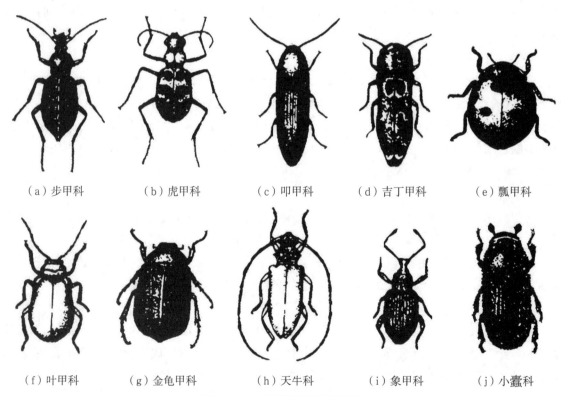

（a）步甲科　　　（b）虎甲科　　　（c）叩甲科　　　（d）吉丁甲科　　　（e）瓢甲科

（f）叶甲科　　　（g）金龟甲科　　　（h）天牛科　　　（i）象甲科　　　（j）小蠹科

图L-2-24　鞘翅目主要科代表

6.膜翅目及主要科

膜翅目昆虫包括蜂和蚁。除一部分植食性外,大部分是捕食性和寄生性,很多是有益的种类。膜翅目昆虫体型为小型至大型,口器为咀嚼式或刺吸式,复眼发达,触角为膝状、丝状或锤状等。前、后翅均为膜质,不被鳞片。雌虫产卵器发达,有的变成螫刺,完全变态,幼虫类型不一。蛹为裸蛹,有的有茧。膜翅目依据成虫胸、腹部连接处是否缢缩成腰状,分为广腰亚目与细腰亚目。膜翅目主要的科有叶蜂科、茎蜂科、姬蜂科、茧蜂科、小蜂科等。

1)广腰亚目

广腰亚目昆虫的腹部很宽,连接在胸部,足的转节均为两节,翅脉较多,后翅至少有三个翅室。雌虫产卵器为锯状或管状,常不外露。口器为咀嚼式,幼虫为多足型,全为植食性。广腰亚目常见科有叶蜂科、茎蜂科。

(1)叶蜂科。

叶蜂科昆虫的体粗壮,前胸背板后缘弯曲,前足胫节有2个端距。幼虫为伪蠋式,腹足为6~8对,位于腹部第2~8节和第10节上,无趾钩。幼虫食叶为主,有些种类可潜叶或形成虫瘿。常见种类有危害林木的樟叶蜂[见图L-2-25(a)]等。

(2)茎蜂科。

茎蜂科昆虫的体型为小型,细长,前胸背板后缘平直,前足胫节有1个端距。幼虫无足,白色,皮肤多皱纹,腹末有尾状突起。幼虫蛀茎。主要的茎蜂科昆虫有月季茎蜂[见图L-2-25(b)]等。

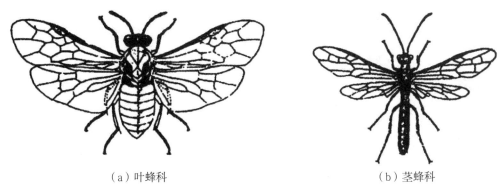

（a）叶蜂科　　　　　　　　　　　（b）茎蜂科

图L-2-25　膜翅目广腰亚目主要科代表

2)细腰亚目

(1)姬蜂科。

姬蜂科昆虫的体型为中小型,体细长,触角为线形,15节以上。前翅第2列翅室的中间一个特别小,多角形,被称为"小室",有回脉两条。姬蜂科昆虫主要寄生于鳞翅目昆虫体内,如寄生松毛虫的黑点瘤姬蜂[见图L-2-26(a)]等。

(2)茧蜂科。

茧蜂科昆虫的体型为小型至微小型,特征与姬蜂相似,其区别是没有第二回脉,"小室"多数无或不明显。幼虫寄生半翅目、鳞翅目或鞘翅目昆虫,常见的有寄生蚜虫的蚜茧蜂[见图L-2-26(b)],寄生松毛虫、舞毒蛾的松毛虫绒茧蜂等。

(3)小蜂科。

小蜂科昆虫的体型为小型,头横阔,复眼大,触角多为膝状,翅脉简单,后足腿节膨大。小蜂科昆虫寄生鳞翅目、鞘翅目、双翅目昆虫的幼虫和蛹。常见的小蜂科昆虫有广大腿小蜂[见图L-2-26(c)]等。

（a）姬蜂科　　　　　　　　　　　（b）茧蜂科　　　　　　　　　　　（c）小蜂科

图 L-2-26　膜翅目细腰亚目主要科代表

7.双翅目及主要科

双翅目昆虫包括蚊、蝇、虻等多种昆虫,体型为小型至中型。前翅为一对,后翅特化为平衡棒,前翅为膜质,脉纹简单。其口器为刺吸式或舐吸式;复眼发达;触角为具芒状、念珠状、丝状,完全变态。幼虫为蛆式,无足。蛹多数为围蛹,少数为被蛹。双翅目主要的科有食蚜蝇科、寄蝇科等。

（1）食蚜蝇科。

食蚜蝇科昆虫的体型为中型,外形似蜂,体上常有黄、黑相间斑纹,触角为具芒状,前翅中央有1条两端游离的“伪脉”,外缘有1条与边缘平行的横脉。成虫善飞,可在空中悬停。幼虫为蛆式,体表粗糙,主要捕食蚜虫、介壳虫、粉虱、叶蝉等。常见种类有大灰食蚜绳［见图 L-2-27(a)］等。

（2）寄蝇科。

寄蝇科昆虫的体型为小至中型,外形似家蝇,体多毛,暗灰色,有褐色斑纹,触角芒光裸。胸部在小盾片下方有呈垫状隆起的后小盾片。幼虫多寄生于鳞翅目幼虫及蛹内。常见的寄蝇科昆虫有松毛虫狭蝶寄蝇、地老虎寄绳［见图 L-2-27(b)］等。

（a）食蚜蝇科　　　　　　　　　　　（b）寄绳科

图 L-2-27　双翅目重要科代表

复习思考题

一、单选题

1.杨树天牛是杨树的重要(　　　)害虫,具有林木致死率高、活动隐蔽、防治困难的特性。

A. 食叶　　　　　　　　　　　　　　　B. 地下

C. 蛀干　　　　　　　　　　　　　　　D. 种子

2. 具有( )的昆虫可以进行人工捕杀。

A. 趋光性　　　　　　　　　　　　　　B. 趋化性

C. 假死性　　　　　　　　　　　　　　D. 趋性

3. 我国松材线虫的媒介昆虫有( )。

A. 光肩星天牛　　　　　　　　　　　　B. 松褐天牛

C. 青杨天牛　　　　　　　　　　　　　D. 小蠹虫

4. 具有开掘足的昆虫是( )。

A. 蝼蛄　　　　　　　　　　　　　　　B. 蝗虫

C. 蝇类　　　　　　　　　　　　　　　D. 步行虫

5. 有些害虫能诱发煤污病,( )属于此类害虫。

A. 黄刺蛾　　　　　　　　　　　　　　B. 桑天牛

C. 小地老虎　　　　　　　　　　　　　D. 蚜虫

6. 昆虫纲中最大的一个目是( )。

A. 鳞翅目　　　　　　　　　　　　　　B. 半翅目

C. 鞘翅目　　　　　　　　　　　　　　D. 直翅目

7. 马尾松毛虫幼虫蜕4～5次皮后食量最大,危害最重,此时幼虫的虫龄为( )龄。

A.4～5　　　　　　　　　　　　　　　B.3～4

C.5～6　　　　　　　　　　　　　　　D.3～5

8. 树木叶片上出现缺刻、孔洞时,害虫的口器为( )。

A. 刺吸式　　　　　　　　　　　　　　B. 咀嚼式

C. 虹吸式　　　　　　　　　　　　　　D. 锉吸式

9. 利用糖醋液诱杀地老虎是利用昆虫的( )。

A. 趋光性　　　　　　　　　　　　　　B. 趋化性

C. 趋湿性　　　　　　　　　　　　　　D. 趋温性

10. 赤眼蜂是( )的寄生蜂。

A. 成虫　　　　　　　　　　　　　　　B. 卵

C. 幼虫　　　　　　　　　　　　　　　D. 蛹

二、多选题

1. 昆虫根据食性可分为( )。

A. 植食性类　　　　　　　　　　　　　B. 腐食性类

C. 寄生性类　　　　　　　　　　　　　D. 捕食性类

2. 幼虫期吐丝结网的种类有( )。

A. 美国白蛾　　　　　　　　　　　　　B. 油松毛虫

C. 马尾松毛虫　　　　　　　　　　　　D. 黄褐天幕毛虫

3. 昆虫的繁殖方式有(　　　)。

A. 两性生殖 　　　　　　　　　　　B. 孤雌生殖

C. 幼体生殖 　　　　　　　　　　　D. 多胚生殖

4. 常见昆虫翅的类型有(　　　)。

A. 膜翅 　　　　　　　　　　　　　B. 鞘翅

C. 半翅 　　　　　　　　　　　　　D. 缨翅

5. 下列昆虫的后足是跳跃足的是(　　　)。

A. 蝗虫 　　　　　　　　　　　　　B. 蝼蛄

C. 蟋蟀 　　　　　　　　　　　　　D. 蠡斯

6. 下列昆虫的变态类型不是完全变态的是(　　　)。

A. 苍蝇 　　　　　　　　　　　　　B. 蝗虫

C. 蟋蟀 　　　　　　　　　　　　　D. 美国白蛾

7. 根据昆虫的取食范围可将昆虫分为(　　　)。

A. 单食性昆虫 　　　　　　　　　　B. 寡食性昆虫

C. 多食性昆虫 　　　　　　　　　　D. 腐食性昆虫

8. 根据昆虫取食的食物性质可将其食性分为(　　　)。

A. 植食性 　　　　　　　　　　　　B. 肉食性

C. 腐食性 　　　　　　　　　　　　D. 杂食性

9. 有假死性的昆虫有(　　　)。

A. 金龟子 　　　　　　　　　　　　B. 象甲

C. 天牛 　　　　　　　　　　　　　D. 蝗虫

10. 翅为鳞翅的昆虫有(　　　)。

A. 黑翅土白蚁 　　　　　　　　　　B. 华北蝼蛄

C. 樟粉蝶 　　　　　　　　　　　　D. 枯叶蛾

三、判断题

1.(　　　)马尾松毛虫是单食性害虫。

2.(　　　)尺蛾的幼虫是寡足型幼虫。

3.(　　　)天牛是成虫、幼虫均有危害的害虫。

4.(　　　)马尾松毛虫以卵越冬。

5.(　　　)地老虎是常见的地下害虫,主要以成虫危害植物。

6.(　　　)食叶害虫的虫口消长明显,主要是其天敌作用的结果。

7.(　　　)天牛的幼虫是多足型幼虫。

8.(　　　)蛀干害虫是最具毁灭性的一类林木害虫,其危害在于不仅使输导组织受到破坏、引起树木死亡,而且降低了木材的经济价值。

9.(　　　)凡以卵越冬的昆虫,出现越冬代。

10.(　　)蜘蛛是一类常见的捕食性天敌昆虫。

参 考 答 案

一、单选题

1~5.CCBAB　　6~10.CCBBB

二、多选题

1.ABCD　2.AD　3.ABCD　4.ABCD　5.ACD　6.BC　7.ABC　8.ABCD　9.ABC　10.CD

三、判断题

1~5.×　×　√　×　×　　6~10.×　×　√　×　×

第二节　林木病害

一、植物病害症状

（一）植物病害形成的分类

植物受到病原物或不适宜环境条件影响时,往往会在生理上、组织上和外部形态上表现异常,进而导致产量降低、品质下降,甚至全株死亡,给植物生产造成重大的经济损失等现象被称为植物病害。引起植物发生病害的原因被称为病原。按照病原的性质,植物病害可分为侵染性病害和非侵染性病害。

1.侵染性病害

侵染性病害是植物受到病原物的侵袭而引起的,因其具有传染性,所以又被称为传染性病害。引起侵染性病害的病原物主要有真菌、细菌、病毒,还有线虫、寄生性螨类等。

2.非侵染性病害

非侵染性病害是不适宜的环境因素持续作用引起的,不具有传染性,所以亦被称为非传染性病害或生理性病害。这类病害常常是营养元素缺乏、水分供应失调、气候因素,以及有毒物质对大气、土壤和水体等的污染引起的。

（二）植物病害的症状

植物生病后在外部形态上表现出来的不正常现象为病害的症状,它是描述病害、识别病害和命名病害的主要依据。症状按其性质分为病状和病征两个方面,其中感病植物本身表现出来的不正常特征为病状,病原物在植物发病部位的表现为病征。每种植物病害都有病状,但有些病害没有可见的病征。

当遇到植物病害时,首先要准确描述病害的症状,并对病害进行命名。有的病害以病状命名,如花叶病、叶枯病、萎蔫病、腐烂病、丛枝病和癌肿病等;有的病害以病征命名,如灰霉病、绿霉病、白腐病、白粉病、锈病、菌核病等。结合病状和病征,可以较准确地识别植物病害,达到初步诊断病害的目的。

1.病状

1)变色

变色是指植物的局部或全株失去正常的颜色。变色是指植物染病后,叶绿素不能正常形成或解体,色素比例失调,叶片上表现为淡绿色、黄色甚至白色,但其细胞并没有死亡。变色以叶片变色最为多见,主要表现有以下几个方面。

(1)花叶。形状不规则的深浅绿色相间而形成不规则的杂色,各种颜色轮廓清晰。

(2)斑驳。与花叶不同的是它的轮廓较清晰。

(3)褪绿。叶片均匀地变为浅绿色。

(4)黄化、红化、紫化。叶片均匀地变为黄色、红色和紫色。

(5)明脉。叶脉变为半透明状。

(6)碎色。碎色是发生在花瓣上的变色。

2)坏死

坏死指植物细胞和组织的死亡,多在局部小面积发生,坏死在叶片上常表现为各种病斑和叶枯。

(1)病斑。

病斑的形状、大小和颜色因病害种类不同而差别较大,轮廓大多比较清晰。病斑的形状多样,有圆形、椭圆形和梭形等。受叶脉的限制,有些病斑呈多角形或条形。病斑的颜色以褐色居多,但也有灰色、黑色、白色等。有的病斑周围还有变色环,被称为晕圈。病斑的坏死组织有时脱落形成穿孔,有些病斑上有轮纹,被称为轮斑或环斑,环斑多为同心圆组成。

(2)叶枯。

叶枯是指叶片上较大面积的枯死,枯死的轮廓有的不很明显。叶尖和叶缘枯死被称作叶烧或枯焦。

很多在叶片上引起坏死的病原物,也可为害果实,在果实上形成斑点和疮痂。

3)腐烂

腐烂指植物大块组织的分解和破坏,常分为干腐、湿腐和软腐。腐烂组织崩溃时伴随汁液流出便形成湿腐;腐烂组织崩溃过程中的水分迅速丧失或组织坚硬则形成干腐;软腐则是中胶层受到破坏后细胞离析、消解形成的。根据腐烂的部位的不同,腐烂有根腐、基腐、茎腐、果腐、花腐等,还伴随有各种颜色变化的特点,如褐腐、白腐、黑腐等。木本植物枝干皮层坏死、腐烂,使木质部外露的病状被称为溃疡。立枯和猝倒是指植株幼苗茎基部组织被破坏、腐烂,植株上部表现萎蔫以至死亡。立枯病发病后,植物立而不倒,猝倒病发病时,植物因基部腐烂而迅速倒伏。

4)萎蔫

萎蔫指植物的整株或局部因脱水而枝叶下垂的现象,主要是植物维管束受到毒害或破坏,水分吸收和运输困难造成的。植物的萎蔫可以由各种原因引起,茎部的坏死和根部的腐烂都会引起萎蔫。

病原物侵染引起的萎蔫一般不能恢复。萎蔫有局部性的萎蔫和全株性的萎蔫,后者更为常见。植株失水迅速,仍能保持绿色的为青枯,不能保持绿色的为枯萎和黄萎。一般来说,细菌性萎蔫发展快,植株死亡也快,常表现为青枯;真菌性萎蔫发展相对缓慢,从发病到表现症状需要一定的时间,一些不能获得水分的部位表现出缺水萎蔫、枯死等症状。

5)畸形

畸形指植物受害部位的细胞生长发生促进性或抑制性的病变,使被害植株全株或局部形态异常。

常见的畸形有矮化、矮缩、皱缩、丛枝、发根、卷叶、蕨叶(或线叶)、肿瘤。畸形多是由病毒、类病毒、植原体等病原物侵染引起的。

矮化是指植物的各个器官的生长成比例地受到抑制。矮缩是指不成比例的变小,主要是节间缩短。丛枝是指在腋芽处,不正常地萌发出多个小枝,呈簇状。在根部有类似症状,如大量萌发不定根,被称为发根。叶片的畸形种类很多,如叶变小、叶面高低不平的皱缩,叶片沿主脉下卷或上卷的卷叶,卷向与主脉垂直的缩叶等。增生是指病部薄壁组织分裂加快,数量迅速增加,使局部出现肿瘤或癌肿。根结线虫在根部取食时,头部周围的寄主细胞发生多次细胞核分裂,但细胞自身不分裂,仅体积增大,形成含多个细胞核的巨型细胞,外表形成瘤状根结。细菌、病毒和真菌等病原物均可造成畸形,他们共同的特征是感染寄主后,或自身合成植物激素,或影响寄主激素的合成,从而破坏植物正常激素调控的时空程序。

6)流脂、流胶

植物细胞分解为树脂或树胶流出常被称为流脂病或流胶病,前者发生于针叶树,后者发生于阔叶树。流脂病或流胶病的病原物很复杂,有侵染性的病原物,也有非侵染性的病原物,还有两类病原物综合作用。

2.病征

病原物在病部形成的病征主要有霉状物、粉状物、点状物、颗粒状物、脓状物五种类型。

1)霉状物

霉状物是病原物在植物受害部位形成的白色、褐色、黑色的霉层。

2)粉状物

粉状物直接产生于植物表面、表皮下或组织中,最后破裂而散出,包括锈粉、白粉、黑粉、白锈。

(1)锈粉。

锈粉也称为锈状物,是指发病初期在病部表皮下形成的黄色、褐色或棕色病斑,破裂后散出的铁锈状粉末,为锈病特有的病征,如玫瑰锈病。

(2)白粉。

白粉是指在病株叶片正面生长的大量白色粉末状物质,在发病后期颜色加深,产生细小黑点,为白粉菌所致病害的特征,如狭叶十大功劳白粉病。

(3)黑粉。

黑粉是指在病部形成的菌瘿内产生的大量黑色粉末状物质,为黑粉菌所致病害的病征,如草坪黑粉病。

(4)白锈。

白锈是指在孢部表皮下形成的白色疱状斑(多在叶片背面),破裂后散出的灰白色粉末状物质,为白锈菌所致病害的病征,如十字花科植物白锈病。

3)点状物

点状物是指在病部产生的形状、大小、色泽和排列方式各不相同的小颗粒状物质。它们大多呈暗褐色至褐色,一般颜色较深,常见于后期的病斑。点状物一般针尖至米粒大小。在特定的病斑上,点状物的排列可以是有规则的,如轮纹状,也可以随机分布。病斑上产生的颜色、大小、色泽各异的点状结构多是病原真菌的繁殖体,如子囊壳、分生孢子器、分生孢子盘等所致病害的特征,如各种植物炭疽病等。

4)颗粒状物

颗粒状物主要是病原真菌的菌核,是病原真菌菌丝体变态形成的一种特殊结构,其形态、大小差别较大,一般比点状物体积大。颗粒状物有的似鼠粪状,有的像菜籽形,多数为黑褐色,生于植株受害部位。当病原菌的生长受到营养缺乏的限制后,病原真菌在植株受害部位形成菌核用于越冬或越夏。

5)脓状物

脓状物是细菌性病害发生时在病部溢出的含有细菌菌体的脓状黏液,一般呈露珠状或散布为菌液层;在气候干燥时,会形成菌膜或菌胶粒。

二、非侵染性病害

（一）对非侵染性病害的认知

1.非侵染性病害的概念

非侵染性病害是由不适宜的环境因素持续作用引起的,不具有传染性,所以也被称为植物非传染性病害或生理性病害。这类病害常常是营养元素缺乏、水分供应失调、气候因素,以及有毒物质对大气、土壤和水体等的污染引起的。

2.非侵染性病害的特点

(1)病株在绿地中的分布具有规律性,一般较均匀,往往是大面积成片发生,不先出现发病中心,没有从点到面扩展的过程。

(2)病状具有特异性,除了高温、日灼和药害等个别病原能引起局部病变外,病株常表现全株性发病,如缺素症、水害等,株间不互相传染,病株只表现病状,无病征,病状类型有变色、枯死、落花、落果、畸形和生长不良等。

(3)病害的发生与环境条件、栽培管理措施有关,因此,要通过科学合理的林业栽培技术措施,改善环境条件,促使植物健壮生长。

（二）营养失调

植物的营养失调包括营养缺乏、各种营养间的比例失调或营养过量,致使植物表现出各种病状。造成植物营养缺乏的原因有多种:一是土壤中缺乏营养元素;二是土壤中营养元素的比例不当,元素间的颉颃作用影响植物对营养素的吸收;三是土壤的物理性质不适,如温度过低、水分过少、pH值过高或过低等都会影响植物对营养元素的吸收。在大量施用化肥、农药的地块,在连作频繁的保护地栽培等情况下,土壤中大量元素与微量元素的不平衡日益突出,在这种土壤环境中生长的作物往往会表现出营养失调症状。土壤中某些营养元素含量过高对植物生长发育也是不利的,甚至会造成严重伤害。

植物必需的营养元素有氮、磷、钾、钙、镁,以及微量元素(如铁、硼、锰、锌、铜等)。缺乏这些元素时,植物就会出现缺素症;某种元素过多,也会影响植物的正常生长发育。

(三)水分失调

水是植物生长发育不可缺少的物质,植物正常的生理活动,都要在体内水分饱和的状态下进行。水是原生质的组成成分,占鲜重的80%~90%。因此,土壤中水分不足、过多或供应失调,都会对植物产生不良影响。

在土壤干旱缺水时,植物生长发育受到抑制,组织纤维化加强。较严重的干旱将引起植株矮小、叶片变小,叶尖、叶缘或叶脉间组织枯黄。这种现象常由基部叶片逐渐发展到顶梢,引起早期落叶、落花、落果、花芽分化减少。

土壤水分过多时,受水长期浸泡的植物根部窒息,引起根部腐烂,叶片发黄,花色变浅,严重时植株死亡。

(四)温度不适

植物必须在适宜的温度范围内才能正常生长发育。温度过高或过低,超过了它们的适应能力,植物的代谢过程就会受到阻碍,导致组织受到伤害,严重时还会引起植物死亡。高温常使花木的茎、叶、果受到灼伤。低温也会使植物受到伤害,霜冻是常见的冻害,低温还能引起苗木冻拔害。

柑橘高温日灼症状:树皮发生溃疡和皮焦,叶片和果实上产生白斑等。露地栽培的花木受霜冻后,叶尖或叶缘会产生水渍状斑,有时叶脉间的组织也产生不规则的斑块,严重时全叶坏死,解冻后叶片变软下垂。针叶树受冻害的症状:叶先端枯死并呈红褐色,树木干部受到冻害,常因外围收缩大于内部而引起树干纵裂。

(五)光照不适

光照的影响包括光强度和光周期。光照不足通常发生在温室和保护地栽培的情况下,导致植物徒长,影响叶绿素的形成和光合作用,植株黄化,组织结构脆弱,容易发生倒伏或受到病原物的侵染。光照过强很少单独引起病害,一般都与高温干旱相结合,引起日灼病和叶烧病。按照植物对光周期的反应,植物可以分为长日照植物、短日照植物和日中性植物。光照长短不适宜,可以延迟或提早植物的开花和结实,给生产造成很大的损失。

(六)通风不良

无论是露地栽培还是温室栽培,植物栽培密度或花盆摆放密度都应合理。适宜的密度有利于通风、透气、透光,改善环境条件,提高植物生长势,形成不利于病菌生长的条件,减少病害发生。

若植株密度过大会使温室不通风、湿度过高,叶缘容易积水,还会使植株叶片相互摩擦出现伤口,尤其在昼夜温差大的时候,容易在花瓣上凝结露水,诱发霜霉病和灰霉病的发生。

（七）土壤酸碱度不适

许多植物对土壤酸碱度要求严格,若酸碱度不适宜则表现出各种缺素症,并诱发一些病害。我国南方多为酸性土壤,植物容易缺磷、锌;北方多为碱性土壤,植物容易缺镁。

三、侵染性病害

植物在正常的生长发育过程中易受多种病原物为害,发生反常的病理变化,如叶片产生黑斑、白粉或霉层等,影响植物的观赏价值,甚至造成植株死亡。引起病害的病原物有真菌、细菌、病毒、植原体、线虫、寄生性种子植物等。各类病害中,真菌性病害的症状类型最多,可以出现在植物的各个部位。这些病原物引起的病害是有区别的,是各有特征的。要有效地防治这些病害,就必须了解这些病害的症状、发生发展规律,才能做到对症下药。

（一）真菌性病害的观察与识别

1.对真菌的认知

真菌属于真菌界真菌门。真菌有真正的细胞结构,没有根、茎、叶的分化,不含叶绿素,不能进行光合作用,也没有维管束组织,有细胞壁和真正的细胞核,异养生活。真菌的形态复杂,大多数真菌为多细胞,少数为单细胞,有营养体和繁殖体的分化。

1)真菌的营养体

真菌典型的营养体为丝状体。低等真菌的菌丝无隔膜,被称为无隔菌丝。高等真菌的菌丝有隔膜,被称为有隔菌丝。

有些真菌的菌丝在一定条件下发生变态,形成各种形状的特殊结构,如吸器、假根、菌核、菌索、菌膜和子座等。它们对于真菌的繁殖、传播,以及增强对环境的抵抗力有很大作用。

2)真菌的繁殖体

真菌的菌丝体发育到成熟阶段,一部分菌丝体分化成繁殖器官,其余部分仍然保持营养状态。真菌通常产生孢子繁殖后代,繁殖方式分无性繁殖和有性繁殖两种,分别产生无性孢子和有性孢子。

3)真菌的主要类群

真菌的主要分类单元是界、门、纲、目、科、属、种。种是分类的基本单位。真菌门分为5个亚门。

(1)鞭毛菌亚门。

鞭毛菌亚门的营养体是单细胞或无隔膜的菌丝体。无性繁殖在孢子囊内产生游动孢子。低等鞭毛菌的有性繁殖产生结合子,较高等鞭毛菌的有性繁殖产生卵孢子。鞭毛菌亚门主要根据游动孢子鞭毛的类型、数目和位置进行分类。

鞭毛菌亚门多数生长在水中,少数为两栖和陆生。潮湿环境有利于鞭毛菌亚门生长发育。该亚门真菌引起植物病害的症状有腐烂、斑点、猝倒、流胶等。

(2)接合菌亚门。

接合菌亚门有发达的菌丝体,菌丝多为无隔多核。无性繁殖在孢子囊内产生孢囊孢子,有性繁殖则产生接合孢子。接合菌亚门多为陆生的腐生菌,广泛分布于土壤、粪肥及其他无生命的有机物上,少数为弱寄生菌,侵染高等植物的果实、块根、块茎,能引起贮藏器官的腐烂。

(3)子囊菌亚门。

子囊菌亚门为真菌中形态复杂、种类较多的一个亚门。除酵母菌外,子囊菌亚门的营养体均为有隔菌丝,而且可产生菌核、子座等组织。无性繁殖发达,可产生多种类型的分生孢子;有性繁殖产生子囊和子囊孢子,有些子囊是裸生的。大多数子囊菌在产生子囊的同时,下面的菌丝将子囊包围起来,形成一个包被,对子囊起保护作用,统称子囊果。有的子囊果无孔口,被称为闭囊壳,一般产生在寄主表面,成熟后裂开散出孢子,通过气流传播。有的子囊果呈瓶状,顶端有开口,被称为子囊壳,常单个或多个聚生在子座中,孢子由孔口涌出,借风、雨、昆虫传播。有的子囊果呈盘状,子囊排列在盘状结构的上层,被称为子囊盘,其子囊孢子多数通过气流传播。很多子囊菌在秋季开始结合形成子囊果,在春季才形成子囊孢子。

(4)担子菌亚门。

担子菌亚门为真菌中最高等的一个类群,全部陆生,其营养体为发育良好的有隔菌丝。多数担子菌的菌丝体分为初生菌丝、次生菌丝和三生菌丝三种类型。

初生菌丝有担孢子萌发产生,初期无隔多核,不久产生隔膜,形成单核有隔菌丝。初生菌丝联合进行质配使每个细胞有两个核,但不进行核配,常直接形成双核菌丝,被称为次生菌丝。次生菌丝占细胞生活史中大部分时期,主要发挥营养功能。三生菌丝是组织化的双核菌丝,常集结成特殊形状的子实体,被称为担子果。

(5)半知菌亚门。

半知菌亚门真菌的分类主要是以有性时期形态特征为依据的。但在自然界中,很多真菌在个体发育过程中,只有无性时期,它们不产生有性孢子,或还未发现它们的有性孢子。这类真菌被称为半知菌,并暂时将它们放在半知菌亚门。已经发现的有性时期,大多数属于子囊菌,极少数属于担子菌,个别属于接合菌。所以,半知菌与子囊菌有着密切的关系。

半知菌的菌丝体发达,有隔膜,有的能形成厚垣孢子、菌核和子座等子实体。半知菌的无性繁殖产生分生孢子。植物病原真菌,约有半数是半知菌。

2.植物真菌性病害的症状及特点

真菌种类繁多,可以侵染植物的真菌就有8000多种。真菌借风、雨、昆虫、土壤及人的活动等传播。真菌性病害一般具有明显的特征,如粉状物(白粉等)、霉状物(黑霉、灰霉、青霉、绿霉等)、锈状物、颗粒状物、丝状物、核状物等。

(1)鞭毛菌所致植物病害的主要特点。

鞭毛菌能引起根肿病、猝倒病、疫病、霜霉病、白锈病和腐烂病。病害的主要病状为畸形、腐烂、叶斑,主要病征为棉絮状物、霜霉状物、白锈状物等。

(2)接合菌所致植物病害的主要特点。

接合菌能引起植物软腐病、褐腐病、根霉病和黑霉病等。病害的主要病状为花器、果实、块根、块茎等器官腐烂和幼苗烂根;主要病征是在病部产生霉状物,初期为白色,后期转为灰白色,霉层上可见黑色小点。

(3)子囊菌和半知菌所致植物病害的主要特点。

子囊菌和半知菌能引起植物叶斑病、炭疽病、白粉病、煤烟病、霉病、萎蔫病、干腐枝枯病、腐烂病和过度生长性病害等9大类病害。病害的主要病状为叶斑、炭疽、疮痂、溃疡、枝枯、腐烂、肿胀、萎蔫和发霉等;主要病征为白粉、烟霉、各种颜色的点状物(以黑色为主)、黑色刺毛状物、霉状物、颗粒状的菌核和根状菌索等,有时也产生白色棉絮状的菌丝体。

(4)担子菌所致植物病害的主要特点。

担子菌能引起植物黑粉病、锈病、根腐病及过度生长性病害。病害的主要病状是斑点、斑块、立枯、纹枯、根腐、肿胀和瘿瘤等,主要病征是黄锈、黑粉、霉状物、粉状物、颗粒状菌核或粗线状菌索。

（二）细菌性病害的观察与识别

1.对细菌的认知

细菌属原核生物界、细菌门,单细胞,有细胞壁,无真正的细胞核。

1)细菌的形态结构

细菌是原核生物界的单细胞微小生物。其基本形状可分为球状、杆状和螺旋状三种。植物病原细菌全部都是杆状,两端略圆或尖细,一般宽 $0.5 \sim 0.8~\mu m$,长 $1 \sim 3~\mu m$。

大多数植物病原细菌都能游动,其体外生有丝状的鞭毛。鞭毛通常为 $3 \sim 7$ 根,多数着生在菌体的一端或两端,被称为极毛;少数着生在菌体四周,被称为周毛。细菌是否有鞭毛、鞭毛的数目及着生位置是分类的重要依据之一。

2)细菌的繁殖

细菌的繁殖方式一般是裂殖,即细菌生长到一定阶段时,细胞壁自菌体中部向内凹入,细胞内的物质重新分配为两部分,最后菌体从中间断裂,把原来的母细胞分裂成两个形状相似的子细胞。细菌的繁殖速度很快,一般 $1~h$ 分裂一次,在适宜的条件下有的只要 $20~min$ 就能分裂一次。

3)细菌的生理特性

植物病原细菌都是非专性寄生菌,都能在培养基上生长繁殖。在固体培养基上可形成各种不同形状和颜色的菌落,通常以白色和黄色的圆形菌落居多,也有褐色和形状不规则的菌落。菌落的颜色和细菌产生的色素有关。

革兰氏染色反应是细菌的重要属性。细菌用结晶紫染色后,再用碘液处理,最后用酒精或丙酮冲洗,洗后不褪色的是阳性反应,洗后褪色的是阴性反应。革兰氏染色能反映细菌本质的差异,阳性反应的细菌的细胞壁较厚,为单层结构;阴性反应的细菌的细胞壁较薄,为双层结构。

2.植物细菌性病害的症状及特点

细菌性病害是影响我国植物的重要病害,全世界植物细菌性病害有 500 多种。细菌性病害常造成严重损失,为了提高植物的品质,植物细菌性病害的控制尤为重要。

1)植物细菌性病害的症状

(1)斑点型。

斑点型症状主要发生在叶片、果实和嫩枝上。细菌侵染引起植物局部组织坏死形成斑点或叶枯。有的叶斑病后期,病斑中部坏死,病株组织脱落且形成穿孔。

(2)腐烂。

植物幼嫩、多汁的组织被细菌侵染后,通常表现腐烂症状,常见的有花卉的鳞茎、球根和块根的软腐病。这类症状表现为组织解体,流出带有臭味的汁液。

(3)枯萎。

细菌侵入寄主植物的维管束组织,在导管内扩展破坏输导组织,引起植株萎蔫。

(4)畸形。

有些细菌侵入植物后,引起根或枝干的局部组织过度生长形成肿瘤,或使新枝、须根丛生等。

2)植物细菌性病害的特点

(1)细菌侵入方式。

植物病原细菌无直接穿透寄主表皮而侵入的能力,它主要通过气孔、皮孔、蜜腺等自然孔口和伤口侵入。假单胞杆菌属和黄单胞杆菌属的病原菌多从自然孔口侵入,也可以从伤口侵入。棒状杆菌属、野杆菌属和欧氏杆菌属的病原菌则多从伤口侵入。

(2)细菌性病害的发病条件。

细菌性病害发病的最主要的条件是高湿度,所以细菌只有在自然孔口内外充满水分时才能侵入寄主体内。植物病原细菌的田间传播主要是通过雨水的飞溅、灌水、昆虫和线虫等进行的;有些细菌还可以通过农事操作传播,如通过嫁接和切花的刀具等传播;有些细菌随着种子、球根、苗木等繁殖材料的调运而远距离传播,如花木的根癌病就是由带病苗木远程传播的,百日草细菌性叶斑病是由种子带菌传播的。

(3)细菌的越冬。

植物病原细菌无特殊的越冬结构,必须依附于感病植物。因此,感病植物是病原细菌越冬的重要场所。病株残体,种子、球根等繁殖材料,以及杂草等都是细菌越冬的场所,也是初侵染的重要来源。一般细菌在土壤内不能存活太久,当植物残体分解后,它们也渐趋死亡。一般高温、多雨,暴风雨后湿度大,以及施用氮肥过多等环境因素,均有利于细菌性病害的发生和流行。

(三)病毒性病害的观察与识别

1.对病毒的认知

在高等植物中,目前发现的病毒性病害已超过 700 种,几乎每种植物都有一种至数种病毒性病害。病毒性病害轻则影响观赏,重则使植物不能开花,品种逐年退化,甚至毁种,对花卉构成极大的潜在威胁。有些病毒已成为影响我国花卉栽培、生产和外销的主要原因。据统计,花卉病毒已达300 余种,树木病毒已达百余种。

1)病毒的主要性状

病毒是一类极小的非细胞结构的专性寄生物。烟草花叶病毒的大小为 15 nm × 280 nm,是最小杆状细菌宽度的1/20。用电子显微镜放大数万倍至十几万倍观察到的病毒粒子的形态为杆状、球状、纤维状3种。病毒粒子由核酸和蛋白质组成。植物病毒的核酸绝大多数为RNA。病毒具有增殖、传染和遗传等特性。植物病毒能通过细菌不能通过的过滤微孔,故被称为过滤性病毒。

植物病毒具有传染能力,如果把烟草花叶病病株汁液接种到无病烟草植株上,无病烟草植株会产生同样的烟草花叶病。植物病毒具有增殖能力,它采用的是核酸样板复制方式。病毒侵入寄主体内后,提供遗传信息的核酸,改变了细胞的代谢作用,使细胞按照病毒的分子结构复制,并且产生大量的病毒核酸和蛋白质,一定量的核酸聚集在一起,外面加上蛋白质外壳,最后形成新的病毒颗粒。病毒在增殖的同时,也破坏了寄主正常的生理程序,从而使植物表现症状。

病毒只能在活的寄主体内寄生并产生危害,不能在人工培养基上生长。但它们的寄主范围却相当广泛,可包括不同科、属的植物。病毒对外界环境的影响有一定的稳定性,不同病毒对外界环境影响的稳定性不同,这种特性可作为鉴定病毒的依据之一。

2)病毒的传播与侵染

病毒生活在寄主细胞内,无主动侵染的能力,多借外界动力和通过微伤口入侵,病毒的传播与侵染是同时完成的。传播途径主要有以下几方面。

(1)昆虫传播。

传播植物的介体主要是昆虫,其次是线虫、螨类、真菌、菟丝子。昆虫介体主要有蚜虫、叶蝉、飞虱、粉蚧、蓟马等。植物病毒对介体的专化性很强,通常由一种介体传染的病毒,另一种介体就不能传染。

(2)嫁接和无性繁殖材料传播。

接穗和砧木可传播病毒,如蔷薇条纹病毒及牡丹曲叶病毒通过接穗和砧木使植物体带毒,经嫁接传播。菟丝子在病株上寄生后,又缠绕到其他植株上,并将病毒传到其他植株体内,使之感病。

由于病毒是系统侵染,被感染的植株各部位均含有病毒,用感染病毒的鳞茎、球茎、根系、插条繁殖,产生的新植株也可感染病毒。同时,病毒也可随着无性材料的栽培和贸易活动传到各地。

(3)病株及健株机械摩擦传播。

病株与健株枝叶接触及相互摩擦,或人为地接触摩擦而产生轻微伤口,带有病毒的汁液从伤口流出从而传给健株。接触过病株的手、工具也能将病毒传染给健株。

(4)种子和花粉传播。

有些病毒可进入种子和花粉。据统计,迄今由种子传播的病毒已有100多种,有些带毒率很高,这些病毒可随种子的调运传播到外地。能以种子传播的病毒以花叶病毒、环斑病毒为多。仙客来能通过种子传播病毒,其带毒率高达82%。以花粉传播的植物病毒有桃环斑病毒、悬钩子丛矮病毒等,但花粉在自然界中的传毒作用不太重要。

2.植物病毒性病害的症状及特点

植物病毒性病害大部分属于系统侵染的病害,即全株发病,而且只有病状,无病征。常见的外部症状特点有以下几点。

(1)变色。

有病植物叶片上最常见的是花叶、斑驳、黄化和碎色。

(2)畸形。

感病器官变小和植株矮小。在叶片上常表现皱叶、缩叶、卷叶、裂叶,花器变叶芽、节间缩短、侧芽增生等症状。

(3)坏死。

最常见的坏死症状是枯斑。枯斑是寄主植物过敏性反应的结果。有的病斑褪绿、深浅相间呈环痕,成为环斑。有些病毒引起韧皮部坏死,有些病毒引起植株系统性坏死。

在光学显微镜下能观察到病毒在植物细胞内形成的内含体。内含体一类是结晶形的,一类是非结晶形的,内含体也是植物病毒性病害诊断的依据之一。

（四）植原体病害的观察与识别

1.对植原体的认知

植原体存在于植物韧皮部的筛管中,它的传播介体都是在筛管部位取食的昆虫。昆虫也能够传播一些细菌性病害。昆虫在植物感病部位的活动能够使体表黏附一些病原物的接种体,随着昆虫的取食,这些接种体能够从一株植物传到另一株植物,这些接种体可以落在植物体表,也能够落在昆虫造成的伤口内。这些昆虫的活动能力越强,对病害的传播作用就越大,传播距离就越远。

2.植物植原体病害的症状及特点

由植原体引起的植物病害主要是丛枝和黄化病状,应注意与病毒性病害的区别。植原体病害可以由叶蝉等媒介昆虫、嫁接或菟丝子方法接种本种植物及长春花等指示植物,根据其所表现的不同症状进行病害诊断。条件允许时,可进一步通过电子显微镜观察,确认在植物韧皮部是否存在植原体。常见的由植原体引起的病害有泡桐丛枝病

泡桐丛枝病又名泡桐扫帚病,是由一种比病毒大的微生物——植原体引起的。该病分布极广,主要通过茎、根、病苗、嫁接传播。一旦染病,全株各个部位均可表现出受害症状。染病的幼苗、幼树常于当年枯死,大树感病后,常引起树势衰退,材积生长量大幅度下降,甚至死亡。在自然情况下,泡桐丛枝病也可由烟草盲蝽、茶翅蝽在取食过程中传播。

常见的丛枝病有以下两种类型。一是丛枝型,发病开始时,个别枝条上大量萌发腋芽和不定芽,抽生很多小枝,小枝上又抽生小枝,抽生的小枝细弱,节间变短,叶序混乱,病叶黄化,至秋季簇生成团,呈扫帚状,冬季小枝不脱落,发病的当年或第二年小枝枯死,若大部分枝条枯死会引起全株枯死。二是花变枝叶型,花瓣变成小叶状,花蕊形成小枝,小枝腋芽继续抽生形成丛枝,花萼明显变薄,色淡无毛,花托分裂,花蕾变形,有越冬开花现象。泡桐丛枝病如图 L-2-28 所示。

植原体大量存在于韧皮部输导组织的筛管内,主要通过筛孔侵染全株,秋季随树液流向根部,春季又随树液流向树体上部。烟草盲蝽和茶翅蝽是传播泡桐丛枝病的介体昆虫。带病的种根和苗木的调运是病害远程传播的重要途径。泡桐的种子带病率极低或基本不带病,故用种子繁殖的实生苗及其幼树的发病率很低,而用平茬苗繁殖的泡桐的发病率则显著增高。在相对湿度大、降雨量多的地区,病株一般发病较轻。一般白花泡桐、川桐和台湾泡桐较抗病,兰考泡桐、楸叶泡桐易感病。

图 L-2-28 泡桐丛枝病

（五）线虫病害的观察与识别

1.对线虫的认知

线虫是一种低等动物,属线形动物门线虫纲,在自然界分布很广,种类多,少数寄生在植物上。目前为害严重的线虫病害有菊花、仙客来、牡丹、月季等草、木本花卉的根结线虫病,菊花、珠兰的叶枯线虫病,水仙茎线虫病,以及检疫病害的松树线虫病。线虫除直接引起植物病害外,还传播其他病害,成为其他病原物的传播媒介。

2.植物线虫病害的症状特点

线虫多引起植物地下部分发病,受害植物大部分表现缓慢的衰退症状,很少有急性发病的,因此在发病初期不易被发现。植物线虫病害的症状表现为全株性症状和局部性症状。全株性症状类似营养不良的现象,表现为植株生长缓慢,衰弱、矮小,叶色变淡,甚至枯萎等现象;有的呈现全株性枯萎,如寄生在松树树干木质部中的松材线虫,引起全株枯萎等症状。局部性症状主要为畸形,具体表现是肿瘤,丛根,根结,顶芽、花芽坏死,茎叶扭曲,干枯等症状。

四、植物病害诊断

植物病害的种类非常多,不同病害的发生规律和防治方法又不尽相同,但每种植物病害的症状都具有一定的、相对稳定的特征。

植物病害诊断是为了查明发病的原因,确定病原物的种类,再根据病原物特性和发展规律,对症下药,及时有效地防治病害。正确诊断和鉴定植物病害,是防治病害的基础。我们可以根据得病植物的特征、环境条件,经过调查分析,对植物病害做出准确诊断。植物病害种类繁多,防治方法各异,只有对病害做出肯定的、正确的诊断,才能确定切实可行的防治措施。

（一）诊断步骤

植物病害的诊断,应根据发病植物的症状和病害的田间分布等进行全面检查和仔细分析,对病害进行确诊。

1)病情田间调查

田间调查即现场调查,包括调查病害在田间的分布规律,病株的分布状况、树种组成、发生面积,发病期间的气候条件、土壤性质、地形地势及栽培管理措施,以及往年的病害发生情况。如果为苗圃,调查人员还应询问前一年的苗木栽植种类及轮作情况,作为病害诊断的参考。

2)病害症状观察

植物病害症状对植物病害的诊断有着重要意义,是诊断病害的重要依据。掌握各种病害的典型症状是迅速诊断病害的基础。症状一般可用肉眼或放大镜加以识别,方法简便易行。利用症状观察可以诊断多种病害,特别是各种常见病和症状特征十分显著的病害,如锈病、白粉病、霜霉病和寄生性种子植物病害等。植物病害症状观察具有实用价值和实践意义。

依据植物病害症状的特点,先区别是伤害还是病害,再区别是非侵染性病害还是侵染性病害。非侵染性病害没有病征,常成片发生。侵染性病害大多有明显的病征,通常零散分布。

病害的症状并不是固定不变的。同一种病原物在不同的寄主上,在同一寄主的不同发育阶段,或处在不同的环境条件下,可能会表现不同的症状,此现象被称为同原异症:梨胶锈菌危害梨和海棠叶片产生叶斑,在松柏上使小枝肿胀并形成菌瘿;立枯丝核菌在幼苗木质化以前侵染,表现为猝倒症状,在幼苗木质化后侵染,表现为立枯症状。不同的病原物也可能引起相同的症状,此现象被称为同症异原:真菌、细菌,甚至霜害都能引起李属植物穿孔病;植原体、真菌和细菌都能引起植物的丛枝症状;缺素症、植原体和病毒性病害等能引起植物黄化。因此,仅凭症状诊断病害,有时并不完全可靠,常常需要对发病现场进行系统、认真的调查和观察,进一步分析发病原因或鉴定病原物。

3)病原物显微观察

经过对植物进行现场观察和症状观察,初步诊断为真菌性病害的,可挑取、刮取或切取表生或埋藏在组织中的菌丝、孢子梗、孢子或子实体进行镜检,根据病原真菌的营养体、繁殖体的特征等,决定该菌在分类上的地位。如果病征不明显,可放在保湿器中保湿 1~2 天后再进行镜检。细菌性病害的病组织边缘常有细菌呈云雾状溢出。病原线虫和螨类,均可在显微镜下看清形态。植原体、病毒等在光学显微镜下看不见,在电子显微镜下才能观察清楚形态,且一般需经汁液接种、嫁接试验、昆虫传毒等试验确定。某些病毒性病害可以通过检查受病细胞内含体来鉴定。生理性病害虽然检查不到任何病原物,但可以通过镜检看到细胞形态和内部结构的变化。

如果显微镜检查诊断遇到腐生菌类和次生菌类的干扰,导致还不能确定所观察的菌类是否是真正的病原物,必须进一步使用人工诱发试验的手段。

4)植物病害常规诊断的注意事项

(1)症状的复杂性。

植物病害症状在田间的表现十分复杂:第一,许多植物病害常产生相似的症状,因此要从各方面的特点去综合判断;第二,植物品种的变化或受害器官的不同常导致症状有一定幅度的变化;第三,病害的发生发展是一个过程,有初期和后期,症状也随之发展变化;第四,环境条件对病状和病征有一定的影响,尤其是湿度对病征的产生有显著的影响,发病后期病部往往会长出一些腐生菌的繁殖器官。植物病害症状的稳定性和特异性只是相对的,要认识症状的特异性和变化的规律,在观察植物病害时,必须认真地从症状的发展变化中去研究和掌握症状的特殊性。因此诊断者除了全面观察病害的典型症状外,应仔细地区别病征的那种微小的、似同而异的特征,这样才能正确地诊断病害。

(2)虫害、螨害和病害的区别。

许多刺吸式口器的昆虫为害植物,造成植物叶片变色、皱缩。有的昆虫为害后造成虫瘿;有的昆虫取食叶肉留下表皮在叶上形成弯曲隧道。这些虫害易与病害混淆。诊断时,仔细观察可见虫体、虫粪、特殊的缺刻、孔洞、隧道及刺激点。有的虫螨不仅直接为害植物,还传播病毒性病害。

(3)并发病和继发病的识别。

一种植物发生一种病害的同时,另一种病害伴随发生,这种伴随发生的病害被称为并发病。继发病害是指植物发生一种病害后,紧接着又发生另一种病害。后发生的病害,以前一种病害为发病条件,后发生的病害叫继发病。例如红薯受冻害后,在贮藏时又发生软腐病。这两类病害的正确诊断,有助于分清矛盾的主次,采用合理的防治措施。

5)柯赫法则

在植物病害的诊断中,常见病害、诊断者熟知的病害,通过田间的症状诊断,室内镜检病原物的形态结构,查对有关的文献资料,一般都能确诊。但是,对于不熟悉的病害、疑难病害和新病害,在实验室观察到病斑上的微生物或经过分离培养获得微生物,都不足以证明这种微生物就是病原物。因为从田间采集到的标本上的微生物的种类是相当多的,有些腐生菌在病斑上能迅速生长,在病斑上占据优势。由于经验不足和缺少资料,单凭这些观察到的微生物做出诊断是不恰当的,需要采用柯赫法则来确认具体病害。柯赫法则最早应用的实例是证明动物炭疽病菌的致病性。将该法则用于诊断和鉴定植物侵染性病害的要点:在患病植物上常能发现同一种致病的微生物,并诱发一定的症状;能从病组织中分离出这种微生物,获得纯培养,并且明确它的特征;将纯培养物接种到相同品种的健康植株上,可以产生相同病害症状;从接种发病的植物上重新分离到与上次分离到的微生物相同的微生物。

6)侵染性病原物的人工诱发试验

在症状观察和显微镜检查时,我们可能在发病部位发现一些微生物,但不能断定是病原菌还是腐生菌,这时最好从发病组织中把病菌分离出来,人工接种到同种植物的健康植株上诱发病害,这就是人工诱发。如果被接种的健康植株产生同样的症状,并能再次分离出相同的病菌,就能确定该菌为这种病害的病原菌。其步骤如下。

(1)当发现植物发病组织上经常出现的微生物时,将它分离出来,并使其在人工培养基上生长。

(2)将培养物进一步纯化,得到纯菌种。

(3)将纯菌种接种到健康的寄主植物上,并给予适宜的发病条件,使其发病,观察它是否与原症状相同。

(4)从接种发病的组织上再分离出这种微生物。

人工诱发试验并不一定能够完全实行,因为有些病原物到现在还没找到人工培养的方法。接种试验也常常由于没有掌握接种方法或不了解病害发生的必要条件而不能成功。目前,病毒和植原体还没有人工培养方法,一般用嫁接方法来证明它们的传染性。

(二)非侵染性病害的诊断要点

对非侵染性病害的诊断通常可从以下几个方面着手。一是进行病害现场的观察和调查,分析病害的田间分布和类型。水、肥、气象因子和有毒气体等引起的非侵染性病害,分布均匀,面积较大,没有明显的发病中心。病害出现不规则的分布,往往与地势、地形和风向有一定的关系。二是检查病株地上和地下病部是否有病征。非侵染性病害只有病状,没有病征,但是病组织上可能存在非致病性的腐生物,要注意分辨。三是治疗性诊断。根据田间症状的表现,拟定最可能的非侵染性病害治疗措施,进行针对性的施药处理,或改变环境条件,观察病害的发展情况。通常情况下,植物的缺素症在施肥后症状可以很快减轻或消失。

1)诊断方法

植物非侵染性病害一般通过观察绿地或圃地的环境条件、栽培管理等进行诊断。用放大镜仔细检查病部表面或表面消毒的发病组织,再经保温保湿,检查有无病征。必要时可分析植物所含的营养元素、土壤酸碱度、有毒物质等,还可以进行营养诊断和治疗试验,以明确病原物。

(1)症状观察。

对病株上发病部位,病部形态大小、颜色、气味、质地、是否有病征等外部症状,用肉眼和放大镜观察。非侵染性病害只有病状,无病征,必要时可切取发病组织并将其表面消毒后,置于保温(25～28 ℃)条件下诱发。如经1～2天仍无病征出现,可初步确定该病不是真菌或细菌引起的病害,属于非侵染性病害或病毒性病害。

(2)显微镜检。

将新鲜或剥离表皮的发病组织切片并进行染色处理,在显微镜下检查是否有病原物及病毒所致的组织病变(包括内含体),如果没有,即可提出非侵染性病害的可能性。

(3)环境分析。

非侵染性病害由不适宜环境引起,因此应注意病害发生与地势、土质、肥料及当年气象条件的关系,栽培管理措施、排灌、喷药是否适当,城市工厂"三废"是否引起植物中毒等,只有对以上因素都做分析研究,才能在复杂的环境因素中找出主要的致病因素。

(4)病原鉴定。

确定非侵染性病害后,应进一步对非侵染性病害的病原物进行鉴定。

化学诊断:此法主要用于缺素症与盐碱害等,通常是对病株组织或土壤进行化学分析,测定其成分、含量,并与正常值对比,查明过多或过少的成分,确定病原。

人工诱发:根据初步分析的可疑原因,人为提供类似发病条件,诱发病害,观察表现的症状是否相同,适合温度、湿度不适宜,元素过多或过少,药物中毒等病害。

指示植物鉴定:这种方法适用于鉴定缺素症病原。提出可疑因子后,可选择最容易缺乏该元素、症状表现明显、稳定的植物,种植在疑为缺乏该元素植物附近,观察其症状反应,借此鉴定植物是否患有该元素缺乏症。

采取治疗措施排除病因：缺素症，可采取在土壤中增施所缺元素或对病株喷洒、注射、灌根方法治疗；根腐病若是由于土壤水分过多引起的，可以开沟排水，降低地下水位以促进植物根系生长；如果采取治疗措施后病害减轻或恢复健康，说明病原诊断正确。

2）注意事项

植物非侵染性病害的病株在群体间比较集中，发病面积大且均匀，没有由点到面的扩展过程，发病时间比较一致，发病部位大致相同，如日灼病都发生在果、枝干的向阳面。除日灼、药害是局部病害外，通常植株表现为全株发病，如缺素症、旱害、涝害等。

（三）侵染性病害的诊断要点

侵染性病害是病原物侵染所致的病害，有发生、传播、为害的过程。许多病害具有发病中心，病害总是有由少到多、由点到片、由轻到重的发展过程。在特定的品种或环境条件下，植株间病害有轻有重，在病株间常可观察到健康植株。大多数真菌性病害、细菌性病害、线虫病害以及所有的寄生植物病害，可以在病部表面观察到病征。但有些侵染性病害的初期病征也不明显，病毒、类病毒、植原体等病害也没有病征，此时可以通过田间有中心病株或发病中心、病状分布不均匀（一般幼嫩组织重，成熟组织轻，甚至无病状）、病状往往是复合的（通常表现为变色伴有不同程度的畸形）等特点，综合分析，可以同非侵染性病害区别。

1）真菌性病害

症状识别是鉴定真菌性病害的有效方法。植物真菌所致的病害几乎包括了所有的病害症状类型。除具有明显的病状外，其主要标志是在被害部出现病征，如各种色泽的霉状物、粉状物、点状物、菌核、菌素及伞状物等。一般根据这些子实体的形态特征，可以直接鉴定出病菌的种类。对于病部尚未长出真菌的繁殖体，可用湿纱布或保湿器保湿24 h，病征就会出现，一般再做进一步检查和鉴定即可，必要时需做人工接种试验。

真菌性病害的症状以腐烂和坏死居多，大多数真菌性病害具有明显的病征。病征表现多种多样，有粉状物、霉状物、霜状物、锈状物等，有的病害的子实体产生在枯枝、枯叶上，特别是一些大树病害，在秋季应多注意观察枯枝落叶上的子实体，还要注意区分腐生真菌在上面产生的子实体。对于常见病害，根据病害在田间的分布和症状特点，可以基本确定是哪一类病害。

在实验室，对于病斑上已产生子实体的真菌性病害，可直接采用挑、撕、切、压、刮等技术制成临时玻片，在显微镜下观察病菌的结构特征，或者将标本直接放在实体解剖镜下观察。对看不到真菌结构的标本，可在适温（20～25 ℃）和高湿条件下保持24～72 h，病原真菌通常会在植株病部产孢或长出菌丝，然后再镜检观察。但要区分这些子实体是致病菌的子实体还是次生或腐生真菌的子实体，较为可靠的方法是从病斑边缘取样培养镜检。如果保湿培养结果不理想，可以选择合适的培养基进行分离培养。

2）细菌性病害

大多数细菌性病害的症状有一定特点。叶斑类型的病害，初期病斑呈水渍状或油渍状，边缘半透明，常有黄色晕圈。细菌性病害的病征简单，在潮湿条件下，在病斑部位常可以见到污白色、黄白色或黄色的菌脓，一些菌脓干燥后变为鱼子状的菌胶珠。腐烂类型的细菌性病害产生特殊的气味，但无菌丝，可与真菌引起的腐烂区别。萎蔫型的细菌性病害，横切病株茎基部，稍加挤压可见污白色菌脓溢出，并且维管束变褐。有无菌脓溢出是细菌性萎蔫同真菌性萎蔫的最大区别。

根据症状不能确诊为细菌性病害时，可将病组织制成临时玻片，在光学显微镜下可以观察到细菌从维管束组织切口涌出。但少数肿瘤病害的组织中菌体较少，观察不到喷菌现象，有的细菌（如韧皮部杆菌属）和植原体病害，用扫描电镜可观察到植物韧皮部细胞内的病原物，对植原体病害而言这是目前唯一可靠的诊断方法。用四环素族抗生素灌注植物，病株出现一定时期的恢复，可间接证明是植原体病害。细菌性病害的鉴定必须经分离纯化后做细菌学性状鉴定。

(1)肉眼检查。

植物细菌性病害的病状有枯萎、穿孔、溃疡和肿瘤等，其共同的特点是病状多为急性坏死型；病斑初期呈水渍状，边缘常有褪绿的黄晕圈。病征方面，气候潮湿时，病部的气孔，水孔，皮孔，伤口或枝条、根的切口溢出黏稠状菌脓，干后呈胶粒状或胶膜状。

(2)镜检。

镜检发病组织切口处是否有喷菌现象是确诊细菌性病害最常用的方法。但少数肿瘤病害的组织中很少有喷菌现象出现。对于新病害或疑难病害，必须进行分离培养接种才能确定。

3)病毒性病害

(1)病毒性病害的特点。

田间病株大多是分散的、零星发生的，无规律性，病株周围往往有完全健康的植株；有些病毒是接触传播的，病株在田间分布较集中；有些病毒靠昆虫传播，病株在田间的分布比较集中。若初侵染来源是野生寄主上的昆虫，则在田边、沟边的植株发病比较严重，田中间的较轻；病毒性病害的发生往往与传毒虫媒活动有关，田间害虫发生越严重，病毒性病害也越严重；病毒性病害往往随气候变化有隐症现象，但不能恢复正常状态。

(2)病毒性病害野外观察与分析。

野外观察对植物病害的诊断具有重要的意义。病毒性病害在症状上容易与非侵染性病害，特别是缺素症、空气污染引起的病害相混淆。病毒性病害的植株在野外一般是分散分布的，病株附近可以见到完全健康的植株；若初侵染来源是野生寄主上的昆虫，则边缘植株发病较重，中间植株发病较轻。病毒性病害的病株发病后往往不能恢复；非侵染性病害多数为成片发病，通过增加营养和改善环境条件可以使病株恢复。植物病毒性病害的另一个特点是只有明显病状，无病征，这在诊断上有助于区别病毒和其他病原生物引起的病害。病毒性病害较少有腐烂、萎蔫的症状，大多数病毒性病害的症状为花叶、黄化、畸形。

病毒性病害的诊断可以根据以上特点观察比较，也可以采用汁液摩擦接种、嫁接传染或昆虫传毒等接种试验，还可以用不带毒的菟丝子做桥梁传染。少数病毒性病害可用病株种子传染，以证实其传染性，从而确定病毒的种类。随着科学的发展，电子显微镜已成为一种综合的分析仪器，在植物病毒的诊断和鉴定中发挥着重要作用。

(3)病毒性病害诊断的注意事项。

花卉植物病毒性病害几乎都属于系统性侵染病害，即当寄主植物感染病毒后或早或迟都会产生全株性病变和症状。病害的症状特点,对病害的诊断无疑有很大的参考价值。此外,在描述外部症状的同时还得注意环境条件、发病规律、传毒方式、寄主范围等特点,以便对病害的诊断有比较正确的结论。

4)植原体病害

(1)症状初步诊断。

由植原体引起的植物病害主要是丛枝和黄化病状,应注意与病毒性病害区别。

(2)利用接种植物进行诊断。

植原体病害可以由叶蝉等媒介昆虫、嫁接或菟丝子方法接种本种植物及长春花等指示植物,根据其表现的不同症状进行病害诊断。

(3)电镜观察。

条件允许时,可进一步通过电子显微镜观察,确认在植物韧皮部是否存在植原体。

5)线虫病害

线虫多引起植物地下部分发病,通常表现的症状是病部产生根结、肿瘤、茎叶扭曲、畸形、叶尖干枯、须根丛生及生长衰弱现象,形似营养缺乏症。可将根结或肿瘤切开,挑出线虫制片或做成病组织切片进行镜检。有些线虫不产生根结,病部也较难看到虫体,就需要采用漏斗分离法或叶片染色法检查,根据线虫的形态特征、寄主范围等确定分类地位。

病原线虫常引起植物生长衰弱,如果周围无健康植株作为对照,我们往往容易忽视线虫病。田间观察到衰弱的植株时,应仔细检查其根部,观察是否有肿瘤和虫体。线虫为害植物后,地上部分的症状有顶芽枯死、茎叶卷曲、叶片角斑或组织坏死、形成叶瘿或种瘿等;根部受害后有的生长点被破坏而停止生长或卷曲,根上形成肿瘤,过度分枝或分枝减少,根部组织坏死和腐烂等;柔嫩多汁的块根或块茎受害后,组织先坏死,随后腐烂。外寄生线虫病害常可在病株上观察到虫体;形成根结的线虫,割开根结可找到雌虫。根部受害后,根对矿质营养和水分的吸收能力下降,地上部分的生长受到影响,表现为植株矮小、色泽失常和早衰等症状,严重时整株枯死。尤其是在光照较好的午后,植物光合作用强时叶片低垂,而次日清晨又恢复,症状较为典型。

(四)植物病害诊断注意事项

植物病害的症状是复杂的,每种植物病害虽然都有自己固定的、典型的症状,但也易变性。因此,诊断病害时要慎重,要注意如下几个问题。

(1)不同的病原可导致相似的症状,如桃、樱花等植物的真菌性穿孔病与细菌性穿孔病不易区分,萎蔫性病害可由真菌、细菌、线虫等病原物引起。

(2)相同的病原物在同一寄主植物不同的发病部位可表现不同的症状,如苹果轮纹病为害枝干时,形成大量质地坚硬的瘤状物,造成粗皮病;为害果实时,使得果面上产生同心轮纹状的褐色病斑。

(3)相同的病原物在不同的寄主植物上可表现不同的症状。

(4)环境条件可影响病害的症状,如腐烂病在气候潮湿时表现为湿腐症状,在气候干燥时表现为干腐症状。

复习思考题

一、单选题

1. 植物细菌性病害的病征是(　　　)。

A. 脓状物　　　　　　　B. 霉状物　　　　　　　C. 粉状物　　　　　　　D. 颗粒状物

2. 植物病毒性病害的防治要注意防治传毒昆虫,如(　　　)和叶蝉等。

A. 天牛　　　　　　　　B. 食心虫　　　　　　　C. 蚜虫　　　　　　　D. 毒蛾

3. 不属于非侵染性病害的表现的是(　　　)。

A. 营养失调　　　　　　B. 气候不适　　　　　　C. 环境污染　　　　　　D. 真菌

4. 白粉病和锈病是(　　　)。

A. 缺素病　　　　　　　B. 真菌性病害　　　　　C. 细菌性病害　　　　　D. 病毒性病害

5. 下列选项中是常见枝干病害症状类型的是(　　　)。

A. 根腐　　　　　　　　B. 煤污　　　　　　　　C. 变色　　　　　　　　D. 丛枝

6. 不属于林木病害的是(　　　)。

A. 杨树烂皮病　　　　　B. 臭椿白粉病　　　　　C. 郁金香碎色病　　　　D. 杨树花叶病

7. 侵染性病害的典型特点是(　　　)。

A. 植株发病程度相当

B. 发病中心周围有完全健康的植株

C. 成片或成块出现

D. 不具有传染性

8. 煤污病的发生与(　　　)关系密切。

A. 植物表面的灰尘　　　　　　　　　　B. 蚜虫和介壳虫

C. 光照　　　　　　　　　　　　　　　D. 温度

9. 植物病害的典型病状是(　　　)。

A. 脓状物　　　　　　　　　　　　　　B. 霉状物

C. 粉状物　　　　　　　　　　　　　　D. 变色

10. 不属于环境引起的非侵染性病害的是(　　　)。

A. 温度不适　　　　　　　　　　　　　B. 水分失调

C. 营养缺乏　　　　　　　　　　　　　D. 锈病

二、多选题

1. 林木病害的常见病状有(　　　)。

A. 变色　　　　　　　　B. 坏死　　　　　　　　C. 腐烂

D. 萎蔫　　　　　　　　E. 畸形　　　　　　　　F. 流脂、流胶

2. 了解病原物的越冬或越夏场所是有效防治植物病害的重要保证。病原物越冬或越夏的场所主要有(　　　)。

上篇　理论知识

A. 种苗及其他繁殖材料　　　B. 感病植物　　　　C. 病株残体　　　　D. 土壤肥料

3. 常见的侵染性病害有(　　　)。

A. 真菌性病害　　　　　B. 细菌性病害　　　　C. 病毒性病害　　　　D. 植物药害

4. 林木病害的常见病征为(　　　)。

A. 粉状物　　　　　　　B. 霉状物　　　　　　C. 颗粒状物

D. 脓状物　　　　　　　E. 点状物

5. 叶部病害病原物侵入寄主的途径主要有(　　　)。

A. 直接侵入　　　　　　B. 气孔　　　　　　　C. 皮孔　　　　　　　D. 伤口

6. 根部病害主要由真菌、细菌和线虫引起,其传播方式为(　　　)。

A. 气流　　　　　　　　B. 根接触　　　　　　C. 流水　　　　　　　D. 主动传播

7. 有利于根部病害发生的土壤环境因子为(　　　)。

A. 积水　　　　　　　　B. 贫瘠　　　　　　　C. 干旱　　　　　　　D. 板结

8. 林业上重要的根部病害有(　　　)。

A. 冠瘿病　　　　　　　B. 落叶松癌肿病

C. 根结线虫病　　　　　D. 苹果树腐烂病

9. 世界著名的林木三大病害除榆树荷兰病外,还有(　　　)。

A. 松疱锈病　　　　　　B. 杨树烂皮病

C. 板栗疫病　　　　　　D. 泡桐丛枝病

10. 下列对泡桐丛枝病描述正确的有(　　　)。

A. 本病在枝、叶、干、根和花上均有表现

B. 常见有丛枝型和花变枝型

C. 该病是由真菌引起的

D. 该病发生在一年生苗顶端时可引起全株枯死

三、判断题

1. (　　　)林木病害发生具备的三要素是病原物、寄主和适应的环境条件。

2. (　　　)梨锈病的转主寄主是松树类。

3. (　　　)白粉病的典型症状是在树干上形成白色粉层。

4. (　　　)由于煤污病的发生与介壳虫、蚜虫、木虱等的危害有密切关系,防治了这些害虫,绝大多数的煤污病就可得到防治。

5. (　　　)灰霉病的典型症状是坏死的组织后期布满灰色霉层。

6. (　　　)板栗疫病病菌可随带病种子、苗木和接穗运输进行远距离传播。

7. (　　　)通常林分的结构与腐朽病害的发生有很大关系。

8. (　　　)苗木茎腐病的发生与环境条件无太大的关系。

9. (　　　)林木煤污病病原物主要依靠蚜虫、介壳虫和木虱等昆虫的"蜜露"生活。

10. (　　　)植原体病害注射四环素族抗生素症状可以减轻。

参 考 答 案

一、单选题

1~5.ACDBD　6~10.CBADD

二、多选题

1.ABCDEF　2.ABCD　3.ABC　4.ABCDE　5.ABCD　6.BCD　7.ABCD　8.ABC　9.AB　10.ABD

三、判断题

1~5.√××√√　6~10.√××√√

第三节　鼠兔害

一、鼢鼠类

鼢鼠类隶属于啮齿目仓鼠科鼢鼠亚科,是适应温带地下生活的鼠类。鼢鼠类体型粗壮,重200~500 g,吻短,眼和外耳壳极小,耳壳退化为环绕耳孔的皮褶,不突出于毛丛。四肢短且有力,前肢趾爪发达。尾短,无毛或被稀疏短毛,腹面中央有纵沟,背面为凸形。门齿粗大,臼齿无齿根,终生生长。

鼢鼠类终年生活在地下,取食、繁殖等一切活动均在洞道内进行,只在夜间偶尔出洞。鼢鼠类以各种植物的地下根系为食,特别嗜食多汁肥大的轴根、块根、鳞茎以及含有辣味(如葱、蒜、韭菜等)的根。在林区,鼢鼠类除喜欢取食林下草本(苦菜、剑草、长芒草等)的根及幼茎外,还喜食油松、柴松、苹果、杜仲等幼树根系皮层及毛根。鼢鼠类取食量大,占体重的1/10~1/5。为方便采食,鼢鼠类挖掘长且复杂的洞道,并将泥土推出洞外,形成小土丘。一个完整的洞道通常由地面土丘、食草洞、常洞、盲洞和老窝组成,洞道是永久性的。鼢鼠类听觉、嗅觉灵敏,怕光、怕风、怕水,有堵洞习性。

在林业上造成危害的种类主要有中华鼢鼠、东北鼢鼠,甘肃鼢鼠和高原鼢鼠等。

(一)中华鼢鼠

中华鼢鼠体长200~250 mm,尾长40~85 mm。体型肥胖,四肢短小,前肢具有镰刀状锐爪,适合地下挖掘活动。眼极小,吻钝圆,额部中央有1个白色斑点,耳壳极度退化。尾细短,有稀疏的毛,几乎裸露。体毛细软、浓密,夏毛光亮,背部多呈锈红色。中华鼢鼠主要分布于青海、甘肃、宁夏、陕西、山西、河北、内蒙古、四川及湖北等地,主要危害油松,其次危害落叶松及杨属、榆属的部分树种,是人工造林和天然林更新的一大害鼠。

中华鼢鼠广泛栖息在农田、草原、河谷、山地及丘陵地带的林区。洞道结构复杂,地表上常有不规则散布的小土丘。中华鼢鼠昼夜活动,常以夜间、晨昏为主。中华鼢鼠食性杂,常把植物地下部分咬断拖入洞穴贮藏,多危害农作物,有时啃食松树、果树的根部。中华鼢鼠有贮粮、堵洞、嗜睡、怕风、怕光及怕水等习性。中华鼢鼠每年繁殖1次,3—4月发情,5—6月产仔,每胎1~5仔,通常为2~3仔。

（二）东北鼢鼠

东北鼢鼠体长约186 mm,尾长47 mm左右。体形粗短肥胖,吻钝圆、污白色。耳小、眼极小,上门齿露于口外。尾部仅有稀疏的白色短毛,带有光泽。前额和两颊为灰白色,腹面为浅灰白色或浅灰褐色,背毛为灰棕色。东北鼢鼠主要分布于河北、山东、内蒙古等地及东北地区,在林区主要危害樟子松、油松及落叶松的根系等。

东北鼢鼠主要栖息于土质松软、腐殖质丰富、地势平坦、有缓坡的林地、农田和草甸,常年营地下生活,善于打洞潜土,怕风、怕光,有堵洞习性。洞穴比较复杂,一般可分为洞道、厕所、窝巢和仓库,洞道全长约5070 m,距地面20~50 cm。雄鼠洞系的地面土丘呈一条直线排列,雌鼠洞系的地面土丘成片分布。东北鼢鼠不冬眠,昼夜活动,尤以早晚活动频繁。东北鼢鼠食性杂,主要取食植物根系,也啃食茎、叶和花,喜食植物块茎、根茎及鳞茎。繁殖期在4—6月,每年繁殖1次,每次产2~4仔。

二、沙鼠类

沙鼠类隶属于啮齿目仓鼠科沙鼠亚科,是典型的沙漠和干草原鼠类,但较趋于适应跳跃,后足略趋增长,尾甚大,覆毛茂密。沙鼠类主要以植物种子为食,也吃绿色部分,有储粮习性。沙鼠类多群居,活动半径在100 m以上,洞系一般由4~20个向心排列的洞口和地下纵横交错的洞道组成,洞内多分支、盲洞、暗窗、粮仓、老窝和厕所由通道相连。老窝位于最深处的干沙层,距地面40~75 cm,垫有杂草或兽毛等物,夏季白天沙鼠常将洞口堵住。临时洞道结构简单,洞道长度为1m左右,无老窝。洞系周围100~150 m和洞口是投饵灭鼠的最佳场所。

沙鼠主要啃食固沙植物,造成其大片死亡,同时由于洞系密聚,在黄土高原加重了水土流失。与林业有关的除大沙鼠外,主要还有子午沙鼠,柽柳沙鼠等。

大沙鼠体长150 mm,尾长几乎与体长相等,尾上被密毛,在尾末端形成毛笔状黑"毛束"。背部为暗黄褐色;腹部毛尖为白色,毛基为暗灰色;尾毛为锈红色。每个上门齿前面有2条纵沟。大沙鼠主要分布于内蒙古、甘肃、新疆和宁夏。大沙鼠在春、秋、冬季危害固沙植物,使很多固沙植物成片死亡,大量盗食固沙植物的种子,对固沙造林影响很大。

大沙鼠主要栖息于山麓和生长有梭梭的灌木和半灌木的低缓沙丘上。洞系庞大且复杂,集中分布于具有锦鸡儿、梭梭等植物的地方。每个洞群一般有10~30个洞口,占地十几平方米甚至更大。洞道结构复杂,分2~3层,第一层距地面40 cm,每层相距10~30 cm,有仓库和厕所。巢位于地下2~3 m处。大沙鼠白天活动,不冬眠,温度过高或过低均不出洞。每次出洞前先伸出头窥探四周,确定无敌害后,出洞直立在洞口土台上向四周观望,确定安全时,便以"唧、唧唧唧"的叫声传递信号让同类出洞,遇有敌情发出警报使地面同伴迅速隐匿洞内。

大沙鼠主要以植物的茎、叶和籽实为食,嗜食梭梭的嫩枝、幼芽和种子,可爬到2~3 m高的梭梭上取食,可将梭梭嫩枝条咬成5~7 cm长的小段贮藏于仓库中。大沙鼠每年繁殖1~2胎,每胎5~8仔,5—7月为繁殖盛期。

三、田鼠类

田鼠类隶属于啮齿目仓鼠科,绝大多数为小型鼠类,体重很少超过 100 g。体型显得粗笨,大多数种类尾较短,尾长不及体长的一半,眼及耳较小。田鼠类主要地栖,危害树木枝干。除下面介绍的种类外,危害较重的还有棕色田鼠、布氏田鼠、根田鼠、社田鼠及黑腹绒鼠等。

(一)东方田鼠

东方田鼠体长 120~150 mm,尾长一般超过体长的 1/3,尾被密毛。全身灰褐色,体侧颜色稍淡,腹面毛基为深灰色,毛尖为沙黄色,体侧和腹面颜色界限不明显。尾背面为黄色,腹面为白色。东方田鼠主要分布于东北地区,内蒙古、陕西、江苏、浙江、福建、四川、湖北、山东等地。东方田鼠在造林地啃食幼树嫩枝、根,以及树木韧皮部,造成树木被环剥而死亡。东方田鼠如图 L-2-29 所示。

图 L-2-29　东方田鼠

东方田鼠喜栖居于低潮林地,夏天在塔头甸子、苔草根丛中活动,秋季迁至山坡越冬。东方田鼠能潜水,白天活动频繁,主要以植物的绿色部分为食,冬季改食植物种子,并大量啃食杨柳枝条、嫩皮及根系。东方田鼠 4 月下旬至 9 月中旬为繁殖期,每月可繁殖 1 代,一般繁殖 3~4 胎,每胎产仔 5~13 只,一般为 4~6 只。

(二)红背䶄

红背䶄体长 70~110 mm,形似棕背䶄。四肢短小,足掌前部被毛。尾短,约为体长的 1/3,密生较长的毛,尾比棕背䶄粗。夏季背毛呈锈红色或棕红色,较鲜艳,体侧为浅赭色,腹毛为污白色。红背䶄主要分布于黑龙江、内蒙古、吉林、辽宁等地,是林区主要害鼠之一,不仅啃咬树皮、危害林木,而且对天然更新的种源和直播造林危害严重。

红背䶄栖息于云杉林、混交林、沿河林、台地森林、坡地林缘及森林草原中,喜居湿润处,生活习性与棕背䶄相似。红背䶄 5—7 月繁殖,2 月龄的幼鼠可进入繁殖期,一般每年繁殖 2~3 胎,每胎 4~9 仔,寿命 1 年半左右。

(三)棕背䶄

棕背䶄体长 85~110 mm。体型短粗,四肢短小,足掌上部被毛,背侧毛长至趾端。尾短且细,尾长约为体长的1/3。体背毛为棕色,侧毛色淡,腹部为污白色。棕背䶄主要分布于东北地区及山东、河南、内蒙古、陕西、湖北、四川等地,是典型的森林鼠类,为北方林区主要林木害鼠之一。棕背䶄啃食幼树韧皮部和盗食直播种子,对人工幼林和直播造林危害很大。

棕背䶄主要栖息在针阔混交林、阔叶疏林、台地森林和坡地林缘等高燥处,是5龄采伐迹地的优势种。棕背䶄多将洞穴筑于枯枝落叶下、树根和倒木旁,有时利用松树根的空洞作为洞穴。棕背䶄冬季在雪下活动,雪面上留有洞口,雪下有纵横的洞道;昼夜均有活动,以夜间为主。该鼠食性有季节差异,夏季喜食植物绿色部分,春、秋季以树木的种子为食,冬季主要啃食树皮。棕背䶄4—5月开始繁殖,5—7月为繁殖高峰,每年繁殖2~4胎,每胎4~7只。

四、姬鼠类

姬鼠为啮齿目鼠科姬鼠属动物,外形似家鼠,体细长,体长60~125 mm;尾较长,尾被有环状排列的鳞片,鳞片间存在稀疏短毛;耳较大,前拉可接近或超过眼部;面部狭长,颊部没有颊囊。给林业带来严重危害的种类主要有大林姬鼠等。

大林姬鼠体细长,体长70~120 mm。尾长稍短于体长,尾毛不发达,尾环比较明显。耳较大,往前拉可达眼部。腹部、四肢内侧为灰白色。足背、颌部和尾下部分为白色。夏毛背部呈褐赭色,冬毛呈黄棕色。大林姬鼠主要分布于东北、西北、华北地区,以及内蒙古、四川和云南等地。大林姬鼠数量多,喜食种子,对直播造林、苗圃播种危害很大,同时也影响森林天然更新。大林姬鼠如图L-2-30所示。

图L-2-30　大林姬鼠

大林姬鼠栖息于山地林区各种植被类型环境中,但一般喜栖于地形较高、土壤较干的林分中。巢穴常建在倒木、树根、枝丫堆下的枯枝落叶层中,以枯草、树叶建巢,洞口破坏后会修补。大林姬鼠冬季在雪被下活动,主要在夜间活动。大林姬鼠喜食种子、果实等营养价值高的食物,很少吃植物绿色部分。大林姬鼠4月中旬开始繁殖,以5—6月最盛,每胎怀仔4~9只,一年繁殖2~3代,繁殖具有季节性,新旧个体更替非常明显,数量随季节变化,4—6月为上升阶段,7—9月为高数量的持续阶段,10月开始下降。

五、鼠兔类

鼠兔类隶属于兔形目鼠兔科,体长120~250 mm,体重不超过400 g,无尾,或有一个小的突起但不伸出毛被之外；耳短且圆，耳长不超过 400 mm。对林业有较大危害的有达乌尔鼠兔、高山鼠兔、藏鼠兔、托氏鼠兔、间颅鼠兔及黑唇鼠兔等。

达乌尔鼠兔体长 125 ~ 190 mm，耳长 15 ~ 22 mm，体重为 110 ~ 150 g；全身黄褐色，杂有黑色毛，耳壳边缘为白色，眼周有极窄的黑色边缘；主要分布于内蒙古、河北、山西、陕西、青海、西藏等地，危害固沙植物及防护林的幼树。达乌尔鼠兔是典型的草原动物，一般栖息于砂质或半砂质的丘陵、山坡草地、平原草场，以及灌木丛等处，营群栖穴居生活，洞群多在草丛下。洞穴分为夏季洞和冬季洞。夏季洞多数只有 1 个洞口；冬季洞有 3 ~ 6 个洞口，直径为 5 ~ 9 cm，各洞口间有许多交织的网状跑道，总长度为 3 ~ 10 m，在洞道中有 1 个或多个巢室和仓库。达乌尔鼠兔白天活动居多，主要取食植物绿色部分，也吃植物的茎和根。达乌尔鼠兔不冬眠、秋季贮备食物，繁殖期为 5—9 月，年产 2 或 3 胎，妊娠期为 18 ~ 20 天，每胎产 5 ~ 6 仔。雌性幼仔 21 天即性成熟，繁殖力强。达乌尔鼠兔如图 L-2-31 所示。

图 L-2-31　达乌尔鼠兔

六、兔类

兔类隶属于兔形目兔科。体型较大，体长 300 ~ 450 mm，体重为 1400 ~ 7000 g。尾短，尾长 40 ~ 100 mm，伸出毛被之外。耳狭长，一般为 60 ~ 90 mm，耳基呈管状。对林业危害较重的是草兔。

草兔体长 380 ~ 480 mm，尾长 90 ~ 100 mm，耳长 80 ~ 120 mm。上体为黄褐色，耳尖为暗褐色。尾背面为黑褐色，尾缘及腹面为白色。草兔主要分布于长江以北的广大地区，主要啃树幼苗、幼树，给林业造成危害。

草兔栖息于山坡林地、农田附近、半荒漠地区绿洲、沙丘灌丛等处，独居，无固定巢穴，昼夜均能活动，有固定行走路线。草兔主要以草本植物为食，啃食幼苗和幼树树皮，尤其喜食豆类和麦苗等农作物。在南方，草兔冬末发情，早春产仔，妊娠期为 42 天左右，每年繁殖 2 ~ 4 胎，每胎产 2 ~ 6 仔，早春出生的幼兔夏末性成熟。

复习思考题

一、单选题

1.啮齿动物的主要特征是门齿很发达,无齿根,能终生生长,(　　　)。

A.无犬齿　　　　　　B.无前白齿　　　　　　C.无白齿

2.森林鼠害发生最为严重的是(　　　)。

A.原始林　　　　　　B.次生林　　　　　　　C人工林

3.鼠类是生态系统中的(　　　),在能量流及物质流中起着重要作用。

A.生产者　　　　　　B.消费者　　　　　　　C.还原者

4.鼢鼠类是适合(　　　)生活的鼠类。

A.地下　　　　　　　B.地面　　　　　　　　C.树上

5.鼠害治理提倡预防为主,下面属于预防技术措施的是(　　　)。

A.生物防治技术　　　　　　B.化学防治技术

C.林木保护技术　　　　　　D.物理器械防治

6.抗生育技术是控制害鼠种群密度的有效手段之一,它依靠(　　　)。

A消灭害鼠个体,达到降低密度

B.靠气味驱赶害鼠,降低密度

C.让害鼠绝育,高效降低密度

D.控制害鼠繁殖力,保持低密度

7.抗生育剂控制害鼠种群效果比较理想的是(　　　)。

A.雌性抗生育剂　　　　　　B.雄性抗生育剂

C.化学抗生育剂　　　　　　D.雌雄两性抗生育剂

8.抗生育技术的原理是通过降低害鼠的出生率来控制种群密度,从而减轻危害,达到(　　　)的目的。

A.预防当年鼠密度上升

B.长期维持在低密度水平

C.保存一定密度,维持生态平衡

D.防止其他害鼠入侵

9.天敌动物是控制害鼠种群的因素之一,对于地下害鼠来说,(　　　)控制效果最好。

A.狼、狐等中型食肉目动物

B.蛇类

C.鹰隼、猫头鹰等猛禽类

D.鼬科动物

10.在低洼、水湿环境下投药防治害鼠,要求使用蜡块毒饵剂型,(　　　)是蜡块毒饵不具备的。

A.能保持药剂的有效作用期

B.不污染水环境

C. 增加药剂的适口性

D. 对鸟类等安全

二、多选题

1. 鼠(兔)类对林业的危害主要表现在(　　　)。

A. 盗食直播树籽　　　　　　B. 啃食幼苗与树根

C. 啃食幼树树皮　　　　　　D. 啃食嫩枝嫩芽

2. 鼠(兔)类的活动也能给森林带来益处,如(　　　)。

A. 携带和传播种子

B. 扩大森林植物分布

C. 提供食物

D. 维持森林内生态系统的平衡

3. 森林鼠(兔)只有在(　　　)的情况下,才会对林木造成严重危害。

A. 数量突然急剧上升　　　B. 隐蔽条件差

C. 食物数量不足　　　　　D. 缺水

4. 有害啮齿动物的控制必须保障(　　　)的安全,有利于维护生物多样性,同时实现啮齿动物的可持续控制。

A. 牧场　　　　　B. 环境　　　　　　C. 人类　　　　　　D. 动物

5. 毒饵通常由(　　)组成。

A. 灭鼠剂　　　　B. 诱饵　　　　　　C. 附加剂　　　　　D. 色素

6. (　　)是鼠害的物理控制方法。

A. 挖防鼠阻隔沟

B. 在树干基部套硬质塑料管

C. 在树干上涂拒避剂

D. 用金属网保护树体

7. 自然界中许多动物,如(　　　)等都是鼠类的天敌。

A. 鼬和猫　　　　B. 蛇和狐　　　　　C. 鹰和隼　　　　　D. 猫头鹰

8. 灭鼠前的鼠害调查的内容主要是(　　　)。

A. 鼠的分布状况

B. 当地鼠类种类组成

C. 鼠的个体大小

D. 鼠的数量(密度)

9. 草兔主要栖息在(　　　)等环境中。

A. 草原　　　　　B. 干旱草原　　　　C. 森林草原　　　　D. 丘陵

10. 鼠兔科动物是典型的草原动物,一般栖息于(　　　)等林地环境。

A. 丘陵　　　　　B. 山坡草地　　　　C. 平原草场　　　　D. 灌木丛

三、判断题

1.(　　)一次灭鼠消灭了种群中90%的个体,若不采取其他措施,一年之后,鼠密度又恢复到灭鼠前的水平。

2.(　　)森林鼠害发生最严重的是次生林。

3.(　　)森林鼠(兔)的种群数量保持在一个平稳的状态,对林木生长不构成危害。

4.(　　)森林鼠(兔)只有在数量突然急剧上升、食物数量不足的情况下,才会对林木造成严重危害。

5.(　　)在害鼠种群密度较大、造成一定危害的林分,应使用物理器械进行防治。

6.(　　)在害鼠种群密度较低、还未造成较大危害的林分,应使用化学杀鼠剂进行防治。

7.(　　)抗凝血灭鼠剂是当今世界范围内的主要灭鼠药物。

8.(　　)毒饵通常由诱饵、灭鼠剂和添加剂组成。

9.(　　)鼢鼠类有弃洞的习性,发现洞被掘开后,会很快逃离。

10.(　　)草兔活动范围一般在10 km以内,10%的个体可以在原栖息地内再捕获。

参考答案

一、单选题

1～5.ACBAC　6～10.DDBDC

二、多选题

1.ABCD　2.ABCD　3.AC　4.BC　5.ABC　6.ABD　7.ABCD　8.ABD　9.ABCD　10.ABCD

三、判断题

1～5.√×√√×　6～10.×√√××

第四节　有害植物

林业有害植物一般包括苗圃、林地、宜林地内影响目的树种营造和生长发育的杂草、小灌木和以吸收林木营养为生的寄生性植物。林业有害植物根据生活史可分为一年生杂草、二年生杂草和多年生杂草。

一、我国主要林业外来有害植物

(一)紫茎泽兰

紫茎泽兰是菊科多年生草本或亚灌木,主要分布于云南、广西、贵州、四川、台湾等地,垂直分布上限为2500 m。株高1～2.5 m;茎为紫色,被腺状短柔毛;叶对生,卵状三角形,边缘具粗锯齿;头状花序,直径为 6 cm,排成伞房状;总苞片 3~4 层,小花为白色。根状茎发达,可快速蔓延。紫茎泽兰能分泌化感物质,排挤邻近多种植物,影响天然林的恢复;侵入经济林地和农田,影响栽培植物生长;堵塞水渠,阻碍交通;全株有毒性,危害畜牧业。

(二)薇甘菊

薇甘菊为菊科多年生藤本植物,是我国林业检疫性有害生物之一,主要分布于海南、香港及广东珠江三角洲。茎细长,匍匐或攀缘,多分枝;茎中部叶为三角状卵形,基部为心形;花为白色,头状花序。薇甘菊主要生长于林缘、溪流、河流岸边及受干扰破坏的路旁,特别喜好潮湿低洼的空旷地,在海拔 2000~3000 m 的陡坡上也可分布。薇甘菊的繁殖能力极强,其茎节和节间均能生根,每个节的叶腋都可长出 1 对新枝,形成新植株。在攀上灌木或乔木后,薇甘菊能迅速覆盖整株植物,使寄主植物光合作用受到破坏窒息而死,也可通过产生化感物质来抑制其他植物的生长,对 6~8 m 的天然次生林、人工速生林、经济林、风景林,尤其对一些郁闭度小的次生林、风景林危害严重,造成树木枯萎死亡。

(三)加拿大一枝黄花

加拿大一枝黄花为菊科多年生草本,为恶性杂草,分布在浙江、上海、安徽、湖北、江苏、江西等地。茎为长根状;茎直立,高 0.3~2.5 m,全部或仅上部被短柔毛;叶互生,披针形或线状披针形,长 5~12 cm,边缘具锐齿,离基 3 出脉,正面粗糙;头状花序小,长 4~6 mm,在花序分枝上排成蝎尾状,再组合成展开的大型圆锥花序;总苞具 3~4 层线状披针形总苞片,缘花为舌状,黄色,雌性;盘花为管状,黄色,两性;瘦果,具白色冠毛。加拿大一枝黄花通常生长在住宅旁、果园、茶园、桑园、农田边、公路铁路沿线,还入侵低山疏林湿地,花粉量大,可导致花粉过敏。

(四)五爪金龙

五爪金龙为多年生缠绕草本植物,分布于福建、广东、香港、澳门、台湾、海南、广西、云南等地。根为块状,茎长达或超过 5 m,无毛或粗糙,略具棱;叶 5 裂达基部,中裂片较大,卵形、卵状披针形或椭圆形,长 4~5 cm,宽 2~2.5 cm,基部一对裂片再浅裂或深裂,先端急尖或微钝而具短尖头,叶柄长 2~8 cm,常具假托叶;花序具 1 至数花,花序梗长 2~8 cm;花冠为粉红色、紫红色,偶有白色,漏斗状,长 5~7 cm,花蕊内藏;葫果近球形,长约 1 cm;种子为黑色,长约 5 mm,密被毛。五爪金龙生长于荒地、海岸边的矮树林、灌丛、山地林中和溪沟边,以种子繁殖,攀于乔木和灌丛上,覆盖小乔木、灌木和草本植物,使其得不到阳光而生长不良,最终死亡。

(五)落葵薯

落葵薯为多年生草质缠绕藤本,分布于京津地区、重庆、贵州、湖南、广西、广东、香港、福建等地。落葵薯长达数米,根状茎粗壮;叶为卵形至近圆形,先端急尖,基部为圆形或心形,稍肉质,腋生小块茎(珠芽);总状花序具多花,花序轴纤细,下垂;苞片狭,宿存,上面 1 对小苞片为宽椭圆形至近圆形,无龙骨状突起。落葵薯喜潮湿、光照充足的环境,通常生长在沟谷边、河岸上、荒地或灌丛中,花期为 6—10 月。该种植物腋生小块茎滚落后可长成新的植株,断枝也可繁殖,生长快,缺乏病虫害制约,在华南地区,其枝叶可覆盖小乔木、灌木和草本植物,造成灾害。

（六）假臭草

假臭草为菊科一年生草本植物,分布于香港、广东南部、澳门、福建(厦门)。全株被长柔毛,茎直立,高 0.3 ～ 1 m,多分枝。叶对生,卵圆形至菱形,具腺点;边缘为齿状,先端急尖,基部为圆楔形,具 3 脉;叶柄长 0.3 ～ 2 cm。花序为头状,小花为蓝紫色。瘦果长 2 ～ 3 mm,黑色,具白色冠毛。假臭草生长于荒坡、荒地、滩涂、林地、果园,排斥低矮草本,能极大地消耗土壤养分,对土壤可耕性的破坏严重,与果树争水、争肥,严重影响果树的生长。假臭草入侵牧场后,能排斥牧草,同时散发一种有毒的恶臭味,影响家畜的觅食。

二、寄生性种子植物的主要类群

（一）菟丝子

菟丝子为旋花科菟丝子亚科菟丝子属植物的总称,约有 170 种,其中中国菟丝子和日本菟丝子是常见的种类。中国菟丝子主要危害草本植物,日本菟丝子主要危害木本植物。菟丝子种子成熟后落入土中或混杂于寄主植物种子内越冬。第二年当寄主植物生长后,种子开始萌发,种胚的一端先形成无色或黄色丝状幼芽,以棒状的粗大部分固着在土中。种胚的另一端也脱离种壳形成丝状的菟丝子幼茎。幼茎在空中来回旋转,遇到合适的寄主就缠绕在上面,在接触处形成吸盘伸入寄主。吸盘进入寄主组织后,部分组织分化为导管和筛管,分别和寄主的导管和筛管相连,吸收养分和水分。寄生关系建立以后,菟丝子下部的茎逐渐萎蔫与土壤分离,上部的茎不断缠绕寄主,并向四周蔓延扩展。

（二）槲寄生

槲寄生为桑寄生科槲寄生属的寄生性绿色灌木或亚灌木,国内除新疆外,各地均有分布。槲寄生常寄生在用材林、经济林、防护林、果园的树上,南方林木受害较重。寄主范围很广,涉及壳斗、蔷薇、杨柳、桦木、核桃、槭树、松、柏等多科植物,危害状况与桑寄生相似。

（三）桑寄生

桑寄生是桑寄生属植物的总称,约 500 种,分布于长江以南(中国有 35 种)。桑寄生有叶片和叶绿素,但缺少根系,都是半寄生的。桑寄生为常绿灌木,少数为落叶灌木。果实为浆果,主要靠鸟类传播。鸟啄食果实后,吐出种子或经过消化道排出种子,黏附在树皮上。在适宜的环境条件下,种子萌发产生胚根。寄生时,桑寄生在与寄主接触处形成吸盘,吸盘伸入木质部与寄主导管相连,吸取水分和无机盐,同时胚芽开始发育,当年形成短枝,以后不断产生新枝,呈丛生状。

三、寄生性种子植物病害的症状特点

在自然界中,少数种子植物由于缺乏叶绿体或某种器官退化,不能自己制造营养,必须依靠其他种植物体内营养物质生活,被称为寄生性种子植物。寄生性种子植物都是双子叶植物,全世界有 2500 种以上,分属 12 个科。常见的寄生性种子植物有桑寄生科、菟丝子亚科、列当科植物。桑寄生科的寄生性种子植物最多,占整个寄生性种子植物的一半以上,分布在热带和亚热带。菟丝子亚科的植物可危害多种植物,还可传播病毒。列当科的植物分布在高纬度地区。

寄生性种子植物根据其对寄主的依赖程度分为全寄生和半寄生两大类。全寄生性种子植物,如菟丝子,无叶绿素,完全依靠寄主提供养分。半寄生性种子植物含有叶绿素,能进行光合作用,但其根系退化,以吸盘同寄主植物的导管相连,从寄主植物中吸收无机盐和水分,如桑寄生。寄生性种子植物按寄生部位分为茎寄生性种子植物和根寄生性种子植物两种。寄生于植物地上部分的种子植物为茎寄生性种子植物,如菟丝子、桑寄生、槲寄生。寄生于植物地下部分的种子植物为根寄生性种子植物,如列当寄生于寄主的根部。

寄生性种子植物对寄主植物的影响是抑制生长。草本植物受害主要表现为植株矮小、黄化,严重时全株枯死。木本植物受害主要表现为生长受到抑制、提早落叶、发芽迟缓,甚至顶芽枯死、不结实等。

复习思考题

一、单选题

1. 不属于寄生性种子植物的是(　　)。

A. 大豆　　　　　　　B. 菟丝子　　　　　　C. 桑寄生　　　　　　D. 槲寄生

2. 桑寄生的种子主要靠(　　)传播。

A. 昆虫　　　　　　　B. 气流　　　　　　　C. 鸟类　　　　　　　D. 雨水

3. IPM 是指(　　)。

A. 国际植物监测　　　B. 植物系统内部管理　　C. 有害生物综合治理

4. 根据林业行业标准(LY/T 1681—2006),当紫茎泽兰盖度为61%以上时,危害程度为(　　)。

A. 轻　　　　　　　　B. 中　　　　　　　　C. 重

5. 根据林业行业标准(LY/T 1681—2006),当紫茎泽兰盖度为31%～59%时,危害程度为(　　)。

A. 轻　　　　　　　　B. 中　　　　　　　　C. 重

6. 根据林业行业标准(LY/T 1681—2006),当紫茎泽兰盖度为10%～30%时,危害程度为(　　)。

A. 轻　　　　　　　　B. 中　　　　　　　　C. 重

7. 以下为检疫性杂草,牲畜食后易中毒的为(　　)。

A. 菟丝子　　　　　　B. 毒麦和假高粱　　　C. 薇甘菊　　　　　　D. 列当

8. 列当属种子在土壤中接触到(　　)分泌物时,便开始萌发。

A. 地下茎　　　　　　B. 根状茎　　　　　　C. 寄主根部　　　　　D. 萌发种子

9. 列当幼苗以(　　)侵入寄主根内,通过筛孔和纹孔与寄主的筛管和导管相连,吸取水分和养料。

A. 芽　　　　　　　　B. 吸器　　　　　　　C. 芽管　　　　　　　D. 根

10. 我国检疫性杂草薇甘菊为(　　)植物。

A. 菊科假泽兰属　　　B. 百合科豚草属　　　C. 菊科豚草属　　　　D. 禾本科豚草属

二、多选题

1. 我国林业有害植物一般是指(　　　)。

A. 生长的苗木

B. 生长发育的条草、小灌木

C. 以吸取林木营养为生的寄生性植物

D. 生长的目的树种

2. 林业有害植物根据生活史分为(　　　)。

　A. 一年生杂草　　　　B. 二年生杂草　　　　　C. 三年生杂草　　　　D. 多年生杂草

3. 我国林业有害植物根据除草剂的防除对象分为(　　　)。

　A. 禾本科杂草　　　B. 莎草科杂草　　　　C. 阔叶杂草　　　　　D. 单子叶杂草

4. 我国林业有害植物根据习性分为(　　　)。

　A. 苗圃地杂草　　　B. 林地杂草　　　　　C. 阔叶杂草　　　　D. 寄生性植物

5. 下列植物属于单子叶植物的有(　　　)。

　A. 薇甘菊　　　　B. 互花米草　　　　C. 紫茎泽兰　　　　D. 葛藤

6. 下列植物属于双子叶植物的有(　　　)。

　A. 葛藤　　　　　B. 无根藤　　　　　C. 飞机草　　　　D. 豚草

7. 下列植物属于寄生性有害植物的有(　　　)。

　A. 三棱草　　　　B. 菟丝子　　　　C. 无根藤　　　　D. 菊花

8. 紫茎泽兰在我国的主要分布地区为(　　　)。

　A. 云南　　　　　B. 广西　　　　　C. 贵州　　　　　D. 四川

9. 以下对菟丝子描述正确的有(　　　)。

　A. 藤本,无根和叶,茎细长　　　　　　B. 具叶绿体,能进行光合作用

　C. 以成熟种子脱落在土壤中休眠越冬　　D. 寄主范围广泛

10. 下列属于寄生性种子植物的有(　　　)。

　A. 菟丝子　　　　B. 列当　　　　　C. 桑寄生　　　　D. 槲寄生

三、判断题

1.(　　)无根藤被列为我国林业有害植物。

2.(　　)飞机草和紫茎泽兰是同一种植物。

3.(　　)加拿大一枝黄花属于莎草科杂草。

4.(　　)飞机草属于莎草科杂草。

5.(　　)菟丝子为全寄生性高等植物。

6.(　　)凤眼莲又名水葫芦,是一年生十字花科杂草。

7.(　　)桑寄生和槲寄生属于半寄生性种子植物。

8.(　　)桑寄生和槲寄生属于全寄生性种子植物。

9.(　　)菟丝子和列当没有足够的叶绿素,不能进行正常的光合作用,属于全寄生性种子植物。

10.(　　)寄生性种子植物根据是否含叶绿素分为半寄生性种子植物和全寄生性种子植物。

参 考 答 案

一、单选题

1～5.ACCCB　　6～10.ABCBA

二、多选题

1.BC　2.ABD　3.ABC　4.ABD　5.ABC　6.AB　7.BC　8.ABCD　9.ACD　10.ABCD

三、判断题

1～5.√ × × × √　　6～10.× √ × √ √

第三章
林业有害生物防治原理与技术

——

森林植物在不同生长阶段均会遭到有害生物的危害，轻者影响生长，严重时造成林木死亡，带来极大的经济损失，但病虫害的发生发展具有一定规律，只要认识和掌握其规律，就能够根据当前的病虫害情况推测未来的发展趋势，及时有效地防治病虫害，使森林植物正常生长、发育，充分发挥其应有的绿化、美化等功能。

第一节　林业有害生物防治原理

植物病虫害的防治技术很多，各种技术各具优缺点，仅靠其中某一种技术往往不能达到防治的目的，有时还会引起一些其他不良反应。

植物病虫害综合治理是一个病虫害控制的系统工程，即从生态学理念出发，在整个植物生产、栽培及养护管理过程中，有计划地应用、改善栽植养护技术，调节生态环境，预防病虫害的发生，或降低发生程度。我们应将自然防治和人为防治手段有机结合起来，有意识地加强自然防治能力。

在森林生态系统中，树木与其周围环境中的其他植物、脊椎动物、昆虫、微生物等生物成分和光、热、水、气、土等非生物成分通过食物链紧密地结合起来，形成相互联系、相生依赖和相互制约的自然协调和相对平衡的自然平衡状态。当有害生物和寄主之间、有害生物和天敌之间不能通过自我调节维持平衡时，有害生物种群数量升高，就会危害树木的正常生长发育。林业有害生物防治就是从寄主、有害生物和环境条件3方面着手，调节生态系统中各组分的相对数量，创造不利于有害生物滋生繁衍但有利于天敌生存繁衍的生态环境，将植食性昆虫、林木病原微生物、森林鼠（兔）类等有害生物的数量水平控制在生境、经济、社会能允许的范围内，从而促进森林的可持续经营。

（一）寄主植物方面

在自然界中，同一属内的不同树种之间，甚至同一树种的不同品系、不同个体之间，存在着抗逆性差异。抗逆性主要有3种表现形式：一是不选择性，即树木的形态、生理、生化及发育期不同步等原因使有害生物不危害或很少危害；二是抗生性，即有害生物危害了树木之后，树木分泌毒素或产生其他生理反应，使有害生物的生长发育受到抑制或不能存活；三是耐害性，树木的再生补偿能力强，对有害生物危害有很强的适应性，例如大多数阔叶树种能忍受食叶害虫取食其40%左右的叶片。上述这些性质的存在，使抗性育种成为可能，如中国林业科学研究院通过杂交培育的抗天牛树种，已在江淮地区大面积推广。引进国外或国内其他地区具有优良性状的抗性树种，经驯化后推广利用，也是一条简易有效途径。我们还可以在有害生物发生严重的林分中选择抗性强的单株，进行无性繁殖，培育抗病虫的无性系。

（二）有害生物方面

1.限制有害生物的传播蔓延

动植物在历史演化中，在一定的地域形成一定的动植物区系，昆虫、鼠类、病原微生物都各自占据着不同的生态位，靠食物链维持着系统的稳定性。外界环境条件优越，如适宜的气候、充足的食物、天敌的减少，会导致有害生物种群数量的上升，给林木造成严重经济损失，防治人员要对能随植物及产品传播的病虫害实行人工封锁，划定疫区，将病虫害限定在发生区，防止其进一步传播蔓延。另外，对于从外地传入本地区的有害生物，由于寄主缺乏抗性或缺少天敌抑制，防治人员也需要实行人工封锁，防止传播蔓延，将有害生物控制在危害区域内。

2.控制有害生物种群数量

有害生物是森林生态系统的组成部分，在有足够种群数量时才能造成显著危害。但有害生物在促进森林演替、物质循环和能量流动，创造野生动物生境等方面也有积极的贡献，而且在森林生态系统发展中，对生物多样性、土壤肥力、森林的稳定性方面起着重要的作用。因此，防治人员可采取恶化有害生物生存繁殖条件，引进天敌等方法控制有害生物种群数量，避免造成危害。

3.直接消灭有害生物个体

在有害生物种群数量达到一定水平，林业有害生物大发生时，作为应急措施，防治人员应使用高效低毒、低残留的化学药剂等直接消灭有害生物个体，降低有害生物种群数量，以减少其对林木的危害。

（三）环境条件方面

1.创造不利于林业有害生物生存繁衍的生态环境

林木处于开放的生态系统中。昆虫和鼠类的生存繁衍要有适宜的食物环境、活动环境和繁殖环境。环境中的生态因子，如气候、地形等因子是很难人为改变的，但土壤的理化性质、森林树种的组成及树种周围的植被条件是可以通过林业经营措施改变的，使之向着有利于天敌及目的树种的生长而不利于害虫、害鼠的方向发展，可以降低害虫、害鼠的种群密度。在森林病害方面，病原物、寄主和环境条件之间相互作用，病原物是生态系统中自然存在的成分，寄主能否发病除取决于病原物的致病力、寄主的抗病性和环境条件。当环境条件有利于寄主生长而不利于病原物时，病害难以发生发展，反之，林木病害就容易发生，甚至流行。可见，采取林业技术措施创造不利于有害生物发生发展而有利于寄主和天敌生长的生态环境是控制林业有害生物的重要途径。

2.规避有害生物危害

不同的有害生物在生态系统中占据的生态位不同,有各自喜欢的寄主,在长期的自然选择中也形成了不同的趋避性。在林业有害生物防治上,可以采用规避危害时期、危害场所、危害寄主的方式减少或免除有害生物的危害。例如,有些转主寄生的锈病,生活史需在两种寄主上完成,造林时将两种寄主树种保持一定距离栽植可避免锈病的发生。杉木种子在旬平均气温达10 ℃之前20 ~ 30天播种时,种子发芽顺利,苗木生长健壮;若推迟播种,苗木生长遇到梅雨季节,就极易感病。在苗圃育苗时合理轮作,避免连作都有利于减少病虫害的发生。

复习思考题

一、单选题

1.林业有害生物防治是指利用各种措施( )和治理林业有害生物,避免或降低灾害损失的一系列活动。

A.预防　　　　B.检疫　　　　C.消灭　　　　D.监测

2.林业有害生物防治的主要工作包括灾害发生前采取的预防性措施、灾害发生中采取的( )措施、灾害发生后采取的损失救助措施,以及为实施灾前、灾中、灾后各种措施而采取的管理措施。

A.监测　　　　B.减灾　　　　C.补救　　　　D.治理

3.目前我们使用的"林业有害生物防治"一词在应用中有时内涵不同,有"大防治"和"小防治"两个概念。其中,"大防治"是指( ),"小防治"仅指( )。

A.较大规模的防治,较小范围的治理

B.林业部门组织的防治,林农自行开展的治理

C.包括测报、检疫在内的所有工作环节,林业有害生物治理环节

D.所有法律、经济、行政、技术手段,技术手段

4.林业有害生物防治工作体系主要由监测预警、检疫御灾和防治减灾三大体系构成,其中防治减灾体系又由( )、防治作业、物资保障、评估监理、损失救助等子系统构成。

A.数据采集　　　B.智能决策　　　C.专家会商　　　D.组织管理

5.《重大外来林业有害生物灾害应急预案》规定,国家林业局林业有害生物检验鉴定中心的职责是( )。

A.提供技术咨询

B.承担省级林业主管部门无法确认和鉴定的,怀疑为重大有害生物的种类鉴定及风险评估

C.开展相关科学研究

D.协调和监督检查工作

二、多选题

1.对林业有害生物应采取( )等有效措施,以避免或降低灾害损失,恢复和发展森林资源。

A.治早、治小、治了　　　　　　　　B.灾前积极预防

C. 灾中科学治理　　　　　　　　　　　　　D. 灾后合理救助

2. 林业有害生物防治工作体系是为确保防治减灾各项措施顺利实施而建设的具有一定结构和功能的工作系统,包括(　　　)和评估监理等子系统。

A. 组织管理　　　　B. 防治作业　　　　C. 物资保障　　　　D. 损失救助

3. 林业有害生物防治工作体系应朝着(　　　)的方向建设和发展。

A. 功能齐备　　　　B. 配置合理　　　　C. 运转顺畅　　　　D. 协调高效

4.《国家突发公共事件总体应急预案》中自然灾害主要包括水旱灾害、地震灾害、海洋灾害、(　　　)和森林草原火灾等。

A. 气象灾害　　　　B. 地质灾害　　　　C. 农林灾害　　　　D. 生物灾害

5. 我国林业有害生物防治管理的主体主要包括(　　　)。

A. 人民政府　　　　　　　　　　　　　　　B. 林业主管部门

C. 林业有害生物防治机构　　　　　　　　　D. 国有林场

6. 林业有害生物防治指挥部重点应组织开展信息处理、会商决策、(　　　)等工作。

A. 指挥调度　　　　B. 督导检查　　　　C. 效果评价　　　　D. 损失评估

7. 防治组织管理涉及领域多、管理面大、技术要求高,防治机构的管理人员不仅应具有扎实的专业技术功底,而且应具有较为丰富的(　　　)等知识和较强的组织、沟通、协调能力。

A. 法律　　　　　　B. 经济　　　　　　C. 文学　　　　　　D. 管理

8. 林业有害生物防治管理应遵循自然规律原则、环境规律原则、技术规律原则和(　　　)等基本原则。

A.“谁经营、谁防治”原则　　　　　　　　　B.“谁受益、谁防治”原则

C. 社会规律原则　　　　　　　　　　　　　D. 经济规律原则

9.《突发林业有害生物事件处置办法》规定,县级以上人民政府林业主管部门的森林病虫害防治机构及其中心测报点,应当及时对林业有害生物(　　　)。

A. 进行调查与监测　　　　　　　　　　　　B. 综合分析测报数据

C. 进行排灾　　　　　　　　　　　　　　　D. 提出防治方案

10.《重大外来林业有害生物灾害应急预案》规定,(　　　)是重大生物灾害的责任报告单位,森防专业技术人员是重大生物灾害事件责任报告人。

A. 各级林业主管部门　　　　　　　　　　　B. 国家林业局

C. 地方各级政府　　　　　　　　　　　　　D. 预测预报网点

三、判断题

1.(　　　)林业有害生物防治管理是针对防治工作进行的组织、计划、协调、监督、决策和制定工作制度等的总称。

2.(　　　)林业有害生物防治是指利用各种措施预防和治理林业有害生物,避免或降低灾害损失的一系列活动。

3.(　　　)林业有害生物防治的主要工作包括灾害发生前采取的预防性措施、灾害发生中采取的减灾措施、灾害发生后采取的损失救助措施,以及为实施灾前、灾中、灾后各种措施而采取的管理

上篇　理论知识

措施。

4.(　　)林业有害生物防治工作体系主要由监离预警、检疫御灾和防治减灾三大体系构成,其中防治减灾体系又由数据采集、智能决策、组织管理、防治作业、物资保障,评估监理、损失救助等子系统构成。

5.(　　)林业有害生物除治组织管理是指由政府、林业主管部门及林业有害生物防治机构对林业有害生物防治做出政策决断、指挥调度、组织实施、监督指导等行为。

6.(　　)各级地方林业有害生物防治机构依法领导和组织当地林业有害生物防治工作。

7.(　　)防治组织管理涉及领域多、管理面大、技术要求高,防治机构的管理人员不仅应具有扎实的专业技术功底,而且应具有较为丰富的法律、经济、管理等知识和较强的组织、沟通、协调能力。

8.(　　)林业有害生物防治管理遵循"谁经营、谁防治"原则。

9.(　　)林业有害生物防治作业系统的作业能力、作业效率、作业质量和管理水平决定着防治的成效。

10.(　　)林业有害生物社会化防治是指林业有害生物防治机构利用掌握的资源为社会提供服务的行为。

参 考 答 案

一、单选题

1～5.ABCDB

二、多选题

1.BCD 2.ABCD 3.ABCD 4.ABD 5.ABC 6.ABCD 7.ABD 8.CD 9.ABC 10.AD

三、判断题

1～5. √ √ √ × √　　6～10. × √ × √ ×

第二节　林业有害生物防治技术

一、林业技术措施

林业技术措施通过改进栽培技术,使环境条件不利于病虫害的发生,有利于林木的生长发育,直接或间接地消灭或抑制病虫害的发生。

(一)选育抗性树种

选育抗性树种是利用基因工程、杂交引种、选种、物理或化学方法使树种产生抗性,避免或减轻有害生物危害的重要措施。特别是对那些还没有其他防控措施的有害生物,抗性树种的利用尤为重要。

在自然界中,同一属内的不同树种之间,甚至同一树种的不同品种、品系、个体之间,存在着抗生性、耐害性等差异,从而使抗性育种成为可能,如在有害生物发生严重的林分中选择抗性强的单株,通过无性繁殖,进一步培育和选择,选出抗病虫的无性系。

(二)育苗措施

在选择新的育苗基地时,应选择土质疏松、排水透气好、腐殖质多的地段,要尽量满足建立无检疫性有害生物种苗基地的要求。除考虑环境条件、自然条件、社会条件外,还必须考虑有害生物的发生情况。在规划设计之前,要进行土壤有害生物及周围环境有害生物调查,了解其种类、数量,如发现有危险性有害生物或某些有害生物数量过多时,必须采取适当的措施进行处理,处理后符合要求才能使用,否则须另选基地,以免造成更大的损失。

圃地选好后要深翻土壤,改良土壤结构,提高土壤肥力,消灭相当数量的土壤中的有害生物;施用有机肥料要充分腐熟;要合理轮作,避免连作,特别是根部病虫害发生严重的圃地;选择育苗种类时一定要慎重,一方面要根据土壤条件、环境条件选择合适的品种,进行合理布局,另一方面要选无病虫、品种纯、发芽率高及生长一致的优良繁殖材料,这样既利于管理,也利于减少病虫危害;出苗后要及时进行中耕除草、间苗,保证苗木密度适当,要合理施肥,适时适量灌水,及时排水,尽量给苗木创造一个适宜的环境条件,提高苗木抗性;苗木出圃分级时,应进行合理的修剪,有条件的应对出圃苗木进行药物浸根、熏蒸消毒和杀虫处理。

塑料大棚或温室要经常通风透光,避免高温、高湿环境,防止苗木徒长,必要时喷施保护剂和促进苗木壮实的药剂,以减少病虫害的发生。

(三)营林措施

造林时适地适树是减少病虫害发生的一项重要措施:应根据立地条件选择与生物学特性相适应的造林树种,要避免在多种病虫害可能流行的地区种植感病树种。营造混交林时,合理地安排树种搭配比例和配置方式,对提高森林的自然保护性能有重要的意义,如落叶松与阔叶树混交可以减轻落叶松的落叶病、檫杉混交可减轻杉木的炭疽病和叶斑病。

(四)抚育管理措施

适时间伐、及时调整林分密度能够促进林木生长,提高木材质量和经济出材率,预防和减少病虫害造成的损失,如松落针病在密林中容易发生。抚育间伐一般结合卫生伐,清除病虫发生中心,伐除那些衰弱木、畸形木、濒死木、枯立木、风倒木、风折木,以及受机械损伤、感染腐朽病和有蛀干害虫的林木,以便将病虫消灭在点片发生阶段,防止其蔓延。及时修除枯枝、弱枝,还能减少森林火灾的发生,减弱雪压和风害。修枝切口要平滑、不偏不裂、不削皮和不带皮,使伤口创面最小,有利于愈合,有利于减轻林木腐朽病和溃疡烂皮病的发生。

(五)采伐运输和贮藏措施

成熟林要及时采伐,以减轻蛀干害虫和立木腐朽病的危害。采伐迹地要及时清理伐桩、大枝丫,以免害虫滋生蔓延。在木材的运输、贮藏时也应搞好木材的防虫、防腐工作。采伐的原木不宜留在林内,必须在5月之前清除,或刮皮处理,防止小蠹虫等蛀干害虫寄生。

二、物理防治

利用各种简单的机械和各种物理因素来防治病虫害的方法称为物理防治法。这种方法既包括传统的、简单的人工捕杀,也包括物理新技术的应用。

(一)捕杀法

人工或利用各种简单的机械捕捉或直接消灭害虫的方法称为捕杀法。人工捕杀适合具有假死性、群集性或其他目标明显、易于捕捉的害虫,如多数金龟子、象甲的成虫具有假死性,可在清晨或傍晚将其振落杀死。

(二)阻隔法

人为设置各种障碍,以切断病虫害的侵害途径的方法称为阻隔法,也称障碍物法。

1)涂毒环、胶环

对于有上、下树习性的幼虫,可在树干上涂毒环或胶环,阻隔和触杀幼虫。胶环的配方通常有以下两种:蓖麻油10份、松香10份、硬脂酸1份;豆油5份、松香10份、黄醋1份。

2)挖障碍沟

对于不能飞翔,只能靠爬行扩散的害虫,可在未受害区周围挖沟,害虫坠入沟中后予以消灭。对于紫色根腐病等借助菌索传播的根部病害,在受害植株周围挖沟能阻隔病菌的传播。沟的宽度为30 cm、深度为40 cm,两壁要光滑、垂直。

3)设障碍物

有些害虫的雌成虫无翅,只能爬到树上产卵。对于这类害虫,可在害虫上树前在树干基部设置障碍物阻止其上树产卵,如在树干上绑塑料布或在干基周围培土堆制成光滑的陡面。

4)土壤覆盖薄膜或盖草

许多叶部病害的病原物是在病残体上越冬的,花木栽培地早春覆薄膜或盖草可大幅度减少叶部病害的发生。薄膜或干草不仅对病原物的传播起到了机械阻隔作用,而且覆薄膜后土壤温度、湿度提高,加速了病残体的腐烂,减少了侵染来源。另外,干草腐烂后还可当肥料。

5)纱网阻隔

对于温室保护地内栽培的花卉植物,采用40～60目的纱网覆罩不仅可以隔绝蚜虫、叶蝉、粉虱、蓟马等害虫,还能有效地减轻病毒性病害的侵染。

此外,在目的植物周围种植高秆且害虫喜食的植物,可以阻隔外来迁飞性害虫;在土表覆盖银灰色薄膜,可使有翅蚜远远躲避,从而保护植物免受蚜虫为害,并减少蚜虫传播病毒的机会。

(三)诱杀法

利用害虫的趋性,人为设置器械或诱物来诱杀害虫的方法称为诱杀法。诱杀法还可以预测害虫的发生动态。

1)灯光诱杀

利用害虫对灯光的趋性,人为设置灯光来诱杀害虫的方法称为灯光诱杀法。目前生产上所用的光源主要是黑光灯。

安置黑光灯时应以安全、经济、简便为原则。黑光灯诱虫一般在5—9月。黑光灯要设置在空旷处,选择闷热、无风、无雨、无月光的天气开灯,诱集效果较好。

2)色板诱杀

将黄色黏胶板设置于花卉栽培区域,可诱黏到大量翅蚜、白粉虱、斑潜蝇等害虫,在温室保护地内使用时效果较好。

3)食物诱杀

(1)毒饵诱杀。

利用害虫的趋化性,在其喜欢的食物中掺入适量毒剂来诱杀害虫的方法称为毒饵诱杀。

(2)饵木诱杀。

许多枝干害虫,如天牛等喜欢在新伐倒树木上产卵繁殖,因此可在这些害虫的繁殖期,人为放置一些木段,供其产卵,待其卵全部孵化后进行剥皮处理,消灭其中的害虫。

(3)植物诱杀。

利用害虫对某些植物嗜食的习性,人为种植或采集此种植物诱集捕杀害虫的方法称为植物诱杀,如在苗圃周围种植蓖麻,可使金龟子食后麻醉,从而集中捕杀。

4)潜所诱杀

利用害虫在某个时期喜欢某种特殊环境的习性,人为设置类似的环境来诱杀害虫的方法称为潜所诱杀:在树干基部绑扎草把或麻布片,可引诱某些蛾类幼虫前来越冬;在苗圃内堆集新鲜杂草,能诱集地老虎幼虫潜伏草下。

（四）温度的应用

任何生物对温度有一定的忍耐范围,超过限度生物就会死亡。由于害虫和病原物对高温的忍受力都较差,故可通过提高温度来杀死病原物或害虫,这种方法简称热处理。在植物病虫害防治中,热处理有干热处理和湿热处理两种。

(1)种苗的热处理。有病虫的苗木可用热风处理,温度为35~40 ℃,处理时间为1~4周;也可用40~50 ℃的温水处理,浸泡时间为10~180 min。

(2)土壤的热处理。现代温室土壤热处理是使用热蒸汽(90~100 ℃)处理,处理时间为30 min。蒸汽处理可大幅度降低香石竹镰刀菌枯萎病、菊花枯萎病及地下害虫的发生程度。在发达国家,蒸汽热处理已成为常规管理方法。

（五）放射处理

放射处理是应用原子能、超声波、紫外线、激光、高频电流等防治害虫的方法。

三、生物防治

利用生物控制有害生物种群数量的方法,称为生物防治。生物防治的优点是对人、畜、植物安全,害虫不产生抗性,天敌来源广,有长期抑制作用。生物防治的局限性是防治时往往局限于某个虫期、作用慢、成本高、人工培养及使用技术要求比较严格。生物防治不能完全代替其他防治方法,

上篇　理论知识

必须与其他防治方法相结合,综合应用于有害生物的治理中。

（一）植物害虫的生物防治方法

植物害虫的生物防治方法主要包括有益动物治虫和微生物治虫。

1)有益动物治虫

目前,在生产实践中用于防治害虫的有益动物包括线虫、昆虫、蜘蛛、螨类及脊椎动物。

(1)以线虫治虫。

我国目前能够工厂化生产(液体培养基培养)的线虫有斯氏线虫和格氏线虫,用于大面积防治目标害虫,如桃小食心虫、桑天牛等。

(2)以虫治虫。

昆虫纲中以肉食为生的昆虫约有23万种,许多是植物害虫的重要天敌。捕食性和寄生性昆虫大都属于半翅目、脉翅目、鞘翅目、膜翅目及双翅目,其中后三个目特别重要。最常见的捕食性昆虫有蜻蜓、猎蝽、花蝽、草蛉、步甲、瓢虫、胡蜂、食虫虻、食蚜蝇等,其中瓢虫、草蛉、食蚜蝇等最为重要。寄生性昆虫种类则更加丰富:膜翅目的天敌统称为寄生蜂,包括姬蜂、茧蜂、小蜂等;双翅目的寄生性天敌统称为寄生蝇。在自然界中,每种植食性昆虫都可能被数十种乃至上百种天敌昆虫侵害,如在螟蛾的天敌昆虫中仅寄生蜂就有80种以上,天幕毛虫的天敌昆虫超过100种。

(3)其他动物治虫。

其他动物治虫主要有以益鸟治虫和以两栖动物治虫。

我国有1000多种鸟类,其中吃昆虫的约占半数,它们绝大多数捕食害虫。比较重要的鸟类包括红脚隼、大杜鹃、啄木鸟、山雀和家燕等。它们捕食的害虫主要有蝗虫、蠡斯、叶蝉、木虱、蝽象、吉丁虫、天牛、金龟子、蛾类幼虫、叶蜂、象甲和叶甲等。我国新疆等地利用人工建筑的鸟巢招引粉红椋鸟防治草原蝗虫,取得了较好的效果。

用于防治害虫的两栖动物主要是蟾蜍、青蛙。取食的昆虫包括蝗虫,蛾、蝶类的幼虫及成虫,叶甲,象甲,蝼蛄,金龟子,蚂蚁等。

2)微生物治虫

自然界中有许多微生物能使害虫致病。昆虫的致病微生物多数对人畜无毒、无害,不污染环境,形成一定的制剂后,可像化学农药一样喷撒,所以常被称为微生物农药。已经在生产上应用的昆虫病原微生物包括细菌、真菌和病毒。

（二）植物病害的生物防治

植物病害的生物防治是指通过直接或间接的一种至多种生物因素,削弱或减少病原物的接种体数量与活动,促进植物生长发育,从而达到减轻病害并提高产量和质量的目的。

1)抗生菌的利用

抗生菌主要以分离筛选颉颃菌为主,防治的对象是土传病害,特别是种苗病害;主要的施用方法是在一定的基物上培养活菌用于处理植物种子或土壤,效果相当明显。

2)重寄生生物的利用

重寄生是一种寄生物被另一种寄生物寄生的现象。利用重寄生生物控制植物病害是近年来病害生物防治的重要领域。

3）抑制性土壤的利用

抑制性土壤，又称抑病土。抑制性土壤的主要特点：病原物引入后不能存活或繁殖；病原物可以存活并侵染，但感病后寄主受害很轻；病原物在这种土壤中可以引起严重病害，但经过几年或几十年发病高峰之后病害减轻至微不足道的程度。

4）根际微生物利用

根际或根围土壤中细菌的种类和数量高于远离根际的土壤，这种现象称为根际效应。根际效应是植物的共有特征，是植物生长过程中根的溢泌物造成的。溢泌物主要来自两个方面：一方面是地上叶部形成的光合产物，其中约 20% 的量以根渗出物形式进入土中；另一方面是根尖脱落的衰老细胞或组织的降解物，这些物质主要有糖类、氨基酸类、脂肪酸、生长素、核酸和酶类，聚集在根的周围形成丰富的营养带，可刺激细菌等微生物大量繁殖。

（三）杂草的生物防治

1）以虫治草

以植食性昆虫防治杂草是研究得最早、最多的方法，也是最受重视的方法。以虫治草最成功的例子是利用仙人掌蛾防治澳大利亚草原上的恶性杂草仙人掌。

2）以菌治草

以菌治草就是利用真菌、放线菌、细菌、病毒等病原微生物或其代谢产物来控制杂草。目前世界范围内以菌治草取得成功的事例多是以真菌治草，但随着杂草生物防治水平的提高，细菌和病毒在杂草生物防治中也将发挥一定的作用。

3）以植物治草

自然界中，许多植物可通过其强大的竞争作用或通过向环境中释放某些有杀草作用的化感作用物来遏制杂草的生长。

四、化学防治

（一）化学防治的重要性

化学防治是运用化学手段控制有害生物数量的一种方法。化学防治是病虫害防治的一种重要措施，具有使用方法简单、快速高效、防治效果好、受季节限制较小、适合机械化大面积使用、杀病虫范围广等优点。

（二）化学防治的局限性

化学防治在有害生物综合防治中占有重要地位，但化学防治也有局限性。

1）引起病菌、害虫、杂草等产生抗药性

很多害虫一旦对农药产生抗药性，则这种抗药性很难消失。许多害虫和蛾类对农药会发生交互抗性。

2）杀害有益生物，破坏生态平衡

化学防治虽然能有效地控制有害生物，但也会杀害大量有益生物，改变生物群落结构，破坏生态平衡,常会使一些原来不重要的病虫上升为主要病虫,还会使一些原来已被控制的重要害虫因抗药性的产生而再次猖獗。

3)农药对生态环境的污染及人体健康的影响

农药不仅会污染大气、水体、土壤等生态环境,而且会通过生物富集作用,造成食品及人体的农药残留,严重地威胁人体健康。

为了使化学防治能在综合治理系统中充分发挥有效作用又不造成环境污染,人们正在致力于研究与推广防止农药污染的措施。

4)防治成本上升

病虫害抗药性的增强,使农药的使用量、使用浓度和使用次数增加,使防治效果变差,从而使化学防治的成本大幅度上升。

复习思考题

一、单选题

1. 当有害生物泛滥成灾时,(　　)是首选防治措施,这是因为此法具有见效快、防治效果好的特点,可迅速控制灾害,减少经济损失。

A. 林业技术措施　　　　　　　　　　B. 物理防治

C. 生物防治　　　　　　　　　　　　D. 化学防治

2. 诱杀蝼蛄应选择的最好诱饵为(　　)。

A. 油桐叶　　　　B. 糖醋酒液　　　　C. 马粪　　　　D. 蓖麻叶

3. 下列天敌中,属于寄生性的是(　　)。

A. 猎蝽　　　　B. 大黑蚂蚁　　　　C. 草蛉　　　　D. 赤眼蜂

4. 林业生产常用毒饵防治地下害虫,其利用了害虫的(　　)。

A. 趋光性　　　　B. 趋化性　　　　C. 假死性　　　　D. 本能

5. 夜间利用黑光灯来诱杀害虫是利用了(　　)。

A. 蝶类的趋光性　　　　　　　　　　B. 蝶类的应激

C. 蛾类的趋光性　　　　　　　　　　D. 蛾类的条件反射

6. 人工振落防治法适合防治具有(　　)的害虫。

A. 趋光性　　　　B. 趋化性　　　　C. 假死性　　　　D. 本能

7. 防护林动态管理包括在造林设计时有计划、有规律地合理设置(　　)和造林时间,使林网的林龄形成梯度。

A. 林木龄级　　　　B. 林木等级　　　　C. 林木质量　　　　D. 林木种类

8. 用药后引起害虫种群数量增多的主要原因是(　　)。

A. 产生抗药性　　　　B. 产生耐药性　　　　C. 优胜劣汰　　　　D. 杀伤天敌

9. 灯光诱杀防治法适合防治具有(　　)害虫。

A. 趋光性　　　　B. 趋化性　　　　C. 假死性　　　　D. 本能

10. 利用害虫在某个时期喜好某种特殊环境的习性,人工设置类似的环境来诱杀害虫的方法称为(　　)。

A. 灯光诱杀　　　　B. 毒饵诱杀　　　　C. 潜所诱杀　　　　D. 植物诱杀

二、多选题

1. 林业有害生物综合防治方法包括(　　)。

A. 林业技术措施　　B. 物理防治　　　　C. 化学防治　　　　D. 生物防治

2. 在进行化学防治时,应从生态系统的整体出发,采用(　　)的新型农药。

A. 高效　　　　　　B. 低毒　　　　　　C. 低残留　　　　　D. 低效

3. 化学防治的"三R"问题是指使用有机化学杀虫剂防治后,带来的(　　)等问题,为此、提倡少用有机化学杀虫剂。

A. 害虫再猖獗　　　　　　　　　　　B. 次要害虫大量出现

C. 害虫对杀虫剂的抗性不断增强　　　D. 杀虫剂残留

4. (　　)为寄生性昆虫。

A. 赤眼蜂　　　　　B. 蚜茧蜂　　　　　C. 肿腿蜂　　　　　D. 日本追寄蝇

5. 防治松毛虫的生物措施有(　　)。

A. 白僵菌防治　　　B. 苏云金杆菌防治　C. 释放肿腿蜂　　　D. 释放赤眼蜂

6. 物理防治林业有害生物的方法主要有(　　)。

A. 高温处理法　　　B. 直接捕杀法　　　C. 阻隔法　　　　　D. 诱杀法

7. 物理防治的特点有(　　)。

A. 简单实用,容易操作　　　　　　　B. 见效快

C. 费时、费工　　　　　　　　　　　D. 有一定局限性

8. 目前我国林业上使用性信息素引诱剂防治的有害生物有(　　)等。

A. 美国白蛾　　　　B. 蝼蛄　　　　　　C. 小蠹虫　　　　　D. 白杨透翅蛾

9. 目前所指的营林措施一般包括(　　)。

A. 营造混交林　　　B. 封山育林　　　　C. 抚育管理　　　　D. 合理砍伐

10. 三北地区采用多树种配置防御杨树天牛,树种选择一般包括(　　)。

A. 目的树种　　　　B. 非寄主树种　　　C. 寄主树种　　　　D. 诱饵树种

三、判断题

1. (　　)瓢虫都是益虫,主要捕食蚜虫、介壳虫等小型昆虫,我国成功引进澳洲瓢虫防治害虫。

2. (　　)赤眼蜂为鳞翅目昆虫,如马尾松毛虫的幼虫寄生蜂。

3. (　　)综合治理不是多种防治方法的机械拼凑和综合,而是在综合考虑各种因素的基础上,确定最好的防治方法,这种方法可能是几种,也可能是一种,甚至不进行防治。

4. (　　)白粉病的控制原则中很重要的营林措施是栽植不宜过密,及时修枝或间伐,提高通风、透光。

5. (　　)营林措施是林业有害生物防治的治本之策。

6. (　　)采用营林措施防治森林鼠害时,不需要对树苗采取保护措施。

7.(   )治理最好是把害虫从食物链中完全消除,做到用最少的人力和药剂达到最佳防治效果,一劳永逸。

8.(   )防治时间应选在害虫幼龄期、活动期、病虫害初发期,若害虫已大部分老熟,甚至结茧,害虫天敌寄生率为50%以上,应停止施药。

9.(   )利用害虫假死性振落虫体,人工剪除害虫枝条,摘除虫茧、虫卵,捕捉虫体等方法都属于直接捕杀法。

10.(   )捕食性天敌的口器均为咀嚼式,如瓢虫、蜘蛛等。

参考答案

一、单选题

1～5.ACDBC   6～10.CADAC

二、多选题

1.ABCD 2.ABC 3.ACD 4.ABCD 5.ABD 6.ABCD 7.ABCD 8.ACD 9.ABCD 10.ABD

三、判断题

1～5. × √√√√   6～10. × × √√ ×

第四章
林业有害生物检疫管理与技术

第一节 林业植物检疫的内涵、特点和重要性

一、林业植物检疫的内涵

林业植物检疫是植物检疫工作的一部分,是为了保护一个国家或地区林业生产或森林生态系统的安全,由法定的专门机构,依照有关的植物检疫法规,对应施检疫的林业植物及产品,在原产地、流通过程中、到达新的种植或使用地点之后采取的一系列旨在防止危险性林业有害生物人为远距离传播和定植的措施。林业植物检疫是一项集法制管理、行政管理、技术管理于一体的综合性、前瞻性的有害生物预防措施。

林业植物检疫的目的主要是防止危险性林业有害生物通过人为活动进行远距离传播,特别是本国、本地区尚未发现或虽已发现,但仍局限在一定范围的危险性有害生物,保护本国、本地区林业生产的安全。林业植物检疫的任务是防止危险性林业有害生物的人为传播,保障林业植物及其产品的正常流通。林业植物检疫要检查的有害生物,只是众多有害生物当中的一部分,是指那些危险性大,能给林业生产造成重大经济损失,主要通过人为活动进行远距离传播,在本国、本地区尚未发现或虽已发现,但分布不广,并且正在大力扑灭的危险性有害生物。

二、林业植物检疫的特点

林业植物检疫与林业有害生物防治有许多相同之处,也有其自身的特点。

(一)林业植物检疫是一项预防性的措施

林业植物检疫是一项防患于未然的工作,一旦疏忽了检疫工作,将导致危险性有害生物传入或者原来只在局部地区发生的危险性有害生物传播蔓延,酿成重大的灾害,造成严重的经济损失。这

就要求防疫人员对林业植物及其产品在流通前、流通中、流通后采取一系列包括法制的、行政的和技术的综合措施,以确保所流通的植物、植物产品及其他应检物品不传带危险性有害生物。如果检出了或已经传入了检疫性有害生物,就要尽一切努力尽快予以消灭和铲除。

(二)林业植物检疫是一项行政许可和执法行为

林业植物检疫是一项行政许可,是检疫机关根据公民、法人或其他组织的申请,依法准许从事某种活动的行为。调运一般的林业植物及其产品,通常以书面形式取得许可。

林业植物检疫是一项执法行为,是林业植物检疫机构采取的具有法律效力的行为。具体表现:林业植物检疫机构的产生和活动方式要有合法的依据;实施的行为要在机构法定职权范围之内;做出的行为要符合法规的具体规定,如处罚要先调查、取证后再做处理决定,罚款要有书面通知等;在检疫执法过程中必须依法检疫,程序规范。

林业植物检疫法规是以林业植物检疫为主题的法律、法规、规章和其他规范性文件的总称,是开展检疫工作的法律依据,也是每一个公民必须遵守的行为准则。任何单位和个人违反了林业植物检疫法规,都将受到追究,造成重大经济损失的还要被追究刑事责任。因此,林业植物检疫人员要学好林业植物检疫法规,更重要的是用好林业植物检疫法规,做执法的模范。

(三)林业植物检疫是一项技术性很强的工作

林业植物检疫的技术性强主要体现在检疫检验和除害处理两个方面。

1.检疫检验

我国实行的是针对性检疫,检疫性有害生物只是众多危险性有害生物当中的很少一部分。检疫检验的时候检疫人员不仅要把检疫性有害生物和它的近似种类区分开,而且要具备准确识别携带检疫性有害生物的种子、苗木、花卉、木材等林业植物及其产品种类的能力,如果不能把检疫性有害生物与其近似种类区分开,也就失去了针对性检疫的实际意义。调运的林业植物及其产品多种多样,数量不一,检疫检验时又不能一一查验,只能从成批的种子、苗木、花卉、木材当中抽取少量的样品,还要在有限的时间内做出准确无误的判断,这并非易事,没有一套科学的抽样方法和切实可行的检验手段是很难办到的。

2.除害处理

通过检疫检验,发现了检疫性有害生物,按照我国现行的植检法规,检疫人员还要进行除害处理。在除害处理时,检疫人员不仅要把林业检疫性有害生物干净彻底地除掉,而且要保证种子的萌发,苗木、花卉的成活,木材不损失以及检疫人员的安全,这也是一项技术性很强的工作。

三、林业植物检疫的重要性

(一)有害生物生物学和生态学是林业植物检疫的基础

林业植物检疫工作是建立在有害生物生物学和生态学基础之上的。自然界中每种生物都有各自的地理分布范围,不同的国家和地区生存着各不相同的生物种群。有害生物的传播蔓延大体上有两条途径:一条是自然传播,另一条是人为传播。

1.自然传播

有害生物的自然传播又可分为自身传播和借助自然外力传播。有害生物依靠自身的力量传播是有害生物的本能。世界上一切生物都有逐渐拓展自我生存空间的本能。真菌的菌丝可以向外伸展、扩张,但范围极小;害虫也可通过飞、爬、跳等多种形式向外扩散,但扩散的距离一般都不远(具有迁飞性的除外),要从原发生地扩散到一个新的地区也是相当困难的事。但是有些病虫向外传播的本领很强,可以借助鸟类、气流、流水等的自然外力把自己传带到自身难以到达的地方,这是林业植物检疫难以解决的问题。危险性林业有害生物借助自然外力向外传播的成功率都不高:这种传播是无目的的,到达的新区的生态条件,往往不一定适宜它们生存;传播过程中各种自然障碍的阻隔,如大面积的水域、高耸的山脉、漫无边际的沙漠等都是林业有害生物向外传播过程中难以逾越的障碍。

2.人为传播

人为传播在危险性林业有害生物传播过程中起着极其重要的作用。在众多的病原物、害虫中,有很大一部分具有随林业植物及其产品进行远距离传播的本领,它们潜藏在林业植物及其产品之内,依附于林业植物及其产品之上,通过人们的生产活动(种子、苗木、花卉、木材的调运),借助现代化交通工具(汽车、火车、轮船、飞机),在很短的时间内就能到达凭借其自身能力所难以到达的地方,而且这些地方有其寄主植物,适宜其生存,又失去了原产地天敌的制约,很容易酿成灾害。林业植物检疫就是要切断这条传播途径。

(二)林业植物检疫是控制林业有害生物传播蔓延的关键措施

实践证明,许多重大的林业有害生物灾害是由外来有害生物造成的。20世纪70年代末80年代初以来,先后有松材线虫、美国白蛾、松突圆蚧、湿地松粉蚧、红脂大小蠹、椰心叶甲、蔗扁蛾等林业外来有害生物传入我国。目前,我国发生的最危险的林业有害生物灾害中,有一半是外来有害生物所致。

严格执行植物检疫制度,防止危险性有害生物传入和定植,避免重大有害生物灾害发生的事例,国内外也不鲜见。地中海实蝇是一种寄主范围很广,危害性极大的害虫。此虫先后6次传入美国,由于及时采取了有效的检疫措施,它没有在美国定植下来。据美国的农业专家估计,如果不消灭此虫,美国每年仅瓜果类的经济损失就有2亿美元。陕西省和天津市美国白蛾危害严重,经过大力封锁、扑灭,发生面积明显下降。上述事实说明:林业植物检疫工作不仅很有必要,而且势在必行,更需不断加强与完善。

(三)开展林业植物检疫是保障林业和生态建设可持续发展的需要

林业和生态建设可持续发展,在一定程度上受到有害生物的制约。林业有害生物灾害贯穿林业生产的全过程,从种苗、新植林、幼林,直到成林,随时都可遭到病虫的危害,轻者影响林木开花、结实、材积增长,重者整株、大片枯死。如果不开展林业植物检疫,任凭外国、外地的林业有害生物传入本国、本地区,任凭国内局部地区的有害生物传出,不仅影响本国、本地区林业生产的安全,也影响有关国家和地区林业生产的安全;不仅影响林业生产的经济效益,也影响森林的生态效益;不仅影响当代,也影响子孙后代。

　　林业植物检疫是一项防患于未然的工作,可以把检疫性林业有害生物阻截在源头,消灭在产地之内,减轻防治工作的压力和减少经费的开支,提高种苗的质量和造林的成活率;它是一项长期的预防措施,也是一种从根本上治理有害生物的方法。随着社会和经济的发展,林业植物检疫必将在保障林业和生态建设可持续发展方面发挥更大的作用。

　　林业植物检疫以检疫预防为手段来防止、延缓、阻止疫情的发生与扩散,其作用是显著的。在生态效益方面,对应施检疫的林业植物及其产品实施检疫可以防止检疫性有害生物的流行,直接避免或减少化学防治对林业产品及环境的污染,也对有益生物的种群起到保护作用,有利于维持生态平衡,促进生态的良性循环;在经济效益方面,防止、延缓、阻止疫情,是通过检疫执法直接体现的,执法活动的结果是节省了政府、生产者预防和除治检疫性有害生物的直接而又巨大的投资;在社会效益方面,林业植物检疫可以促成诸多公共效益的实现。

复习思考题

一、单选题

1.(　　)级以上地方各级农、林业主管部门所属的植物检疫机构,负责执行国家的植物检疫任务。

A. 县　　　　　　B. 村　　　　　　C. 乡　　　　　　D. 村民小组

2.(　　)采取的是针对性检疫制度。

A. 中国　　　　　　B. 日本　　　　　　C. 美国　　　　　　D. 加拿大

3. 禁止入境植物名录由(　　)负责确定、调整、发布。

A. 国家质量监督检验检疫总局(现已更名)

B. 国家林业局(现已更名)

C. 国务院农业行政主管部门

D. 口岸检疫机构

4. 我国的进出境植物检疫现由(　　)管理。

A. 农业农村部

B. 国家林业局(现已更名)

C. 国家质量监督检验检疫总局(现已更名)

D. 全国人民代表大会及其常务委员会

5. 专职森林植物检疫员应经过(　　)以上林业主管部门的岗位培训、成绩合格,并获得省、自治区、直辖市林业主管部门颁发的森林植物检疫员证。

A. 国家　　　　　　B. 省级　　　　　　C. 县级　　　　　　D. 乡镇

二、多选题

1. 林业植物检疫的特点有(　　)。

A. 是一项预防性的措施

B. 是一项行政许可和执法行为

C. 是一项技术性很强的工作

2. 入侵种对土著种的影响主要有(　　)。

A. 竞争　　　　　　B. 化感　　　　　　C. 遗传侵蚀　　　　　　D. 其他

3. 实施森林植物检疫行政行为应遵循(　　)原则。

A. 合法　　　　　　B. 适当　　　　　　C. 效率　　　　　　D. 服务

4. 森林植物检疫工作具有法制性、(　　)、地域性等属性。

A. 预见性　　　　　　B. 技术性　　　　　　C. 适当性　　　　　　D. 可见性

5. 森林植物检疫的内容有(　　)。

A. 植物及其产品　　　　　　　　　　B. 装载容器、包装物和铺垫材料

C. 毒品　　　　　　　　　　　　　　D. 运输工具

三、判断题

1.(　　)从国外引进、可能潜伏有危险性病、虫的种子、苗木和其他繁殖材料,必须隔离试种,植物检疫机构应进行调查、观察和检疫,证明确实不带有危险性病、虫的,方可集中种植。

2.(　　)非限定的有害生物是指广泛发生或普遍分布的有害生物,在植物检疫中没有特殊的意义。

3.(　　)危险性有害生物新入侵的地区都应被划为疫区。

4.(　　)有科学证据证明未发现某种有害生物的地区均应被划为保护区。

5.(　　)检疫性有害生物是指对某个地区具有潜在经济重要性,但在该地区已广泛分布,并正由官方控制的有害生物。

参考答案

一、单选题

1~5.AAACC

二、多选题

1.ABC　2.ABC　3.ABCD　4.AB　5.ABD

三、判断题

1~5. √√×× √

第二节　林业植物检疫的内容

林业植物检疫包括产地检疫和调运检疫。根据我国现行的植物检疫法规,林业植物检疫由省、地、县林业有害生物防治检疫机构负责实施。

一、产地检疫

产地检疫就是在林业植物及其产品的原产地进行检疫,是林业植物检疫的第一道防线,是防止危险性有害生物远距离传播的重要措施。产地检疫和调运检疫相比有许多优点:一是可以通过林业植物及其产品生产的各个环节把林业检疫性有害生物消灭在种苗生长期间或调出之前;二是可以把一些调运检疫过程中不易发现的危险性有害生物控制在原产地之内;三是可避免在调运途中发现林业检疫性有害生物进行除害处理造成的交通堵塞。产地检疫包括三个环节。

(1)产地检疫调查:调查种子、苗木和其他繁殖材料的生产基地,如苗圃、种子园、母树林、采穗圃等;调查林业植物产品的商品基地,如果园、贮木场等。产地检疫调查主要调查检疫性、补充检疫性有害生物的发生、危害情况。调查方法应符合《国内森林植物检疫技术规程》的规定。

(2)产地检疫处理。经产地检疫调查发现有检疫性、补充检疫性有害生物的林业植物及其产品,检疫人员应督促并指导生产单位和个人及时除治,对新发现的检疫性、补充检疫性有害生物,应及时向上级林业植物检疫机关报告,并采取积极的扑灭措施,以防其进一步传播蔓延。

(3)产地检疫签证。对没有发现检疫性、补充检疫性有害生物的林业植物及其产品,检疫人员应发产地检疫合格证,作为以后调运检疫的签证依据。产地检疫合格证的有效期根据应施检疫的林业植物及其产品而定,一般不超过6个月。

二、调运检疫

调运检疫是国内林业植物检疫的核心,是防止检疫性有害生物人为传播的关键。调运检疫根据林业植物及其产品调运的方向,可以分为调出检疫和调入检疫。

1)调出检疫

应检的林业植物及其产品,在调运前都要经过当地检疫机构的检疫检查和必要检疫处理,经检疫合格的,签发植物检疫证书,不合格的,不准调运。调出检疫主要包括以下五个环节。

(1)受理报检。调运林业植物及其产品时,货主必须事先提出检疫申请。在省、自治区、直辖市内调运林业植物及其产品时,申请由所在地的林业植物检疫机关受理。

货主申请检疫时,应填写林业植物检疫报检单。林业植物检疫机关受理报检后,应及时实施检疫。

(2)现场检查。应施检疫的林业植物及其产品,除依法可直接签发植物检疫证书的外,都得经过现场检查。

林业植物检疫工作人员在进行现场检疫时,首先应根据报检单,仔细核对受检林业植物及其产品的种类、数量、产地等有关事项,然后应根据《国内森林植物检疫技术规程》的有关规定,进行抽样检查。现场能够得出检疫结果的,当场可决定放行或做除害处理。现场一时得不出检疫结果的,应抽取试验样品进行室内检验。

(3)室内检验。现场不能得出检疫结果的,应抽取一定数量的试验样品进行室内检验,按照《国内森林植物检疫技术规程》的有关规定,根据病原物和害虫的生物学特性、传播方式采取相应的方法进行检验。试验样品不仅是检疫检验的材料,而且是处理日后检疫纠纷的原始证据,林业植物检疫机关应按照有关规定妥善保管。

(4)检疫处理。应施检疫的林业植物及其产品,经现场检查或室内检验,发现带有林业检疫性有害生物或补充检疫性有害生物时,托运人应按照林业植物检疫机关的要求,在指定的地点进行除害处理。处理后,经复查合格的放行。对目前尚无有效办法进行除害处理的,应停止调运。

(5)结果评定。现场检查和室内检验结束后,检疫人员应根据现行的林业植物检疫法规做出检疫结果评定。

经检疫检验未发现林业检疫性有害生物、补充检疫性有害生物时,由调出所在地的林业植物检疫机关签发植物检疫证书放行。

经检疫检验发现林业检疫性有害生物、补充检疫性有害生物或植物检疫要求书中规定的应检有害生物时,在当地林业植物检疫机关工作人员的指导下,由货主进行除害处理,经检验合格后,签发植物检疫证书放行。目前尚无有效办法进行除害处理的或除害处理不合格的,应停止调运。

2)调入检疫

对从外地调入的林业植物及其产品,调入地的检疫机关应注意查验植物检疫要求书和植物检疫证书,必要时可进行复检。调入检疫包括以下两个环节。

①检疫要求。根据《植物检疫条例实施细则(林业部分)》的规定,省际调运应施检疫的林业植物及其产品,调入单位必须事先征得所在省、自治区、直辖市林业植物检疫机构同意并向调出单位提出检疫要求。检疫要求应根据林业检疫性有害生物、补充林业检疫性有害生物和其他危险性林业有害生物的疫情资料提出,目前在网上办理检疫证书时自动生成。

②复检。对从外地调入的应施检疫的林业植物及其产品,调入单位所在地的林业植物检疫机构应当查验植物检疫证书,必要时可以复检。在复检中发现林业检疫性有害生物和其他危险性有害生物时,应督促收货人及时进行除害处理,处理合格的准许使用。对尚无除害处理办法的林业植物及其产品,应责令改变用途或控制使用,采取上述措施都无效时,应予以销毁。

复习思考题

一、单选题

1. 负责执行国家的植物检疫任务的机构是(　　　)。

A. 省级农业主管部门、林业主管部门所属的植物检疫机构

B. 地(市)级农业主管部门、林业主管部门所属的植物检疫机构

C. 国务院农业主管部门、林业主管部门所属的植物检疫机构

D. 县级以上地方各级农业主管部门、林业主管部门所属的植物检疫机构

2.《植物检疫条例》规定必须检疫的植物和植物产品,经检疫未发现植物检疫性有害生物的,可以签发(　　　)。

A. 产品合格证书　　　　　　　　B. 植物检疫证书

C. 调运证书　　　　　　　　　　D. 检疫合格证书

3. 列入应施检疫的植物、植物产品名单的,运出发生疫情的(　　　)行政区域之前,必须经过检疫。

A. 省级
B. 地(市)级

C. 县级
D. 乡级

4. 对违反《植物检疫条例》规定调运的植物和植物产品,植物检疫机构有权予以封存、没收、销毁或者责令改变用途。销毁所需费用由(　　　)承担。

A. 检疫机构
B. 责任人

C. 人民政府
D. 国务院农业主管部门、林业主管部门

5. 对《植物检疫条例》规定必须检疫的植物和植物产品,以下说法中,(　　　)是错误的。

A. 经检疫未发现植物检疫对象的,发给植物检疫证书

B. 发现有植物检疫对象的,经彻底消毒处理合格后,发给植物检疫证书

C. 发现有植物检疫对象的,且无法消毒处理的,应停止调运

D. 发现有植物检疫对象的,必须立即销毁

6. 从国外引进、可能潜伏有危险性病、虫的种子、苗木和其他繁殖材料,必须(　　　)。

A. 进行熏蒸
B. 隔离试种

C. 退货
D. 立即销毁

7. 承运单位一律凭有效的植物疫证书(　　　)收寄、承运应施检疫的植物、植物产品。

A. 副本
B. 正本和副本

C. 正本或副本
D. 正本

8. 在零星发生植物检疫对象的地区调运种子、苗木等繁殖材料时,调出单位所在地的省、自治区、直辖市植物检疫机构或其授权的地(市)、县级植物检疫机构应凭(　　　)签发植物检疫证书。

A. 产地检疫合格证
B. 调运检疫合格证

C. 产地检疫申请书
D. 调运检疫申请书

9. 全国植物检疫对象、国外新传入和国内突发性的危险性病、虫杂草的疫情,由(　　　)发布。

A. 农业农村部
B. 林业局(现已更名)

C. 农业农村局
D. 植保站

10. 市、县(区)植物保护站对调入本市的农业植物、农产品,可以进行(　　　)。

A. 复检
B. 产地检疫

C. 调运检疫
D. 收费

二、多选题

1. 产地检疫包括(　　　)三个环节。

A. 产地检疫调查　　B. 产地检疫处理　　　　C. 产地检疫签证　　　　D. 疫情监测

2. 林业植物检疫的内容包括(　　　)。

A. 产地检疫　　　　B. 疫情监测　　　　　　C. 产隔离检疫　　　　　D. 调运检疫

3. 调运检疫分为(　　　)。

A. 产地检疫　　　　B. 调出检疫　　　　　　C. 调入检疫　　　　　　D. 隔离检疫

4. 下列表述正确的有(　　　)。

A. 属于种子、苗木和其他繁殖材料的植物或植物产品在调运之前都必须检疫

B. 省际调运应施检疫的植物或植物产品必须执行检疫要求书制度

C. 从国外引进的所有植物及其产品都必须实行引种审批

D. 列入应施检疫的植物、植物产品名单的,调运时必须实施检疫

5. 森林植物检疫的内容有(　　　)。

A. 植物及其产品　　　　　B. 装载容器、包装物和铺垫材料

C. 毒品　　　　　　　　　D. 运输工具

三、判断题

1.(　　)产地检疫是指植物检疫机构在调出地对应施检疫的植物、植物产品实施的检疫。

2.(　　)新发生的检疫性有害生物疫情必须采取销毁、铲除及封锁措施,以防传播蔓延。

3.(　　)种子、苗木和其他繁殖材料,不论运往何地,在调运之前都必须经过检疫。

4.(　　)经过产地检疫合格的种子、苗木等繁殖材料,取得检疫证明编号及粘贴检疫证明标识后,调运时不用再办理调运检疫手续。

5.(　　)个人携带的少量植物产品进境时不需要进行植物检疫。

参 考 答 案

一、单选题

1~5.DBCBD　　6~10.BDAAA

二、多选题

1.ABC　2.AD　3.BC　4.BCD　5.ABD

三、判断题

1~5.×√√××

第三节　检疫检验和除害处理方法

一、检疫检验方法

在林业植物检疫工作中,针对不同种类的有害生物,应使用不同的检疫检验方法。一个实用的检疫检验方法,应该具备简便、快速、准确三个条件。适合林业植物检疫使用的检疫检验方法很多,有的方法既可检验病害又可检查害虫,有的方法只能检验某一种或某一类特定的有害生物,有时几种检验方法联合起来使用才能把有害生物种类确定下来。常用的检疫检验方法有如下几种。

(一)直接检验

直接检验是利用肉眼或借助放大镜来直接识别有害生物种类的一种检疫检验方法。此法是检

疫检验的基础,主要用于产地检疫调查和现场检查。

(1)种实(包括干果、生药材)的检查:仔细观察种实的形状、色泽,看种实间是否混有虫体、虫卵、蛹、幼虫、病粒、菌瘿、菌核等,把形状、色泽异常的种粒、病原物、害虫挑选出来逐个识别。

(2)苗木、插条、接穗的检查:应注意观察根、茎、叶、花各个部位,特别是皮层的缝隙、包卷的叶片和芽苞,看是否有溃疡、流脂、变色及虫体依附,把发现的病变组织和虫体采集下来,再使用相应的检验方法进行鉴别。

(3)木材、藤材、竹材的检查:仔细观察木材、藤材、竹材表面是否有虫孔、虫粪、蛀屑和虫体依附,在此基础上进行解剖检查,找出虫体进行鉴别。

(二)解剖检验

解剖检验是把怀疑感染某种病害或潜藏有某种害虫的林业植物及其产品用工具剖开,再进行检查的一种检疫检验方法。此法通常在直接检验的基础上进行,具体操作方法如下。

(1)种苗病害的检查。在病害的初发阶段,种苗表面往往无明显症状,直接检验比较困难,此时可用解剖检验的方法进行检验。方法是在直接检验的基础上,把怀疑感病的种苗局部组织取下来,徒手切片或用切片机切片,经过透明染色,制成玻片标本,置于显微镜下鉴定。

(2)植物组织内部害虫的检查:通常在直接检验的基础上,把怀疑带有有害生物的种子、果实、苗木、插条、接穗、花卉、原木等挑出来,进行有针对性的解剖;注意解剖位置及操作程序,以求获得完整的虫体进行种类鉴定。

(三)染色检验

染色检验就是利用不同种类的化学药剂对植物及其产品的某个组织进行染色,再根据植物组织颜色的变化来判断植物体是否感病或带虫。这种检疫检验方法通常在检查落叶果树病毒性病害时使用,具体操作方法如下。

检查落叶果树病毒性病害时,将检验样品(叶片剪开或一年生的嫩枝切成薄片)投入盛有事先配制好的乙醇甲醛溶液(95% 乙醇溶液 700 mL,37% 甲醛溶液 20 mL,蒸馏水 230 mL)的试管中,将试管放入 80 ℃水浴锅中加热,待叶片脱去绿色;将脱色的样品投入盛有 1 mol / L 氢氧化钠溶液的试管中,放入 80~100 ℃水浴锅中加热,待叶片充分显色。样品呈深蓝色,表明植株已被病毒感染;样品呈黄色,表明植株健康。叶片能显现蓝色,是因为落叶果树被病毒感染后,植株体内积累了一种叫作多酚体的物质,多酚体与氢氧化钠起化学反应即呈深蓝色。

利用染色法还可检查植物的细菌性病害。按照革兰氏染色法,经过初染、媒染、脱色、复染等四个步骤,通过染色反应和病害的症状便可确诊病害。具体操作方法如下:涂片固定→草酸铵结晶紫染 1 min →用自来水冲洗→加碘液覆盖涂面,染 1 min →用水洗,用吸水纸吸去水分→加 95% 酒精数滴,并轻轻摇动进行脱色,30 s 后水洗,吸去水分→番红染色液染 10 s 后,用自来水冲洗→干燥→镜检。染色的结果:革兰氏正反应菌体都呈紫色,负反应菌体都呈红色。

(四)贝尔曼漏斗分离检验

贝尔曼漏斗分离检验是检查线虫病原物最常用的一种检疫检验方法,具体操作方法如下。

先准备一只漏斗并把它安装在漏斗架上,下端接上一根长 10～15 cm 的乳胶管,管的下端放入离心管内,乳胶管的中间用截流夹夹死,在漏斗内垫四层纱布。将 20～40 g 试验样品(木屑或松褐天牛虫体)放入漏斗内。如用松褐天牛做试验,需先将虫体放入乳钵中轻轻磨碎,置于漏斗内,然后加水浸泡。在 20～25 ℃的条件下,浸泡 12～24 h,打开截流夹,放出浸泡液,在 2000 r / min 电动离心机上离心 5 min,倒出上部澄清液,取下部沉淀液涂片镜检,根据虫体的形态特征判断种类,也可用接种检验的方法加以验证。

(五)分离培养检验

许多病原菌可以在适当的环境条件下进行人工培养,因此,可以利用分离培养的方法把它们分离出来,再进行鉴定。此法可用来检查潜伏于种子、苗木及其他林业植物产品内部且不易发现和直接鉴定的病原物,也可用来测定依附于种子表面的病原物的种类和数量,具体操作方法如下。

(1)潜伏于种子组织内部的病原物的检查:将种子表面消毒,用无菌水洗涤后置于培养基上;如需确定病原物潜伏的部位,可先将种子表面消毒,经无菌水洗涤后,放在灭过菌的培养皿内,再用解剖刀分割成不同部分,置于培养基上。

(2)依附于种子表面的病原物的检查:先将种子用无菌水洗涤,然后将洗涤液稀释到一定浓度,滴在培养基上培养。

(3)苗木、接穗等繁殖材料携带的病原物的检查:先将病部组织用酒精或升汞液进行表面消毒,洗净后再挑取内部组织进行培养,或者切取与健全组织邻近的部分进行表面消毒后,再进行培养。

分离培养的方法很多,经常使用的是培养基培养法。培养基的选择要根据所培养的病原物种类而定。如要培养真菌,可采用马铃薯、蔗糖、琼脂培养基,配比是马铃薯 200 g + 蔗糖 10～20 g + 琼脂 17～20 g + 水 1000 mL。如要培养细菌,可采用牛肉膏、蛋白胨培养基,配比是牛肉膏 3 g + 蛋白胨 5～10 g + 蔗糖 10 g + 水 1000 mL。

(六)接种检验

接种检验就是将从苗木、花卉、插条、接穗等繁殖材料上通过其他检疫检验方法获得的病菌,接种到健康植株或指示植物上,通过健康植株和指示植物表现出来的症状来诊断病害。此法通常在直接鉴定病原物有困难的时候使用,也是对分离培养检验、洗涤检验等方法的补充和验证。常用的接种方法有下列几种。

(1)喷雾接种:将分离培养获得的病原细菌加水稀释或将洗涤检验获得的真菌孢子悬浮液,用喉头喷雾器喷洒到植株上,保湿 24 h,然后检查发病情况。

(2)针刺接种:用针束蘸取菌液在植株的叶片、嫩茎上穿刺,或者用注射针吸取菌液在较粗的枝条上注射,使菌液直接进入植物组织。此法不必保湿,待发病后观察症状。

(3)剪叶接种:用消过毒的解剖剪蘸取菌液,剪取叶片,叶片不宜剪去过多,能够给病菌侵入创造一个人为的侵入伤口即可,待植株叶片发病后观察症状。

(4)摩擦接种:通常用来检验病毒和类病毒引起的病害,因为病毒和类病毒均可通过树液进行传染;具体操作时,先将病株的树液挤压出来,用手指、纱布、脱脂棉蘸取树液在健康植株的叶片或嫩枝上轻轻摩擦,以能使植株表皮细胞产生伤口,让病毒、类病毒能够侵入而又不使植物表皮细胞死亡为原则;接种后应将叶面上的残留物用清水洗掉,以免钝化而影响接种效果;7~15 d后,在接种处或者接种叶片和枝条的上方新抽出来的嫩叶或嫩枝上观察病害的症状。

(七)血清学检验

血清学检验就是根据抗原与相对应的抗体特异性结合,发生可检出反应的特性来进行病原诊断和鉴定的方法,是植物病害检疫检验的有效手段之一。它快速、准确、灵敏度高,应用范围广,适用于对种传、土传及苗木等种用材料传播的病害的检测,当前主要用于植物病毒性病害和某些细菌性病害的检测。血清学检验也可以用于生产中病害的预测、诊断,选择无病毒的种子及种用材料,检测媒介昆虫带病毒情况等。血清学检验用于检测真菌性病害也已有研究报道。

二、除害处理方法

实用的除害处理方法,需要具备三个条件,即快速、高效、安全。经常用的除害处理方法有以下几种。

(一)帐幕熏蒸

熏蒸是一种极为重要的除害处理措施。种子、苗木、木材等都可进行熏蒸,熏蒸可以有效地杀灭潜伏于林业植物及其产品组织之内、依附于林业植物及其产品之上的危险性病虫,防止它随林业植物及其产品进行远距离传播。帐幕熏蒸法简便易行,在林业植物检疫中已广泛应用。现以熏杀检疫性林木种实害虫为例,将其方法步骤简介如下。

1)帐幕熏蒸的用具

帐幕熏蒸的用具有以下5种。

(1)塑料布:用来构成熏蒸用的临时密闭场所。塑料布的厚度要大于0.1 mm,以免毒气外逸;塑料布的大小,可根据种子堆垛的大小来定。如果熏蒸的堆垛较大,可用塑料胶把塑料布一幅一幅地接起来。塑料布帐幕的形状,以长方形和正方形最为方便。

(2)胶布:氧化锌胶布、透明胶布均可。在熏蒸过程中,如果帐幕被撕破,有毒气外逸,可用胶布修补一下,仍可继续熏蒸。

(3)乳胶管:在施放溴甲烷气态熏蒸剂时使用,用来把熏蒸剂导入熏蒸堆垛。其他胶管也可,但要具有一定的弹性,并具有耐溴甲烷腐蚀的性能。使用磷化铝固态熏蒸时,要另外准备一些器皿。

(4)磅秤:用来称量溴甲烷气态熏蒸剂。

(5)防毒面具:用来保护熏蒸工作人员的安全。

2)熏蒸步骤

熏蒸步骤分为熏蒸前的准备、施药熏蒸以及熏蒸善后处理三部分。

(1)熏蒸前的准备。熏蒸前的准备包括查清熏蒸对象(种实害虫)、熏蒸种子的有关情况,制订熏蒸方案,选择坚实的平地码垛覆盖,测量堆垛体积,计算实际用药量。

(2)施药熏蒸。熏蒸剂的施放有以下两种方法。

气态熏蒸剂的施放:气态熏蒸剂均储存在耐高压的钢瓶里。施药前,先用乳胶管将药瓶与熏蒸堆垛连接起来,一端接在药瓶出药口,另一端在帐幕上打一个洞,通入熏蒸堆垛,将乳胶管与帐幕连接处用胶布粘牢。打开施药开关,熏蒸剂蒸气即缓缓流入熏蒸堆垛。达到预定的施药量后关闭施药开关,稍停1~2 min,待导管内的药液全部挥发后,再把乳胶管抽出,并立即用胶布将施药口封闭。

固态熏蒸剂的施放:磷化铝属于固态熏蒸剂。应用磷化铝片剂熏蒸时,在覆盖帐幕过程中把药片施入,施药前先在熏蒸堆垛里把准备放置磷化铝药片的器皿布好,然后按照预定的施药量,分别把磷化铝药片倒入器皿。随着施药的进程逐步把堆垛密闭起来。在常温条件下,磷化铝药片的分解是缓慢的,施药时无须佩戴防毒面具。目前国产磷化铝片剂的规格为大片每片重3 g,小片每片重0.6 g,施药量以施用药片的数量来计算。

(3)熏蒸善后处理。熏蒸善后处理包括以下几个方面。

①及时散毒:达到预定的熏蒸时间,揭开帐幕进行散毒。大的熏蒸堆垛散毒时,工作人员必须佩戴防毒面具。先清除压盖帐幕的湿土,迅速掀开熏蒸帐幕的四角,过一段时间后,再将帐幕全部揭开,揭帐幕时要逆风而行,逐渐把帐幕揭开。

②处理残渣:使用磷化铝熏蒸时,散毒后应及时处理残渣。残渣内尚有余毒,应妥善处理,以免危害周围的居民。收集到的残渣应在离水源50 m以外的僻静处挖坑深埋;用过的器皿洗净后应妥善保管。

③检查熏蒸效果:熏蒸结束后,应及时检查熏蒸效果。检查方法:按照《国内森林植物检疫技术规程》的规定抽取种子样品,在直接检验的基础上,把形态、色泽有异样的种粒挑出,逐粒解剖找出害虫。害虫中毒死亡、昏迷、活虫的鉴别,可在解剖镜或扩大镜下,用针刺激法和热刺激法进行。

④测定种子发芽率:熏蒸结束后,还应检查一次种子发芽率。熏蒸对种子是否安全,是衡量熏蒸效果的重要指标之一。种子发芽试验通常在光照种子发芽器内进行,供试种子一般不应少于300粒。

(二)低温处理

昆虫是变温动物,保持和调节体内温度的能力不强,无稳定的体温。外界环境温度直接影响昆虫的体温。每一种昆虫都有适温范围,在该范围内,寿命最长,生命活动最旺盛,发育与繁殖正常进行。超出这个范围则繁殖停滞、发育停滞,甚至死亡。昆虫处于亚致死低温区($-10 \sim -8$ ℃)时,新陈代谢下降,处于昏迷状态,如果短时间内,温度上升到适宜温区,昆虫仍可恢复活动,但如果低温持续时间过长,则昆虫易死亡。当昆虫处于致死低温区($-40 \sim -10$ ℃)时,昆虫因体液冻结、脱水而失去活性,并且不能恢复。应用低温杀灭地中海实蝇(*Ceratitis capitata*):在0 ℃以下,处理10 d,可将地中海实蝇全部杀死。

(三)干热处理

干热处理通常在干热室内进行。处理效果取决于温度和持续时间。杀死有害生物的温度和寄主植物的耐温能力往往相差很小,因此,多把干热方法用在植物产品携带害虫的处理上。处理木材害虫时,不同直径的原木处理时间各不相同,直径大的,处理时间长。

(四)水浸、解板、剥皮处理

水浸、解板、剥皮是处理原木蛀干害虫、依附于原木皮上的介壳虫最常用的方法。处理原木蛀干害虫时,可将带虫原木推入海水或淡水浸泡,在常温(10 ℃以上)条件下,浸泡30 d,在淡水中浸泡时应定期翻动原木,不少于4次。

处理原木内的大型蛀干害虫时,在原木数量不大的情况下,可将原木解成2cm厚的板材,并用2.55%溴氰菊酯乳油2000倍液喷洒解板现场,以杀灭落地幼虫。

处理原木皮上携带的介壳虫时,可将原木上的树皮剥下,集中烧毁,并用40%氧化乐果乳剂1000~1500倍液喷洒剥皮现场,杀灭落地若虫。

(五)停运、退货、销毁处理

停运、退货、销毁是三项法规性的除害处理措施,可在目前尚无其他有效除害处理办法时使用。《植物检疫条例》第八条规定:"按照本条例第七条的规定必须检疫的植物和植物产品,经检疫未发现植物检疫对象的,发给植物检疫证书。发现有植物检疫对象,但能彻底消毒处理的,托运人应按植物检疫机构的要求,在指定地点作消毒处理,经检查合格后发给植物检疫证书;无法消毒处理的,应停止调运。"《植物检疫条例实施细则(林业部分)》第十七条规定:"调运检疫时,森检机构应当按照《国内森林植物检疫技术规程》的规定受理报检和实施检疫,……对检疫合格的,发给《植物检疫证书》;对发现森检对象、补充森检对象或者危险性森林病、虫的,发给《检疫处理通知单》,责令托运人在指定地点进行除害处理,合格后发给《植物检疫证书》;对无法进行彻底除害处理的,应当停止调运,责令改变用途、控制使用或者就地销毁。"

复习思考题

一、单选题

1. 下列不属于植物病原物的检疫检验方法的是（　　）。

A. 染色检验　　B. 加热检验　　C. 分离培养检验　　D. 直接检验

2. 下列对现场检验特点描述错误的是（　　）。

A. 简便、易行　　B. 应症状明显　　C. 仅为初步判断　　D. 准确率高

3. （　　）既是现场检验方法,也是实验室检验方法。

A.X射线检验　　B. 检疫犬检查　　C. 肉眼检查　　D. 血清学检验

4. 植物检疫是按（　　）检验、处理和放行。

A. 件　　B. 批　　C. 捆　　D. 箱

5. 下列不属于害虫检疫检验方法的是（　　）。

A. 染色检验　　B. 解剖检验　　C. 接种检验　　D. 指示植物检验

6. 线虫的种类鉴定主要是根据（　　）的特征。

A. 雄虫　　B. 雌虫　　C. 幼虫　　D. 卵

7. 利用分子生物学手段进行检验,具有（　　）的优点。

A. 费用高　　B. 灵敏度高　　C. 操作复杂　　D. 周期长

8. 下列除害处理方法不属于物理措施的是（　　）。

A. 速冻　　B. 干热处理　　C. 微波炉处理　　D. 熏蒸处理

9. 干热处理不可用于处理（　　）。

A. 蔬菜种子　　B. 原粮　　C. 面粉　　D. 生活的植物材料

10. 一般来讲,同种昆虫对熏蒸剂的抵抗力(　　　)最弱。

A. 卵　　　　　　　　B. 蛹　　　　　　　　C. 幼虫　　　　　　　　D. 成虫

二、多选题

1. 下列不是检疫植物有害细菌的方法的是(　　　)。

A. 鞭毛染色　　　B. 分离培养检验　　　C.X 射线检验　　　D. 加热检验

2.(　　　)可以用于检查种子中的米象、谷象等害虫。

A. 高锰酸钾染色法　　　　　　　　B. 碘或碳化钾染色法

C. 品红染色法　　　　　　　　　　D. 多酚体与氢氧化钠反应显色法

3.(　　　)可用于害虫的检验。

A. 染色检验　　　B. 解剖检验　　　C. 接种检验　　　D. 血清学检验

4. 森林植物检疫的范围包括(　　　)。

A. 林木种子、苗木等繁殖材料

B. 乔木、灌木、花卉、木材、竹材,以及加工和未加工的林产品

C. 运输工具

D. 包装材料

5. 植物病原物常用的检验方法包括(　　　)。

A. 染色检验　　　B. 加热检验　　　C. 血清学检验　　　D. 解剖检测

6. 下面的处理方法不属于主要检疫处理措施的有(　　　)。

A. 退回处理　　　B. 除害处理　　　C. 限制处理　　　D. 隔离处理

7. 发现携带松材线虫的木材及其制品时,可采用的除害处理方法有(　　　)。

A. 干热处理　　　B. 帐幕熏蒸　　　C. 解板处理　　　D. 退回

8. 微波加热除害处理的特点有(　　　)。

A. 速度快　　　B. 使用安全　　　C. 费用低　　　D. 效果好

9.(　　　)会影响熏蒸处理的效果。

A. 被熏蒸物体的性质　　　　　　　B. 温度

C. 气压　　　　　　　　　　　　　D. 时间

10. 植物检疫除害处理的基本原则是(　　　)。

A. 针对性原则　　　B. 最小原则　　　C. 安全有效原则　　　D. 一致原则

三、判断题

1.(　　　)检疫过程中往往采取抽样检验的方式,以抽取的样品检验结构反映整批货物的总体健康和安全状况。

2.(　　　)现场检验简便、易行,准确率高,一般可准确检出和鉴定检疫性有害生物。

3.(　　　)根据检疫的管理体制,检疫检验包括害虫、病害和杂草检疫检验等。

4.(　　　)改良贝尔曼漏斗法适用于分离少量植物材料中的有活动能力的线虫。

5.(　　　)许多病菌能在适当的环境条件下进行人工培养,因此可以利用分离培养法把植原体分离出来,培养于人工培养基上。

6.（　　）检疫除害处理的基本原则是销毁一切携带危险性有害生物的被检物。

7.（　　）检疫除害处理必须符合检疫法规的有关规定,有充分的法律依据。

8.（　　）检疫过程中,种苗可有条件地调往有害生物的非适生区使用。

9.（　　）热水处理不仅能够处理线虫,而且能用于处理病菌以及某些螨类和昆虫。

10.（　　）检疫发现植物携带有害生物活体时,只要不是检疫性有害生物,就不需要进行除害处理。

参考答案

一、单选题

1～5.BDABD　　6～10.ABDDD

二、多选题

1.CD 2.AC 3.ABCD 4.ABCD 5.ACD 6.ACD 7.ABC 8.ABCD 9.ABCD 10.ABCD

三、判断题

1～5.√××√×　　6～10.×√√√×

第四节　检疫性有害生物

检疫性有害生物是指对某个地区具有潜在经济重要性,但在该地区尚未存在或虽存在但分布未广,并正由官方控制的有害生物。2013年1月9日,国家林业局公告(2013年第4号)公布了"全国林业检疫性有害生物名单",如下:

① 松材线虫［*Bursaphelenchus xylophilus* (Steiner et Buhrer) Nickle］;

② 美国白蛾［*Hyphantria cunea* (Drury)］;

③ 苹果蠹蛾［*Cydia pomonella* (L.)］;

④ 红脂大小蠹(*Dendroctonus valens* LeConte);

⑤ 双钩异翅长蠹［*Heterobostrychus aequalis* (Waterhouse)］;

⑥ 杨干象(*Cryptorrhynchus lapathi* L.);

⑦ 锈色棕榈象［*Rhynchophorus ferrugineus* (Olivier)］;

⑧ 青杨脊虎天牛(*Xylotrechus rusticus* L.);

⑨ 扶桑绵粉蚧(*Phenacoccus solenopsis* Tinsley);

⑩ 红火蚁(*Solenopsis invicta* Buren);

⑪ 枣实蝇(*Carpomya vesuviana* Costa);

⑫ 落叶松枯梢病菌［*Botryosphaeria laricina* (Sawada) Shang］;

⑬ 松疱锈病菌(*Cronartium ribicola* J. C. Fischer ex Rabenhorst);

⑭ 薇甘菊(*Mikania micrantha* H.B.K.)。

复习思考题

一、单选题

1. 下列昆虫不是林业检疫性有害生物的是(　　)。

A. 红火蚁　　　　B. 美国白蛾　　　　C. 杨干象　　　　D. 光肩星天牛

2. 松材线虫若有尾尖突,其长度一般不超过(　　)μm。

A. 0.5　　　　B. 1　　　　C. 2　　　　D. 3

3. 薇甘菊在我国未分布于(　　)。

A. 广东　　　　B. 湖北　　　　C. 香港　　　　D. 澳门

4. 在下列林业检疫性有害生物中,(　　)是由国外传入的。

A. 红脂大小蠹　　B. 杨干象　　　　C. 青杨脊虎天牛　　D. 双钩异翅长蠹

5. 2004年公布的全国林业检疫性有害生物名单于(　　)年开始生效。

A. 2005　　　　B. 2006　　　　C. 2007　　　　D. 2008

6. 美国白蛾幼虫(　　)龄为群聚结网阶段。

A. 1～4　　　　B. 2～5　　　　C. 3～6　　　　D. 4～7

7. 美国白蛾在湖北的越冬虫态是(　　)。

A. 卵　　　　B. 幼虫　　　　C. 蛹　　　　D. 成虫

8. 松材线虫自然条件下通过(　　)介体传播。

A. 蜗牛　　　　B. 金龟子　　　　C. 叶甲　　　　D. 天牛

9. 板栗疫病主要危害(　　)。

A. 叶　　　　B. 果实　　　　C. 根　　　　D. 树干和主枝

10. 杨干象的寄主多为杨柳科树种,杨树为主,幼虫在韧皮部和木质部之间,环绕枝干蛀成圆形蛀道,蛀孔处的树皮常(　　)。

A. 裂开如刀砍状　　B. 大面积脱皮　　　C. 腐烂　　　　D. 完好无损

二、多选题

1. 下列有害生物是松属植物上的林业检疫性有害生物的有(　　)。

A. 松材线虫　　B. 日本松干蚧　　　C. 红脂大小蠹　　D. 美国白蛾

2. 松材线虫病在我国的发生特点有(　　)。

A. 发生点多数呈跳跃式不连续发生

B. 发生点多数呈连续发生

C. 在树龄不一的松林,先在30～40年生的大树发病,后在7～8年生的幼树发病

D. 发病症状表现类型多呈当年枯死、跨年枯死和枝条枯死现象

3. 松材线虫病的传播方式有(　　)。

A. 自然传播　　B. 人为传播　　　C. 风力传播　　　D. 雨水传播

4. 松材线虫病是我国松树的一种毁灭性病害,这是因为(　　)。

A. 致死快、防治难　　　　　　B. 传播蔓延迅速

C. 对我国松林的威胁极大 　　　　　　　D. 适生范围广

5. 入侵种对土著种的影响主要有(　　　)。

A. 竞争　　　　　B. 化感　　　　　C. 遗传侵蚀　　　　　D. 其他

6. 林业外来有害生物危害性有(　　　)。

A. 破坏生态系统,具有不可逆转性　　　B. 导致生物多样性丧失

C. 严重影响外贸出口和经济发展　　　　D. 威胁人类健康

7. 苹果蠹蛾幼虫可随(　　　)进行远距离传播。

A. 鲜果　　　　　B. 果制品　　　　　C. 包装物　　　　　D. 运输工具

8. 除我国外,下列国家目前有松材线虫病分布的有(　　　)。

A. 美国　　　　　B. 巴西　　　　　C. 韩国　　　　　D. 德国

9. 目前应用的松墨天牛的生物防治方法有(　　　)。

A. 肿腿蜂　　　　　B. 细菌　　　　　C. 花绒寄甲　　　　　D. 白僵菌

10. 撤销松材线虫病疫区的条件有(　　　)。

A. 疫区内无松材线虫病死树,连续 3 年对活立木进行检测,未发现松材线虫

B. 3 年期间使用引诱剂采集的传播媒介昆虫体上没有检测到松材线虫

C. 在松墨天牛上没有检测到松材线虫

D. 疫区发生区没有寄主植物

三、判断题

1.(　　　)检疫对象就是检疫性有害生物。

2.(　　　)锈色棕榈象是我国林业检疫性有害生物。

3.(　　　)红脂大小蠹是我国外来有害生物。

4.(　　　)我国最早发生美国白蛾病害的省份是辽宁省。

5.(　　　)松材线虫在我国首次发现于南京。

6.(　　　)疫区可以是部分地区,但不会是一个国家。

7.(　　　)检疫性有害生物是指对某个地区具有潜在经济重要性,但在该地区已广泛分布,并正由官方控制的有害生物。

8.(　　　)目前,国家级林业检疫性有害生物有 19 种。

9.(　　　)美国白蛾的飞行能力强,可以通过长距离飞行传播。

10.(　　　)杨树花叶病毒是从国外传入我国的。

参 考 答 案

一、单选题

1～5.DCBAA　　　6～10.ACDDA

二、多选题

1.AC　2.ACD　3.AB　4.ABCD　5.ABC　6.ABCD　7.ABCD　8.AC　9.ACD　10.ABCD

三、判断题

1～5.×√√√√　　　6～10.××××√

第五章
林业有害生物调查及测报管理

——

林业有害生物能够对森林的可持续经营和林业可持续发展造成较大影响和损失,对其的治理是一项长期且艰巨的任务。在有害生物治理工作中,对其开展监测调查,发布发生趋势预报显得尤为重要。开展林业有害生物监测预报工作可以及时掌握林业有害生物的种类、分布,确定其发生面积、危害程度,为预防和治理林业有害生物提供科学参考,最大限度降低灾害损失,保护森林健康,维护生态安全。

第一节　林业有害生物调查

林业有害生物调查一般分为普查、专题调查和日常监测调查3种。

普查是指在较大范围内(如全省或全国)进行林业有害生物发生、分布、危害情况的全面调查,目的是掌握林业有害生物本底资料,建立基础数据库,其特点是调查时间跨度大,一般结合森林资源调查进行。

专题调查是指针对某个地区某种林业有害生物进行的专门调查。

林业有害生物日常监测调查是林业有害生物防治工作的基础,是开展防治工作的重要依据。日常监测调查的目的是全面掌握林业有害生物发生危害的实时情况,根据其发生发展规律及其影响因子变化情况,对其未来发生发展动态做出科学准确的预测,及时有效指导林业有害生物防治工作。

一、调查方式

(一)踏查

踏查是一种普查,以林区(林场、苗圃、林班或小班等)为对象,即在林间选择有代表性的线路,沿着选定的线路边走边观察林业有害生物的发生情况。踏查线路应尽量避免重复。具体的做法:以覆盖不同林分和不同林龄等有代表性的不同地段为原则,沿林间小道或林班线确定调查线路,每条线路之间的距离一般是100~300 m,沿调查线路(见图L-5-1)边走边观测调查,绘制主要林业有害生物分布草图并填写踏查记录表(见表L-5-1和表L-5-2),整理分析,找出有害生物数量和为害程度等的规律。

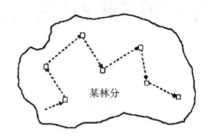

某林分

图L-5-1　踏查线路在林分中的设置示意图

表L-5-1　踏查林分记录表

踏查林分							备注
编号	地点名称	踏查林地面积 /hm²	森林类型及树种组成	林龄	有害生物种类	分布面积 /hm²	

调查员：　　　　　　　　　　　　　　　填报日期：　年　月　日

表L-5-2　线路踏查株记录表

踏查编号：＿＿＿＿＿＿＿＿＿＿＿＿＿踏查林分面积（hm²）：＿＿＿＿＿＿＿＿＿

森林类型及树种组成：＿＿＿＿＿＿林龄：＿＿＿＿＿＿＿调查有害生物名称：＿＿＿＿＿＿＿

踏查时发现的其他有害生物的名称及其危害情况简述：＿＿＿＿＿＿＿＿＿＿＿＿

踏查情况记载（有害生物危害划"√"）									
1	2	3	4	5	6	7	8	9	10
11	12	13	14	15	16	17	18	19	20
21	22	23	24	25	26	27	28	29	30
31	32	33	34	35	36	37	38	39	40
41	42	43	44	45	46	47	48	49	50
51	52	53	54	55	56	57	58	59	60
61	62	63	64	65	66	67	68	69	70
71	72	73	74	75	76	77	78	79	80
81	82	83	84	85	86	87	88	89	90
91	92	93	94	95	96	97	98	99	100
调查株数		被害株数			被害株率				

调查时间：　年　月　日　　　　　　　　　调查人：

（二）标准地调查

标准地调查是在踏查的基础上，为准确掌握有害生物的发生数量和林木被害程度，选择 1~3 亩(666.7~2000 m²)样地，调查寄主树 30 株以上，记录危害情况(见表 L-5-3)。其目的是获取和掌握林业有害生物在野外的发生状况、发生量和危害程度的量化指标，以求较准确掌握其种群动态、发展趋势、危害损失。标准地要在有代表性的、独立的林业小班内设置(见图 L-5-2)，不能跨越两个以上的小班，应远离林缘，不能设置在小班的边缘线上，以避免人为因素或外界因素的干扰。

表 L-5-3　标准地调查记录表

县名称：_____　县代码：_____　乡镇名称：_____　乡镇代码：_____

经度：_____　纬度：_____　海拔：_____　标准地编号：_____

标准地所在小班（林班）：_____　标准地面积（亩）：_____　代表面积（亩）：_____

有害生物种类	寄主植物	危害部位	发生（危害）程度				是否成灾	备注
			轻度以下	轻	中	重		

调查时间：　年　月　日　　　　　　　调查人：

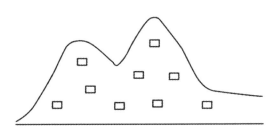

图 L-5-2　山林地中的标准地设置示意图

标准地调查分固定标准地调查和临时标准地调查两种方式。固定标准地调查是针对某种特定有害生物设置的长久性标准地,按相关技术要求定期对该标准地的这种特定有害生物进行系统监测调查。临时标准地调查主要是在线路踏查的基础上,对有病虫害发生和危害的林分、苗圃、种子园等场所,按有代表性的原则设置调查样地,一般只调查1次,取得调查数据后不需要标识和保留该类型的标准地。不同种类的有害生物的寄主树木通常不尽相同,因此在实际调查中,标准地面积可为1～3亩(666.7～2000 m²),但必须确保寄主树木多于100株,调查寄主树不少于30株。

（三）其他调查方式

除以上调查方式,常用的调查方式还有诱虫灯、引诱剂、远程监控、无人机监测、航拍、卫星智能移动调查终端等。

二、调查取样方法

(1)对于"稀疏、均匀"发生的林业有害生物,可采用五点法、棋盘法、对角线法取样。

(2)对于呈"不均匀、多个小集团、放射状蔓延"状发生的林业有害生物,可采用平行线法、分行法、棋盘法取样。

(3)对于"不均匀、疏密相间"发生的林业有害生物,可采用"Z"字形法取样。

田间调查各种取样方法示意图如图L-5-3所示。

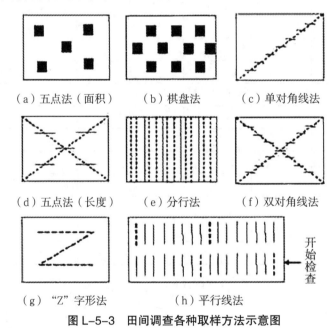

（a）五点法（面积）　　（b）棋盘法　　（c）单对角线法

（d）五点法（长度）　　（e）分行法　　（f）双对角线法

（g）"Z"字形法　　　　（h）平行线法

图L-5-3　田间调查各种取样方法示意图

三、调查统计标准

（一）发生面积统计标准

(1)统计起点:以林业有害生物种群密度(虫口密度、感病指数、覆盖度、捕获率)达到能造成轻度危害,或已经造成轻度危害的标准为统计起点〔参照《林业有害生物发生及成灾标准》(LY/T 1681—2006)〕。低于此标准的计为低虫低感面积。检疫性的病害、虫害只要发生就达到统计标准。

一般中度及以上发生面积为应防治面积。

（2）发生面积统计：应选设一定数量的标准地和抽查一定数量的标准株，以林班或小班（美国白蛾以村）为单位统计发生面积；对农田林网的树木，不能按实际面积计算的，暂定泡桐 20 株、杨树 60 株、榆树 80 株折算为 1 亩。

（3）鳞翅目害虫以 3 龄以上幼虫为统计标准。

（二）危害程度划分标准

林业有害生物的危害程度是指由于林业有害生物的危害，林木的枝梢、树干、树叶、根茎、果实等器官的损失程度，以轻度、中度、重度三级来表示。

1.叶部病虫

（1）树叶被害 1/3 以下为轻度（＋）。

（2）树叶被害 1/3～2/3 为中度（＋＋）。

（3）树叶被害 2/3 以上为重度（＋＋＋）。

2.树干、枝梢病虫（不包括蛀干害虫）

（1）树干、枝梢被害株率为 20% 以下为轻度（＋）。

（2）树干、枝梢被害株率为 20%～50% 为中度（＋＋）。

（3）树干、枝梢被害株率为 50% 以上为重度（＋＋＋）。

3.蛀干害虫及主梢、根部害虫

（1）被害株率为 10% 以下为轻度（＋）。

（2）被害株率为 10%～20% 为中度（＋＋）。

（3）被害株率为 20% 以上为重度（＋＋＋）。

4.种实害虫

（1）种实被害率为 10% 以下为轻度（＋）。

（2）种实被害率为 10%～20% 为中度（＋＋）。

（3）种实被害率为 20% 以上为重度（＋＋＋）。

（三）林业有害生物成灾标准

1.林业检疫性有害生物

在新发生区确定发生或已发生区的新造林地上发生检疫性有害生物为成灾；检疫性有害生物在已发生区造成寄主植物死亡为成灾，未造成寄主植物死亡的按非检疫性有害生物相应指标降低 10 个百分点界定成灾标准（达到检疫性有害生物成灾标准的整个小班面积均计入成灾面积）。

2.非检疫性有害生物

1）叶部病虫害

（1）常绿植物：失叶率大于 50%、感病指数大于 40、死亡率大于 3%。

（2）落叶植物：失叶率大于 60%、感病指数大于 50、死亡率大于 3%。

2）蛀干病虫害

成灾标准为被害株率大于 30% 或树木死亡率大于 3%。其中，小蠹虫类、萧氏松茎象的成灾标准为被害株率大于60%或死亡率大于6%。

3）种实病虫害

成灾标准为种实被害率大于20%。

4）鼠、兔害

成灾标准为未成林造林地寄主死亡率大于15%、成林死亡率大于3%或成林被害株率大于30%。

5）有害植物

成灾标准为有害植物盖度大于60%或树木死亡率大于3%。

上述以外的林业有害生物的成灾标准为受害植株死亡率大于6%。

经济林或行道树、景观林的林业有害生物分别相应降低一定数值：失叶率、感病指数、被害株率、种实被害率、盖度降低10个百分点；死亡率降低1个百分点（未成林造林地鼠、兔害寄主死亡率降低5个百分点）。落叶植物叶部病虫害发生在行道树或景观林中时，成灾标准为失叶率大于50%、感病指数大于40或死亡率大于2%。

（四）林分感病指数的确定方法

感病指数可以直观地反映病害的发病程度，是整个标准地上林木感病程度的指标；感病株率只能反映受害林木的数量，不能反映受害程度。因此，在调查病害发病过程时，感病指标被广泛采用。感病指数是建立在分级计数法基础之上的一种病害程度的表示方法，是将调查的树木受害情况按照病害轻重划分为若干等级，并将调查株数按等级进行统计，计算出林分中各病级株数代表数值与该级标准株数之积，再除以发病最重一级的代表数值与总株数之积，用公式表示如下：

$$感病指数 = \frac{\sum(病级株数 \times 代表数值)}{总株数 \times 发病最重一级的代表数值} \times 100\%$$

树木病害（感病）等级表如表L-5-4所示。

表L-5-4　树木病害（感病）等级表

发病等级	分级标准	代表数值
I	枝叶不显症状	0
II	全株1/4以下枝叶发病	1
III	全株1/4～1/2枝叶发病	2
IV	全株1/2～3/4枝叶发病	3
V	全株3/4以上枝叶发病	4

复习思考题

一、单选题

1.下列不属于林业有害生物的危害程度的是（　　　）。

A.轻度　　　　B.中度　　　　C.重度　　　　D.特别严重

2. 林业有害生物调查不包括(　　)。

A. 普查　　　　　　　B. 专题调查　　　　　　C. 样地调查

3. 全面掌握植物病虫害发生危害的实时情况,为预测未来发生发展动态提供基础数据的调查是(　　)。

A. 普查　　　　　　　B. 专题调查　　　　　　C. 日常监测调查

4. 为掌握植物病虫害基本资料,建立基础数据库的调查是(　　)。

A. 普查　　　　　　　B. 专题调查　　　　　　C. 日常监测调查

5. 针对某个地区某种植物病虫害进行的专门调查是(　　)。

A. 普查　　　　　　　B. 专题调查　　　　　　C. 日常监测调查

二、多选题

1. 林业有害生物调查一般分为(　　)。

A. 普查　　　　　　　B. 专题调查　　　　　　C. 日常监测调查

2. 林业有害生物的危害程度常分为(　　)三级。

A. 轻度　　　　　　　B. 中度　　　　　　　　C. 重度

3. 对于"稀疏、均匀"发生的林业有害生物,可采用(　　)取样。

A. 五点法　　　　　　B. 棋盘法　　　　　　　C. 对角线法

D. 平行线法、分行法　　　　　　　　　　　　E. "Z"字形法

4. 对于呈"不均匀、多个小集团、放射状蔓延"状发生的林业有害生物,可采用(　　)取样。

A. 五点法　　　　　　B. 棋盘法　　　　　　　C. 对角线法

D. 平行线分行法　　　E. "Z"字形法

5. 以下是林业有害生物调查方式的是(　　)。

A. 踏查　　　　　　　B. 标准地调查　　　　　C. 远程监控　　　　　D. 无人机监测

三、判断题

1.(　) 林业有害生物调查是开展预测预报和防治工作的基础。

2.(　) 根据病虫能够或已经造成危害的轻重,可将其划分为"轻、中、重和特重"四个等级。

3.(　) 树木病害等级表中发病等级分为四级。

4.(　) 种实被害率为 20% 以上是重度危害。

5.(　) 鳞翅目害虫发生面积统计以 3 龄以上幼虫为统计标准。

参 考 答 案

一、单选题

1~5.DCCAB

二、多选题

1.ABC　2.ABC　3.ABC　4.BD　5.ABCD

三、判断题

1~5. √ × × √ √

第二节　林业有害生物预测预报

预测预报是林业有害生物防治工作的基础,是开展防治工作的重要依据。林业有害生物预测预报工作,就是通过对某种林业有害生物的生物学特性进行长期系统的观察,根据气候、林分、天敌、人为活动等因子进行综合分析,掌握该林业有害生物的发生发展规律,并准确地推测其在一定时间内的发生发展趋势(包括发生期、发生量、发生范围和危害程度),及时有效地指导林业有害生物防治工作。

一、林业有害生物预测预报的主要内容

林业有害生物预测预报的主要内容是预测林业有害生物的发生期、发生量、发生范围和危害程度。

(1)发生期预测:对林业有害生物的各个危害阶段的始、盛、末期进行预测,确定防治的最适时期。

(2)发生量预测:对虫害的虫口密度、有虫株率,病害的感病指数、感病株率,鼠兔害的被害株率、捕获率,有害植物的盖度等进行预测,确定林业有害生物的危害程度以及防治措施。

(3)发生范围预测:对林业有害生物发生地点和发生面积进行预测,确定防治范围。

(4)危害程度预测:对林业有害生物可能造成的枝梢、树干、树叶、根茎和果实的损失程度进行预测,以轻度、中度、重度三个别级表示;根据森林生态效益、经济效益和社会效益,确定防治措施。

二、林业有害生物常用的预测方法

(一)害虫发生期预测

1.有效积温预测法

不论气候条件怎样变化,昆虫完成一定发育阶段(某虫态或某世代)需要一定的温度积累,即发育所经历的时间与该期内的温度乘积理论上为一个常数,即

$$K = N(T-C)$$

式中:K——积温常数;

N——发育历期;

T——发育期平均温度;

C——发育起始点温度。

根据观测:国槐尺蛾卵的发育起始点温度为 8.5 ℃,卵期有效积温为 84 天·℃,卵产下当时的平均温度为 20 ℃,则幼虫的发生期在卵产下 7 天后。

2.期距预测法

害虫各虫态在田间发生时,所有个体不是同时进入某一虫态,一般开始零星出现,数量缓慢增长,再急剧增长,到达峰值后又转向下坡,先急剧下降,后缓慢下降,最后绝迹。也就是说,昆虫完成一定发育阶段要经历一定的天数,这就是发育历期。昆虫两个发育阶段之间相距的时间是期距。

方法:对前一虫龄(或虫态)的发育进度(如羽化出孔率、孵化率等)进行系统调查,当调查到其百分率达始盛期、高峰期、盛末期的标准时,分别加上各虫龄(或虫态)的平均历期,即可推算出后一虫期的发生时间。一般把发育进度百分率达16%、50%、84%作为始盛、高峰、盛末三个时期的标准。因此,只要知道某种害虫前一虫态的发生期,加上期距天数,就能预测后一虫态的发生期,即

下一虫态发生期 = 当前虫态发生期 + 期距

例如某地马尾松毛虫上树始见期为3月28日,上树始见期至高峰期的平均期距约为20天,则

上树高峰期 = 3月28日 + 20天 = 4月17日

3.物候预测法

森林害虫的某个虫态往往与其他生物的某个发育阶段同时出现。物候预测法利用这种关系,以植物的发育阶段为指示物,对害虫的某个虫态或发育阶段的出现期进行预测。

(二)害虫发生量预测

1.有效虫口基数预测法

害虫发生量通常与前一时期的基数密切相关。基数大,下个时期的发生数量可能多,反之则少。因此可以利用某种描述种群增长的数学方程,由前一时期虫口基数预测下一时期发生量。

2.气候图及气候指标预测法

昆虫属于变温动物,其种群数量受气候影响很大,很多种类昆虫的数量变动受气候支配,因此,可以利用昆虫与气候的关系对昆虫发生量进行预测。气候图通常以某个时间尺度(日、旬、月、年)的降雨量或湿度为一个轴向,同一时间尺度的气温为另一个轴向,将二者组成平面直角坐标系,然后将所研究时间范围的温度、湿度组合点按顺序在坐标系内绘出来,并连成线(点太密时可不连)。气候图可以分析害虫发生与气候条件的关系,并对害虫发生进行测报。

3.生命表预测法

昆虫生命表是与年龄或发育阶段有联系的某昆虫种群特定年龄或时间的死亡和生存的记载。研究人员可以由生命表确定各种致死因子对昆虫种群数量变动所起作用的大小,找出关键因子,并根据生存率和死亡率估计种群未来的消长趋势。

三、预报发布形式

发布预报的常用形式包括定期预报、警报和通报三种。

(一)定期预报

定期预报是根据林业有害生物发生或者流行的规律,定期发布的森林病虫害预报。定期预报根据对病虫害预测时段的长短,分为短期预报、中期预报和长期预报。

(1)短期预报:预报一个世代或半年以内的发生情况。

(2)中期预报:预报相隔一个世代或者半年以上的发生情况。

(3)长期预报:预报相隔两个世代或者1年以上的发生情况。

(二)警报

当预报的某种林业有害生物近期将暴发、面积在1 km² 以上时,应及时报告县级林业主管部门,由县级林业主管部门发布警报。

(三)通报

通报是根据有关的调查数据,全面地反映本地区林业有害生物发生发展以及防治动态情况的报告。

复习思考题

一、单选题

1. 下列不属于林业有害生物预测预报定期预报的是( )。

A. 短期预报　　　B. 中期预报　　　C. 年度预报　　　D. 长期预报

2. 林业有害生物预测预报的内容不包括( )。

A. 发生期预测　　　B. 物候预测　　　C. 发生量预测　　　D. 发生范围预测

3. ( )监测的范围最广。

A. 遥感监测　　　B. 信息素监测　　　C. 灯诱监测　　　D. 人工监测

4. 通常情况下,昆虫性引诱剂的诱集对象是( )。

A. 雌虫　　　B. 雄虫　　　C. 雌虫和雄虫　　　D. 不确定

5. 植物源引诱剂是以( )为材料开发而成的。

A. 植物挥发性物质　　　　　　　B. 昆虫

C. 植物表皮　　　　　　　　　　D. 植物次生代谢物质

二、多选题

1. 按照预测空间范围分,林业有害生物预测预报的类别有( )。

A. 迁出区虫源预测　　　　　　　B. 发生期预测

C. 发生量预测　　　　　　　　　D. 迁入区虫源预测

2. 林业有害生物预测预报按预测内容可分为( )。

A. 发生期预测　　　B. 发生量预测　　　C. 发生范围预测　　　D. 危害程度预测

3. 林业有害生物预测预报按预测时间长短分为( )。

A. 短期预测　　　B. 中期预测　　　C. 长期预测　　　D. 发生期预测

4. 病虫害监测管理主要包括( )。

A. 预测预报　　　B. 监测　　　C. 灾害损失评估　　　D. 决策支持

5. 2004 年提出的森防工作目标管理考核指标"新四率"中,( )内容与监测预报有关。

A. 成灾率　　　　　　　B. 无公害防治率　　　　　C. 测报准确率　　　　　　D. 种苗产地检疫率

6. 森林害虫发生量的预测方法包括(　　　)。

A. 有效虫口基数预测法　　　　　　　　　　B. 气候图法

C. 生命表预测法　　　　　　　　　　　　　D. 数学模型预测法

7. 森林害虫发生期的预测方法包括(　　　)。

A. 发育进度预测法　　　　　　　　　　　　B. 期距预测法

C. 有效积温预测法　　　　　　　　　　　　D. 物候预测法

8. 下列方法中可以用于林业有害生物的大区域监测的有(　　　)。

A. 雷达　　　　　　　B. 地面调查　　　　　C. 航空录像　　　　　　D. 遥感

9. 通过灯诱能诱集到的昆虫有(　　　)。

A. 鳞翅目　　　　　　B. 鞘翅目　　　　　　C. 半翅目　　　　　　　D. 膜翅目

10. 目前性信息素应用于害虫防治中存在的问题主要有(　　　)。

A. 对于多次交配的昆虫效果较差　　　　　B. 害虫的种群数量不能太高

C. 性信息素的鉴定和合成非常复杂　　　　D. 会造成其他害虫的死亡

三、判断题

1.(　　)森林害虫的发生期预报的主要方法有物候预测法、发育进度预测法、期距预测法和有效积温预测法等。

2.(　　)物候预测法是根据自然界的生物群落中害虫和寄主树木或其他植物对于同一地区内的外界环境条件有着相同的时间性反应来预测害虫的发生期。

3.(　　)病虫害调查常用的随机取样方法有五点法、对角线法、平行线法、棋盘法和"Z"字形法等。

4.(　　)在林间进行病虫害调查时,常用随机取样的方法,就是随便取样。

5.(　　)灯诱是一种利用昆虫对特定波段的光的趋性的生物防治方法。

6.(　　)黑光灯诱集昆虫时,灯光设置一般要在较开阔的地方。

7.(　　)遥感可以大面积监测害虫的动态变化。

8.(　　)短期预测的期限在一个月以内。

9.(　　)林业有害生物预测预报按预测时间长短分为短期预测、中期预测和长期预测。

10.(　　)迁飞性昆虫预测包括迁入区虫源预测和迁飞距离预测。

参 考 答 案

一、单选题

1~5.CBAAA

二、多选题

1.ABCD　2.ABCD　3.ABC　4.ABCD　5.AC　6.ABCD　7.ABCD　8.ACD　9.ABCD　10.ABC

三、判断题

1~5. √√√××　　　6~10. √√×√×

第六章
安全生产

—

第一节　法律法规

一、中华人民共和国森林法

（2019 年 12 月 28 日第十三届全国人民代表大会常务委员会第十五次会议修订，2020 年 6 月发布）

第一章　总则

第一条　为了践行绿水青山就是金山银山理念，保护、培育和合理利用森林资源，加快国土绿化，保障森林生态安全，建设生态文明，实现人与自然和谐共生，制定本法。

第二条　在中华人民共和国领域内从事森林、林木的保护、培育、利用和森林、林木、林地的经营管理活动，适用本法。

第三条　保护、培育、利用森林资源应当尊重自然、顺应自然，坚持生态优先、保护优先、保育结合、可持续发展的原则。

第四条　国家实行森林资源保护发展目标责任制和考核评价制度。上级人民政府对下级人民政府完成森林资源保护发展目标和森林防火、重大林业有害生物防治工作的情况进行考核，并公开考核结果。

地方人民政府可以根据本行政区域森林资源保护发展的需要，建立林长制。

第五条　国家采取财政、税收、金融等方面的措施，支持森林资源保护发展。各级人民政府应当保障森林生态保护修复的投入，促进林业发展。

第六条　国家以培育稳定、健康、优质、高效的森林生态系统为目标，对公益林和商品林实行分类经营管理，突出主导功能，发挥多种功能，实现森林资源永续利用。

第七条　国家建立森林生态效益补偿制度，加大公益林保护支持力度，完善重点生态功能区转移支付政策，指导受益地区和森林生态保护地区人民政府通过协商等方式进行生态效益补偿。

第八条　国务院和省、自治区、直辖市人民政府可以依照国家对民族自治地方自治权的规定，对民族自治地方的森林保护和林业发展实行更加优惠的政策。

第九条　国务院林业主管部门主管全国林业工作。县级以上地方人民政府林业主管部门,主管本行政区域的林业工作。

乡镇人民政府可以确定相关机构或者设置专职、兼职人员承担林业相关工作。

第十条　植树造林、保护森林,是公民应尽的义务。各级人民政府应当组织开展全民义务植树活动。

每年三月十二日为植树节。

第十一条　国家采取措施,鼓励和支持林业科学研究,推广先进适用的林业技术,提高林业科学技术水平。

第十二条　各级人民政府应当加强森林资源保护的宣传教育和知识普及工作,鼓励和支持基层群众性自治组织、新闻媒体、林业企业事业单位、志愿者等开展森林资源保护宣传活动。

教育行政部门、学校应当对学生进行森林资源保护教育。

第十三条　对在造林绿化、森林保护、森林经营管理以及林业科学研究等方面成绩显著的组织或者个人,按照国家有关规定给予表彰、奖励。

第二章　森林权属

第十四条　森林资源属于国家所有,由法律规定属于集体所有的除外。

国家所有的森林资源的所有权由国务院代表国家行使。国务院可以授权国务院自然资源主管部门统一履行国有森林资源所有者职责。

第十五条　林地和林地上的森林、林木的所有权、使用权,由不动产登记机构统一登记造册,核发证书。国务院确定的国家重点林区(以下简称重点林区)的森林、林木和林地,由国务院自然资源主管部门负责登记。

森林、林木、林地的所有者和使用者的合法权益受法律保护,任何组织和个人不得侵犯。

森林、林木、林地的所有者和使用者应当依法保护和合理利用森林、林木、林地,不得非法改变林地用途和毁坏森林、林木、林地。

第十六条　国家所有的林地和林地上的森林、林木可以依法确定给林业经营者使用。林业经营者依法取得的国有林地和林地上的森林、林木的使用权,经批准可以转让、出租、作价出资等。具体办法由国务院制定。

林业经营者应当履行保护、培育森林资源的义务,保证国有森林资源稳定增长,提高森林生态功能。

第十七条　集体所有和国家所有依法由农民集体使用的林地(以下简称集体林地)实行承包经营的,承包方享有林地承包经营权和承包林地上的林木所有权,合同另有约定的从其约定。承包方可以依法采取出租(转包)、入股、转让等方式流转林地经营权、林木所有权和使用权。

第十八条　未实行承包经营的集体林地以及林地上的林木,由农村集体经济组织统一经营。经本集体经济组织成员的村民会议三分之二以上成员或者三分之二以上村民代表同意并公示,可以通过招标、拍卖、公开协商等方式依法流转林地经营权、林木所有权和使用权。

第十九条　集体林地经营权流转应当签订书面合同。林地经营权流转合同一般包括流转双方的权利义务、流转期限、流转价款及支付方式、流转期限届满林地上的林木和固定生产设施的处置、违约责任等内容。

受让方违反法律规定或者合同约定造成森林、林木、林地严重毁坏的,发包方或者承包方有权收回林地经营权。

第二十条　国有企业事业单位、机关、团体、部队营造的林木,由营造单位管护并按照国家规定支配林木收益。

农村居民在房前屋后、自留地、自留山种植的林木,归个人所有。城镇居民在自有房屋的庭院内种植的林木,归个人所有。

集体或者个人承包国家所有和集体所有的宜林荒山荒地荒滩营造的林木,归承包的集体或者个人所有;合同另有约定的从其约定。

其他组织或者个人营造的林木,依法由营造者所有并享有林木收益;合同另有约定的从其约定。

第二十一条　为了生态保护、基础设施建设等公共利益的需要,确需征收、征用林地、林木的,应当依照《中华人民共和国土地管理法》等法律、行政法规的规定办理审批手续,并给予公平、合理的补偿。

第二十二条　单位之间发生的林木、林地所有权和使用权争议,由县级以上人民政府依法处理。

个人之间、个人与单位之间发生的林木所有权和林地使用权争议,由乡镇人民政府或者县级以上人民政府依法处理。

当事人对有关人民政府的处理决定不服的,可以自接到处理决定通知之日起三十日内,向人民法院起诉。

在林木、林地权属争议解决前,除因森林防火、林业有害生物防治、国家重大基础设施建设等需要外,当事人任何一方不得砍伐有争议的林木或者改变林地现状。

第三章　发展规划

第二十三条　县级以上人民政府应当将森林资源保护和林业发展纳入国民经济和社会发展规划。

第二十四条　县级以上人民政府应当落实国土空间开发保护要求,合理规划森林资源保护利用结构和布局,制定森林资源保护发展目标,提高森林覆盖率、森林蓄积量,提升森林生态系统质量和稳定性。

第二十五条　县级以上人民政府林业主管部门应当根据森林资源保护发展目标,编制林业发展规划。下级林业发展规划依据上级林业发展规划编制。

第二十六条　县级以上人民政府林业主管部门可以结合本地实际,编制林地保护利用、造林绿化、森林经营、天然林保护等相关专项规划。

第二十七条　国家建立森林资源调查监测制度,对全国森林资源现状及变化情况进行调查、监测和评价,并定期公布。

第四章　森林保护

第二十八条　国家加强森林资源保护,发挥森林蓄水保土、调节气候、改善环境、维护生物多样性和提供林产品等多种功能。

第二十九条　中央和地方财政分别安排资金,用于公益林的营造、抚育、保护、管理和非国有公益林权利人的经济补偿等,实行专款专用。具体办法由国务院财政部门会同林业主管部门制定。

第三十条　国家支持重点林区的转型发展和森林资源保护修复,改善生产生活条件,促进所在地区经济社会发展。重点林区按照规定享受国家重点生态功能区转移支付等政策。

第三十一条　国家在不同自然地带的典型森林生态地区、珍贵动物和植物生长繁殖的林区、天然热带雨林区和具有特殊保护价值的其他天然林区,建立以国家公园为主体的自然保护地体系,加强保护管理。

国家支持生态脆弱地区森林资源的保护修复。

县级以上人民政府应当采取措施对具有特殊价值的野生植物资源予以保护。

第三十二条　国家实行天然林全面保护制度,严格限制天然林采伐,加强天然林管护能力建设,保护和修复天然林资源,逐步提高天然林生态功能。具体办法由国务院规定。

第三十三条　地方各级人民政府应当组织有关部门建立护林组织,负责护林工作;根据实际需要建设护林设施,加强森林资源保护;督促相关组织订立护林公约、组织群众护林、划定护林责任区、配备专职或者兼职护林员。

县级或者乡镇人民政府可以聘用护林员,其主要职责是巡护森林,发现火情、林业有害生物以及破坏森林资源的行为,应当及时处理并向当地林业等有关部门报告。

第三十四条　地方各级人民政府负责本行政区域的森林防火工作,发挥群防作用;县级以上人民政府组织领导应急管理、林业、公安等部门按照职责分工密切配合做好森林火灾的科学预防、扑救和处置工作:

(一)组织开展森林防火宣传活动,普及森林防火知识;

(二)划定森林防火区,规定森林防火期;

(三)设置防火设施,配备防灭火装备和物资;

(四)建立森林火灾监测预警体系,及时消除隐患;

(五)制定森林火灾应急预案,发生森林火灾,立即组织扑救;

(六)保障预防和扑救森林火灾所需费用。

国家综合性消防救援队伍承担国家规定的森林火灾扑救任务和预防相关工作。

第三十五条　县级以上人民政府林业主管部门负责本行政区域的林业有害生物的监测、检疫和防治。

省级以上人民政府林业主管部门负责确定林业植物及其产品的检疫性有害生物,划定疫区和保护区。

重大林业有害生物灾害防治实行地方人民政府负责制。发生暴发性、危险性等重大林业有害生物灾害时,当地人民政府应当及时组织除治。

林业经营者在政府支持引导下,对其经营管理范围内的林业有害生物进行防治。

第三十六条　国家保护林地,严格控制林地转为非林地,实行占用林地总量控制,确保林地保有量不减少。各类建设项目占用林地不得超过本行政区域的占用林地总量控制指标。

第三十七条　矿藏勘察、开采以及其他各类工程建设,应当不占或者少占林地;确需占用林地的,应当经县级以上人民政府林业主管部门审核同意,依法办理建设用地审批手续。

占用林地的单位应当缴纳森林植被恢复费。森林植被恢复费征收使用管理办法由国务院财政部门会同林业主管部门制定。

县级以上人民政府林业主管部门应当按照规定安排植树造林,恢复森林植被,植树造林面积不得少于因占用林地而减少的森林植被面积。上级林业主管部门应当定期督促下级林业主管部门组织植树造林、恢复森林植被,并进行检查。

第三十八条　需要临时使用林地的,应当经县级以上人民政府林业主管部门批准;临时使用林地的期限一般不超过两年,并不得在临时使用的林地上修建永久性建筑物。

临时使用林地期满后一年内,用地单位或者个人应当恢复植被和林业生产条件。

第三十九条　禁止毁林开垦、采石、采砂、采土以及其他毁坏林木和林地的行为。

禁止向林地排放重金属或者其他有毒有害物质含量超标的污水、污泥,以及可能造成林地污染的清淤底泥、尾矿、矿渣等。

禁止在幼林地砍柴、毁苗、放牧。

禁止擅自移动或者损坏森林保护标志。

第四十条　国家保护古树名木和珍贵树木。禁止破坏古树名木和珍贵树木及其生存的自然环境。

第四十一条　各级人民政府应当加强林业基础设施建设,应用先进适用的科技手段,提高森林防火、林业有害生物防治等森林管护能力。

各有关单位应当加强森林管护。国有林业企业事业单位应当加大投入,加强森林防火、林业有害生物防治,预防和制止破坏森林资源的行为。

第五章　造林绿化

第四十二条　国家统筹城乡造林绿化,开展大规模国土绿化行动,绿化美化城乡,推动森林城市建设,促进乡村振兴,建设美丽家园。

第四十三条　各级人民政府应当组织各行各业和城乡居民造林绿化。

宜林荒山荒地荒滩,属于国家所有的,由县级以上人民政府林业主管部门和其他有关主管部门组织开展造林绿化;属于集体所有的,由集体经济组织组织开展造林绿化。

城市规划区内、铁路公路两侧、江河两侧、湖泊水库周围,由各有关主管部门按照有关规定因地制宜组织开展造林绿化;工矿区、工业园区、机关、学校用地,部队营区以及农场、牧场、渔场经营地区,由各该单位负责造林绿化。组织开展城市造林绿化的具体办法由国务院制定。

国家所有和集体所有的宜林荒山荒地荒滩可以由单位或者个人承包造林绿化。

第四十四条　国家鼓励公民通过植树造林、抚育管护、认建认养等方式参与造林绿化。

第四十五条　各级人民政府组织造林绿化,应当科学规划、因地制宜、优化林种、树种结构,鼓励使用乡土树种和林木良种、营造混交林,提高造林绿化质量。

国家投资或者以国家投资为主的造林绿化项目,应当按照国家规定使用林木良种。

第四十六条　各级人民政府应当采取以自然恢复为主、自然恢复和人工修复相结合的措施,科学保护修复森林生态系统。新造幼林地和其他应当封山育林的地方,由当地人民政府组织封山育林。

各级人民政府应当对国务院确定的坡耕地、严重沙化耕地、严重石漠化耕地、严重污染耕地等需要生态修复的耕地,有计划地组织实施退耕还林还草。

各级人民政府应当对自然因素等导致的荒废和受损山体、退化林地以及宜林荒山荒地荒滩,因地制宜实施森林生态修复工程,恢复植被。

第六章　经营管理

第四十七条　国家根据生态保护的需要,将森林生态区位重要或者生态状况脆弱,以发挥生态效益为主要目的的林地和林地上的森林划定为公益林。未划定为公益林的林地和林地上的森林属于商品林。

第四十八条　公益林由国务院和省、自治区、直辖市人民政府划定并公布。

下列区域的林地和林地上的森林,应当划定为公益林:

(一)重要江河源头汇水区域;

(二)重要江河干流及支流两岸、饮用水水源地保护区;

(三)重要湿地和重要水库周围;

(四)森林和陆生野生动物类型的自然保护区;

(五)荒漠化和水土流失严重地区的防风固沙林基干林带;

(六)沿海防护林基干林带;

(七)未开发利用的原始林地区;

(八)需要划定的其他区域。

公益林划定涉及非国有林地的,应当与权利人签订书面协议,并给予合理补偿。

公益林进行调整的,应当经原划定机关同意,并予以公布。

国家级公益林划定和管理的办法由国务院制定;地方级公益林划定和管理的办法由省、自治区、直辖市人民政府制定。

第四十九条　国家对公益林实施严格保护。

县级以上人民政府林业主管部门应当有计划地组织公益林经营者对公益林中生态功能低下的疏林、残次林等低质低效林,采取林分改造、森林抚育等措施,提高公益林的质量和生态保护功能。

在符合公益林生态区位保护要求和不影响公益林生态功能的前提下,经科学论证,可以合理利用公益林林地资源和森林景观资源,适度开展林下经济、森林旅游等。利用公益林开展上述活动应当严格遵守国家有关规定。

第五十条　国家鼓励发展下列商品林:

(一)以生产木材为主要目的的森林;

(二)以生产果品、油料、饮料、调料、工业原料和药材等林产品为主要目的的森林;

（三）以生产燃料和其他生物质能源为主要目的的森林；

（四）其他以发挥经济效益为主要目的的森林。

在保障生态安全的前提下，国家鼓励建设速生丰产、珍贵树种和大径级用材林，增加林木储备，保障木材供给安全。

第五十一条　商品林由林业经营者依法自主经营。在不破坏生态的前提下，可以采取集约化经营措施，合理利用森林、林木、林地，提高商品林经济效益。

第五十二条　在林地上修筑下列直接为林业生产经营服务的工程设施，符合国家有关部门规定的标准的，由县级以上人民政府林业主管部门批准，不需要办理建设用地审批手续；超出标准需要占用林地的，应当依法办理建设用地审批手续：

（一）培育、生产种子、苗木的设施；

（二）贮存种子、苗木、木材的设施；

（三）集材道、运材道、防火巡护道、森林步道；

（四）林业科研、科普教育设施；

（五）野生动植物保护、护林、林业有害生物防治、森林防火、木材检疫的设施；

（六）供水、供电、供热、供气、通信基础设施；

（七）其他直接为林业生产服务的工程设施。

第五十三条　国有林业企业事业单位应当编制森林经营方案，明确森林培育和管护的经营措施，报县级以上人民政府林业主管部门批准后实施。重点林区的森林经营方案由国务院林业主管部门批准后实施。

国家支持、引导其他林业经营者编制森林经营方案。

编制森林经营方案的具体办法由国务院林业主管部门制定。

第五十四条　国家严格控制森林年采伐量。省、自治区、直辖市人民政府林业主管部门根据消耗量低于生长量和森林分类经营管理的原则，编制本行政区域的年采伐限额，经征求国务院林业主管部门意见，报本级人民政府批准后公布实施，并报国务院备案。重点林区的年采伐限额，由国务院林业主管部门编制，报国务院批准后公布实施。

第五十五条　采伐森林、林木应当遵守下列规定：

（一）公益林只能进行抚育、更新和低质低效林改造性质的采伐。但是，因科研或者实验、防治林业有害生物、建设护林防火设施、营造生物防火隔离带、遭受自然灾害等需要采伐的除外。

（二）商品林应当根据不同情况，采取不同采伐方式，严格控制皆伐面积，伐育同步规划实施。

（三）自然保护区的林木，禁止采伐。但是，因防治林业有害生物、森林防火、维护主要保护对象生存环境、遭受自然灾害等特殊情况必须采伐的和实验区的竹林除外。

省级以上人民政府林业主管部门应当根据前款规定，按照森林分类经营管理、保护优先、注重效率和效益等原则，制定相应的林木采伐技术规程。

第五十六条　采伐林地上的林木应当申请采伐许可证，并按照采伐许可证的规定进行采伐；采伐自然保护区以外的竹林，不需要申请采伐许可证，但应当符合林木采伐技术规程。

农村居民采伐自留地和房前屋后个人所有的零星林木，不需要申请采伐许可证。

非林地上的农田防护林、防风固沙林、护路林、护岸护堤林和城镇林木等的更新采伐,由有关主管部门按照有关规定管理。

采挖移植林木按照采伐林木管理。具体办法由国务院林业主管部门制定。

禁止伪造、变造、买卖、租借采伐许可证。

第五十七条　采伐许可证由县级以上人民政府林业主管部门核发。

县级以上人民政府林业主管部门应当采取措施,方便申请人办理采伐许可证。

农村居民采伐自留山和个人承包集体林地上的林木,由县级人民政府林业主管部门或者其委托的乡镇人民政府核发采伐许可证。

第五十八条　申请采伐许可证,应当提交有关采伐的地点、林种、树种、面积、蓄积、方式、更新措施和林木权属等内容的材料。超过省级以上人民政府林业主管部门规定面积或者蓄积量的,还应当提交伐区调查设计材料。

第五十九条　符合林木采伐技术规程的,审核发放采伐许可证的部门应当及时核发采伐许可证。但是,审核发放采伐许可证的部门不得超过年采伐限额发放采伐许可证。

第六十条　有下列情形之一的,不得核发采伐许可证:

(一)采伐封山育林期、封山育林区内的林木;

(二)上年度采伐后未按照规定完成更新造林任务;

(三)上年度发生重大滥伐案件、森林火灾或者林业有害生物灾害,未采取预防和改进措施;

(四)法律法规和国务院林业主管部门规定的禁止采伐的其他情形。

第六十一条　采伐林木的组织和个人应当按照有关规定完成更新造林。更新造林的面积不得少于采伐的面积,更新造林应当达到相关技术规程规定的标准。

第六十二条　国家通过贴息、林权收储担保补助等措施,鼓励和引导金融机构开展涉林抵押贷款、林农信用贷款等符合林业特点的信贷业务,扶持林权收储机构进行市场化收储担保。

第六十三条　国家支持发展森林保险。县级以上人民政府依法对森林保险提供保险费补贴。

第六十四条　林业经营者可以自愿申请森林认证,促进森林经营水平提高和可持续经营。

第六十五条　木材经营加工企业应当建立原料和产品出入库台账。任何单位和个人不得收购、加工、运输明知是盗伐、滥伐等非法来源的林木。

第七章　监督检查

第六十六条　县级以上人民政府林业主管部门依照本法规定,对森林资源的保护、修复、利用、更新等进行监督检查,依法查处破坏森林资源等违法行为。

第六十七条　县级以上人民政府林业主管部门履行森林资源保护监督检查职责,有权采取下列措施:

(一)进入生产经营场所进行现场检查;

(二)查阅、复制有关文件、资料,对可能被转移、销毁、隐匿或者篡改的文件、资料予以封存;

(三)查封、扣押有证据证明来源非法的林木以及从事破坏森林资源活动的工具、设备或者财物;

(四)查封与破坏森林资源活动有关的场所。

省级以上人民政府林业主管部门对森林资源保护发展工作不力、问题突出、群众反映强烈的地区，可以约谈所在地区县级以上地方人民政府及其有关部门主要负责人，要求其采取措施及时整改。约谈整改情况应当向社会公开。

第六十八条　破坏森林资源造成生态环境损害的，县级以上人民政府自然资源主管部门、林业主管部门可以依法向人民法院提起诉讼，对侵权人提出损害赔偿要求。

第六十九条　审计机关按照国家有关规定对国有森林资源资产进行审计监督。

第八章　法律责任

第七十条　县级以上人民政府林业主管部门或者其他有关国家机关未依照本法规定履行职责的，对直接负责的主管人员和其他直接责任人员依法给予处分。

依照本法规定应当做出行政处罚决定而未做出的，上级主管部门有权责令下级主管部门做出行政处罚决定或者直接给予行政处罚。

第七十一条　违反本法规定，侵害森林、林木、林地的所有者或者使用者的合法权益的，依法承担侵权责任。

第七十二条　违反本法规定，国有林业企业事业单位未履行保护培育森林资源义务、未编制森林经营方案或者未按照批准的森林经营方案开展森林经营活动的，由县级以上人民政府林业主管部门责令限期改正，对直接负责的主管人员和其他直接责任人员依法给予处分。

第七十三条　违反本法规定，未经县级以上人民政府林业主管部门审核同意，擅自改变林地用途的，由县级以上人民政府林业主管部门责令限期恢复植被和林业生产条件，可以处恢复植被和林业生产条件所需费用三倍以下的罚款。

虽经县级以上人民政府林业主管部门审核同意，但未办理建设用地审批手续擅自占用林地的，依照《中华人民共和国土地管理法》的有关规定处罚。

在临时使用的林地上修建永久性建筑物，或者临时使用林地期满后一年内未恢复植被或者林业生产条件的，依照本条第一款规定处罚。

第七十四条　违反本法规定，进行开垦、采石、采砂、采土或者其他活动，造成林木毁坏的，由县级以上人民政府林业主管部门责令停止违法行为，限期在原地或者异地补种毁坏株数一倍以上三倍以下的树木，可以处毁坏林木价值五倍以下的罚款；造成林地毁坏的，由县级以上人民政府林业主管部门责令停止违法行为，限期恢复植被和林业生产条件，可以处恢复植被和林业生产条件所需费用三倍以下的罚款。

违反本法规定，在幼林地砍柴、毁苗、放牧造成林木毁坏的，由县级以上人民政府林业主管部门责令停止违法行为，限期在原地或者异地补种毁坏株数一倍以上三倍以下的树木。

向林地排放重金属或者其他有毒有害物质含量超标的污水、污泥，以及可能造成林地污染的清淤底泥、尾矿、矿渣等的，依照《中华人民共和国土壤污染防治法》的有关规定处罚。

第七十五条　违反本法规定，擅自移动或者毁坏森林保护标志的，由县级以上人民政府林业主管部门恢复森林保护标志，所需费用由违法者承担。

第七十六条　盗伐林木的，由县级以上人民政府林业主管部门责令限期在原地或者异地补种盗伐株数一倍以上五倍以下的树木，并处盗伐林木价值五倍以上十倍以下的罚款。

滥伐林木的,由县级以上人民政府林业主管部门责令限期在原地或者异地补种滥伐株数一倍以上三倍以下的树木,可以处滥伐林木价值三倍以上五倍以下的罚款。

第七十七条　违反本法规定,伪造、变造、买卖、租借采伐许可证的,由县级以上人民政府林业主管部门没收证件和违法所得,并处违法所得一倍以上三倍以下的罚款;没有违法所得的,可以处两万元以下的罚款。

第七十八条　违反本法规定,收购、加工、运输明知是盗伐、滥伐等非法来源的林木的,由县级以上人民政府林业主管部门责令停止违法行为,没收违法收购、加工、运输的林木或者变卖所得,可以处违法收购、加工、运输林木价款三倍以下的罚款。

第七十九条　违反本法规定,未完成更新造林任务的,由县级以上人民政府林业主管部门责令限期完成;逾期未完成的,可以处未完成造林任务所需费用二倍以下的罚款;对直接负责的主管人员和其他直接责任人员,依法给予处分。

第八十条　违反本法规定,拒绝、阻碍县级以上人民政府林业主管部门依法实施监督检查的,可以处五万元以下的罚款,情节严重的,可以责令停产停业整顿。

第八十一条　违反本法规定,有下列情形之一的,由县级以上人民政府林业主管部门依法组织代为履行,代为履行所需费用由违法者承担:

(一)拒不恢复植被和林业生产条件,或者恢复植被和林业生产条件不符合国家有关规定;

(二)拒不补种树木,或者补种不符合国家有关规定。

恢复植被和林业生产条件、树木补种的标准,由省级以上人民政府林业主管部门制定。

第八十二条　公安机关按照国家有关规定,可以依法行使本法第七十四条第一款、第七十六条、第七十七条、第七十八条规定的行政处罚权。

违反本法规定,构成违反治安管理行为的,依法给予治安管理处罚;构成犯罪的,依法追究刑事责任。

第九章　附则

第八十三条　本法下列用语的含义:

(一)森林,包括乔木林、竹林和国家特别规定的灌木林,按照用途可以分为防护林、特种用途林、用材林、经济林和能源林。

(二)林木,包括树木和竹子。

(三)林地,是指县级以上人民政府规划确定的用于发展林业的土地,包括郁闭度0.2以上的乔木林地以及竹林地、灌木林地、疏林地、采伐迹地、火烧迹地、未成林造林地、苗圃地等。

第八十四条　本法自2020年7月1日起施行。

二、森林病虫害防治条例

(1989年11月17日国务院第五十次常务会议通过,1989年12月18日中华人民共和国国务院令第46号发布,自发布之日起施行)

第一章　总则

第一条　为有效防治森林病虫害,保护森林资源,促进林业发展,维护自然生态平衡,根据《中华人民共和国森林法》有关规定,制定本条例。

第二条　本条例所称森林病虫害防治,是指对森林、林木、林木种苗及木材、竹材的病害和虫害的预防和除治。

第三条　森林病虫害防治实行"预防为主,综合治理"的方针。

第四条　森林病虫害防治实行"谁经营、谁防治"的责任制度。

地方各级人民政府应当制定措施和制度,加强对森林病虫害防治工作的领导。

第五条　国务院林业主管部门主管全国森林病虫害防治工作。

县级以上地方各级人民政府林业主管部门主管本行政区域内的森林病虫害防治工作,其所属的森林病虫害防治机构负责森林病虫害防治的具体组织工作。

区、乡林业工作站负责本区、乡的森林病虫害防治工作。

第六条　国家鼓励和支持森林病虫害防治科学研究,推广和应用先进技术,提高科学防治水平。

第二章　森林病虫害的预防

第七条　森林经营单位和个人在森林的经营活动中应当遵守下列规定:

(一)植树造林应当适地适树,提倡营造混交林,合理搭配树种,依照国家规定选用林木良种;造林设计方案必须有森林病虫害防治措施;

(二)禁止使用带有危险性病虫害的林木种苗进行育苗或者造林;

(三)对幼龄林和中龄林应当及时进行抚育管理,清除已经感染病虫害的林木;

(四)有计划地实行封山育林,改变纯林生态环境;

(五)及时清理火烧迹地,伐除受害严重的过火林木;

(六)有采伐后的林木应当及时运出伐区并清理现场。

第八条　各级人民政府林业主管部门应当有计划地组织建立无检疫对象的林木种苗基地。各级森林病虫害防治机构应当依法对林木种苗和木材、竹材进行产地和调运检疫;发现新传入的危险性病虫害,应当及时采取严密封锁、扑灭措施,不得将危险性病虫害传出。

各口岸动植物检疫机构,应当按照国家有关进出境动植物检疫的法律规定,加强进境林木种苗和木材、竹材的检疫工作,防止境外森林病虫害传入。

第九条　各级人民政府林业主管部门应当组织和监督森林经营单位和个人,采取有效措施,保护好林内各种有益生物,并有计划地进行繁殖和培养,发挥生物防治作用。

第十条　国务院林业主管部门和省、自治区、直辖市人民政府林业主管部门的森林病虫害防治机构,应当综合分析各地测报数据,定期分别发布全国和本行政区域的森林病虫害中、长期趋势预报,并提出防治方案。

县、市、自治州人民政府林业主管部门或者其所属的森林病虫害防治机构,应当综合分析基层单位测报数据,发布当地森林病虫害短、中期预报,并提出防治方案。

全民所有的森林和林木,由国营林业局、国营林场或者其他经营单位组织森林病虫害情况调查。

集体和个人所有的森林和林木,由区、乡林业工作站或者县森林病虫害防治机构组织森林病虫害情况调查。

各调查单位应当按照规定向上一级林业主管部门或者其森林病虫害防治机构报告森林病虫害的调查情况。

第十一条　国务院林业主管部门负责制定主要森林病虫害的测报对象及测报办法;省、自治区、直辖市人民政府林业主管部门可以根据本行政区域的情况做出补充规定,并报国务院林业主管部门备案。

国务院林业主管部门和省、自治区、直辖市人民政府林业主管部门的森林病虫害防治机构可以在不同地区根据实际需要建立中心测报点,对测报对象进行调查与监测。

第十二条　地方各级人民政府林业主管部门应当对经常发生森林病虫害的地区,实施以营林措施为主,生物、化学和物理防治相结合的综合治理措施,逐步改变森林生态环境,提高森林抗御自然灾害的能力。

第十三条　各级人民政府林业主管部门可以根据森林病虫害防治的实际需要,建设下列设施:

(一)药剂、器械及其储备仓库;

(二)临时简易机场;

(三)测报试验室、检疫检验室、检疫隔离试种苗圃;

(四)林木种苗及木材熏蒸除害设施。

第三章　森林病虫害的除治

第十四条　发现严重森林病虫害的单位和个人,应当及时向当地人民政府或者林业主管部门报告。

当地人民政府或者林业主管部门接到报告后,应当及时组织除治,同时报告所在省、自治区、直辖市人民政府林业主管部门。

发生大面积暴发性或者危险性森林病虫害时,省、自治区、直辖市人民政府林业主管部门应当及时报告国务院林业主管部门。

第十五条　发生暴发性或者危险性的森林病虫害时,当地人民政府应当根据实际需要,组织有关部门建立森林病虫害防治临时指挥机构,负责制定紧急除治措施,协调解决工作中的重大问题。

第十六条　县级以上地方人民政府或者其林业主管部门应当制定除治森林病虫害的实施计划,并组织好交界地区的联防联治,对除治情况定期检查。

第十七条　施药必须遵守有关规定,防止环境污染,保证人畜安全,减少杀伤有益生物。

使用航空器施药时,当地人民政府林业主管部门应当事先进行调查设计,做好地面准备工作,林业、民航、气象部门应当密切配合,保证作业质量。

第十八条　发生严重森林病虫害时,所需的防治药剂、器械、油料等,商业、供销、物资、石油化工等部门应当优先供应,铁路、交通、民航部门应当优先承运,民航部门应当优先安排航空器施药。

第十九条　森林病虫害防治费用,全民所有的森林和林木,依照国家有关规定,分别从育林基金、木竹销售收入、多种经营收入和事业费中解决;集体和个人所有的森林和林木,由经营者负担,地方各级人民政府可以给予适当扶持。

对暂时没有经济收入的森林、林木和长期没有经济收入的防护林、水源林、特种用途林的森林经营单位和个人,其所需的森林病虫害防治费用由地方各级人民政府给予适当扶持。

发生大面积暴发性或者危险性病虫害,森林经营单位或者个人确实无力负担全部防治费用的,各级人民政府应当给予补助。

第二十条　国家在重点林区逐步实行森林病虫害保险制度,具体办法由中国人民保险公司会同国务院林业主管部门制定。

第四章　奖励和惩罚

第二十一条　有下列成绩之一的单位和个人,由人民政府或者林业主管部门给予奖励:

(一)严格执行森林病虫害防治法规,预防和除治措施得力,在本地区或者经营区域内,连续五年没有发生森林病虫害的;

(二)预报病情、虫情及时准确,并提出防治森林病虫害的合理化建议,被有关部门采纳,获得显著效益的;

(三)在森林病虫害防治科学研究中取得成果或者在应用推广科研成果中获得重大效益的;

(四)在林业基层单位连续从事森林病虫害防治工作满十年,工作成绩较好的;

(五)在森林病虫害防治工作中有其他显著成绩的。

第二十二条　在下列行为之一的,责令限期除治、赔偿损失,可以并处一百元至二千元的罚款:

(一)用带有危险性病虫害的林木种苗进行育苗或者造林的;

(二)发生森林病虫害不除治或者除治不力,造成森林病虫害蔓延成灾的;

(三)隐瞒或者虚报森林病虫害情况,造成森林病虫害蔓延成灾的。

第二十三条　违反植物检疫法规调运林木种苗或者木材的,除依照植物检疫法规处罚外,并可处五十元至二千元的罚款。

第二十四条　有本条例第二十二条、第二十三条规定行为的责任人员或者在森林病虫害防治工作中失职行为的国家工作人员,由其所在单位或者上级机关给予行政处分;构成犯罪的,由司法机关依法追究刑事责任。

第二十五条　被责令期限除治森林病虫害者不除治的,林业主管部门或者其授权的单位可以代为除治,由被责令限期除治者承担全部防治费用。

代为除治森林病虫害的工作,不因被责令限期除治者申请复议或者起诉而停止执行。

第二十六条　本条例规定的行政处罚,由县级以上人民政府林业主管部门或其授权的单位决定。

当事人对行政处罚决定不服的,可以在接到处罚通知之日起十五日内向做出处罚决定机关的上一级机关申请复议;对复议决定不服的,可以在接到复议决定书之日起十五日内向人民法院起诉。当事人也可以在接到处罚通知之日起十五日内直接向人民法院起诉。期满不申请复议或者不起诉又不履行处罚决定的,由做出处罚决定的机关申请人民法院强制执行。

第五章　附则

第二十七条　本条例由国务院林业主管部门负责解释。

第二十八条　省、自治区、直辖市人民政府可以根据本条例结合本地实际情况,制定实施办法。

第二十九条　城市园林管理部门管理的森林和林木,其病虫害防治工作由城市园林管理部门参照本条例执行。

第三十条 本条例自发布之日起施行。

三、植物检疫条例

[1983年1月3日国务院发布；根据1992年5月13日《国务院关于修改〈植物检疫条例〉的决定》第一次修订；根据2017年10月7日《国务院关于修改部分行政法规的决定》（国令第687号）第二次修订]

第一条 为了防止危害植物的危险性病、虫、杂草传播蔓延，保护农业、林业生产安全，制定本条例。

第二条 国务院农业主管部门、林业主管部门主管全国的植物检疫工作，各省、自治区、直辖市农业主管部门、林业主管部门主管本地区的植物检疫工作。

第三条 县级以上地方各级农业主管部门、林业主管部门所属的植物检疫机构，负责执行国家的植物检疫任务。

植物检疫人员进入车站、机场、港口、仓库以及其他有关场所执行植物检疫任务，应穿着检疫制服和佩带检疫标志。

第四条 凡局部地区发生的危险性大、能随植物及其产品传播的病、虫、杂草，应定为植物检疫对象。农业、林业植物检疫对象和应施检疫的植物、植物产品名单，由国务院农业主管部门、林业主管部门制定。各省、自治区、直辖市农业主管部门、林业主管部门可以根据本地区的需要，制定本省、自治区、直辖市的补充名单，并报国务院农业主管部门、林业主管部门备案。

第五条 局部地区发生植物检疫对象的，应划为疫区，采取封锁、消灭措施，防止植物检疫对象传出；发生地区已比较普遍的，则应将未发生地区划为保护区，防止植物检疫对象传入。

疫区应根据植物检疫对象的传播情况、当地的地理环境、交通状况以及采取封锁、消灭措施的需要来划定，其范围应严格控制。

在发生疫情的地区，植物检疫机构可以派人参加当地的道路联合检查站或者木材检查站；发生特大疫情时，经省、自治区、直辖市人民政府批准，可以设立植物检疫检查站，开展植物检疫工作。

第六条 疫区和保护区的划定，由省、自治区、直辖市农业主管部门、林业主管部门提出，报省、自治区、直辖市人民政府批准，并报国务院农业主管部门、林业主管部门备案。

疫区和保护区的范围涉及两省、自治区、直辖市以上的，由有关省、自治区、直辖市农业主管部门、林业主管部门共同提出，报国务院农业主管部门、林业主管部门批准后划定。

疫区、保护区的改变和撤销的程序，与划定时同。

第七条 调运植物和植物产品，属于下列情况的，必须经过检疫：

（一）列入应施检疫的植物、植物产品名单的，运出发生疫情的县级行政区域之前，必须经过检疫；

（二）凡种子、苗木和其他繁殖材料，不论是否列入应施检疫的植物、植物产品名单和运往何地，在调运之前，都必须经过检疫。

第八条 按照本条例第七条的规定必须检疫的植物和植物产品，经检疫未发现植物检疫对象的，发给植物检疫证书。发现有植物检疫对象，但能彻底消毒处理的，托运人应按植物检疫机构的要求，在指定地点做消毒处理，经检查合格后发给植物检疫证书；无法消毒处理的，应停止调运。

植物检疫证书的格式由国务院农业主管部门、林业主管部门制定。

对可能被植物检疫对象污染的包装材料、运载工具、场地、仓库等，也应实施检疫。如已被污染，托运人应按植物检疫机构的要求处理。

因实施检疫需要的车船停留、货物搬运、开拆、取样、储存、消毒处理等费用，由托运人负责。

第九条　按照本条例第七条的规定必须检疫的植物和植物产品，交通运输部门和邮政部门一律凭植物检疫证书承运或收寄。植物检疫证书应随货运寄。具体办法由国务院农业主管部门、林业主管部门会同铁道、交通、民航、邮政部门制定。

第十条　省、自治区、直辖市间调运本条例第七条规定必须经过检疫的植物和植物产品的，调入单位必须事先征得所在地的省、自治区、直辖市植物检疫机构同意，并向调出单位提出检疫要求；调出单位必须根据该检疫要求向所在地的省、自治区、直辖市植物检疫机构申请检疫。对调入的植物和植物产品，调入单位所在地的省、自治区、直辖市的植物检疫机构应当查验检疫证书，必要时可以复检。

省、自治区、直辖市内调运植物和植物产品的检疫办法，由省、自治区、直辖市人民政府规定。

第十一条　种子、苗木和其他繁殖材料的繁育单位，必须有计划地建立无植物检疫对象的种苗繁育基地、母树林基地。试验、推广的种子、苗木和其他繁殖材料，不得带有植物检疫对象。植物检疫机构应实施产地检疫。

第十二条　从国外引进种子、苗木，引进单位应当向所在地的省、自治区、直辖市植物检疫机构提出申请，办理检疫审批手续。但是，国务院有关部门所属的在京单位从国外引进种子、苗木，应当向国务院农业主管部门、林业主管部门所属的植物检疫机构提出申请，办理检疫审批手续。具体办法由国务院农业主管部门、林业主管部门制定。

从国外引进、可能潜伏有危险性病、虫的种子、苗木和其他繁殖材料，必须隔离试种，植物检疫机构应进行调查、观察和检疫，证明确实不带危险性病、虫的，方可分散种植。

第十三条　农林院校和试验研究单位对植物检疫对象的研究，不得在检疫对象的非疫区进行。因教学、科研确需在非疫区进行时，应当遵守国务院农业主管部门、林业主管部门的规定。

第十四条　植物检疫机构对于新发现的检疫对象和其他危险性病、虫、杂草，必须及时查清情况，立即报告省、自治区、直辖市农业主管部门、林业主管部门，采取措施，彻底消灭，并报告国务院农业主管部门、林业主管部门。

第十五条　疫情由国务院农业主管部门、林业主管部门发布。

第十六条　按照本条例第五条第一款和第十四条的规定，进行疫情调查和采取消灭措施所需的紧急防治费和补助费，由省、自治区、直辖市在每年的植物保护费、森林保护费或者国营农场生产费中安排。特大疫情的防治费，国家酌情给予补助。

第十七条　在植物检疫工作中做出显著成绩的单位和个人，由人民政府给予奖励。

第十八条　有下列行为之一的，植物检疫机构应当责令纠正，可以处以罚款；造成损失的，应当

负责赔偿;构成犯罪的,由司法机关依法追究刑事责任:

（一）未依照本条例规定办理植物检疫证书或者在报检过程中弄虚作假的;

（二）伪造、涂改、买卖、转让植物检疫单证、印章、标志、封识的;

（三）未依照本条例规定调运、隔离试种或者生产应施检疫的植物、植物产品的;

（四）违反本条例规定,擅自开拆植物、植物产品包装,调换植物、植物产品,或者擅自改变植物、植物产品的规定用途的;

（五）违反本条例规定,引起疫情扩散的。

有前款第（一）、（二）、（三）、（四）项所列情形之一,尚不构成犯罪的,植物检疫机构可以没收非法所得。

对违反本条例规定调运的植物和植物产品,植物检疫机构有权予以封存、没收、销毁或者责令改变用途。销毁所需费用由责任人承担。

第十九条　植物检疫人员在植物检疫工作中,交通运输部门和邮政部门有关工作人员在植物、植物产品的运输、邮寄工作中,徇私舞弊、玩忽职守的,由其所在单位或者上级主管机关给予行政处分;构成犯罪的,由司法机关依法追究刑事责任。

第二十条　当事人对植物检疫机构的行政处罚决定不服的,可以自接到处罚决定通知书之日起十五日内,向做出行政处罚决定的植物检疫机构的上级机构申请复议;对复议决定不服的,可以自接到复议决定书之日起十五日内向人民法院提起诉讼。当事人逾期不申请复议或者不起诉又不履行行政处罚决定的,植物检疫机构可以申请人民法院强制执行或者依法强制执行。

第二十一条　植物检疫机构执行检疫任务可以收取检疫费,具体办法由国务院农业主管部门、林业主管部门制定。

第二十二条　进出口植物的检疫,按照《中华人民共和国进出境动植物检疫法》的规定执行。

第二十三条　本条例的实施细则由国务院农业主管部门、林业主管部门制定。各省、自治区、直辖市可根据本条例及其实施细则,结合当地具体情况,制定实施办法。

第二十四条　本条例自发布之日起施行。国务院批准,农业部一九五七年十二月四日发布的《国内植物检疫试行办法》同时废止。

四、植物检疫条例实施细则（林业部分）

（1994年7月26日林业部令第4号发布;2011年1月25日国家林业局令第26号修改）

第一条　根据《植物检疫条例》的规定,制定本细则。

第二条　林业部主管全国森林植物检疫（以下简称森检）工作。县级以上地方林业主管部门主管本地区的森检工作。

县级以上地方林业主管部门应当建立健全森检机构,由其负责执行本地区的森检任务。

国有林业局所属的森检机构负责执行本单位的森检任务,但是,须经省级以上林业主管部门确认。

第三条　森检员应当由具有林业专业、森保专业助理工程师以上技术职称的人员或者中等专业学校毕业、连续从事森保工作两年以上的技术员担任。

森检员应当经过省级以上林业主管部门举办的森检培训班培训并取得成绩合格证书，由省、自治区、直辖市林业主管部门批准，发给《森林植物检疫员证》。

森检员执行森检任务时，必须穿着森检制服、佩带森检标志和出示《森林植物检疫员证》。

第四条　县级以上地方林业主管部门或者其所属的森检机构可以根据需要在林业工作站、国有林场、国有苗圃、贮木场、自然保护区、木材检查站及有关车站、机场、港口、仓库等单位，聘请兼职森检员协助森检机构开展工作。

兼职森检员应当经过县级以上地方林业主管部门举办的森检培训班培训并取得成绩合格证书。由县级以上地方林业主管部门批准。发给兼职森检员证。

兼职森检员不得签发《植物检疫证书》。

第五条　森检人员在执行森检任务时有权行使下列职权：

（一）进入车站、机场、港口、仓库和森林植物及其产品的生产、经营、存放等场所，依照规定实施现场检疫或者复检、查验植物检疫证书和进行疫情监测调查；

（二）依法监督有关单位或者个人进行消毒处理、除害处理、隔离试种和采取封锁、消灭等措施；

（三）依法查阅、摘录或者复制与森检工作有关的资料，收集证据。

第六条　应施检疫的森林植物及其产品包括：

（一）林木种子、苗木和其他繁殖材料；

（二）乔木、灌木、竹类、花卉和其他森林植物；

（三）木材、竹材、药材、果品、盆景和其他林产品。

第七条　确定森检对象及补充森检对象，按照《森林植物检疫对象确定管理办法》的规定办理，补充森检对象名单应当报林业部备案，同时通报有关省、自治区、直辖市林业主管部门。

第八条　疫区、保护区应当按照有关规定划定、改变或者撤销，并采取严格的封锁、消灭等措施，防止森检对象传出或者传入。

在发生疫情的地区，森检机构可以派人参加当地的道路联合检查站或者木材检查站；发生特大疫情时，经省、自治区、直辖市人民政府批准可以设立森检检查站，开展森检工作。

第九条　地方各级森检机构应当每隔三至五年进行一次森检对象普查。

省级林业主管部门所属的森检机构编制森检对象分布至县的资料，报林业部备查；县级林业主管部门所属的森检机构编制森检对象分布至乡的资料，报上一级森检机构备查。

危险性森林病、虫疫情数据由林业部指定的单位编制印发。

第十条　属于森检对象、国外新传入或者国内突发危险性森林病、虫的特大疫情由林业部发布；其他疫情由林业部授权的单位公布。

第十一条　森检机构对新发现的森检对象和其他危险性森林病、虫，应当及时查清情况，立即报告当地人民政府和所在省、自治区、直辖市林业主管部门，采取措施，彻底消灭，并由省、自治区、直辖市林业主管部门向林业部报告。

第十二条　生产、经营应施检疫的森林植物及其产品的单位和个人，应当在生产和经营之前向当地森检机构备案，并在生产期间或者调运之前向当地森检机构申请产地检疫。对检疫合格的，由森检机构发给《产地检疫合格证》;对检疫不合格的,由森检机构发给《检疫处理通知单》。产地检疫的技术要求按照《国内森林植物检疫技术规程》的规定执行。

第十三条 林木种子、苗木和其他繁殖材料的繁育单位,必须有计划地建立无森检对象的种苗繁育基地、母树林基地。

禁止使用带有危险性森林病、虫的林木种子、苗木和其他繁殖材料育苗或者造林。

第十四条 应施检疫的森林植物及其产品运出发生疫情的县级行政区域之前以及调运林木种子、苗木和其他繁殖材料必须经过检疫,取得《植物检疫证书》。

《植物检疫证书》由省、自治区、直辖市森检机构按规定格式统一印制。

《植物检疫证书》按一车(即同一运输工具)一证核发。

第十五条 省际调运应施检疫的森林植物及其产品,调入单位必须事先征得所在地的省、自治区、直辖市森检机构同意并向调出单位提出检疫要求;调出单位必须根据该检疫要求向所在地的省、自治区、直辖市森检机构或其委托的单位申请检疫。对调入的应施检疫的森林植物及其产品,调入单位所在地的省、自治区、直辖市的森检机构应当查验检疫证书,必要时可以复检。

检疫要求应当根据森检对象、补充森检对象的分布资料和危险性森林病、虫疫情数据提出。

第十六条 出口的应施检疫的森林植物及其产品,在省际调运时应当按照本细则的规定实施检疫。

从国外进口的应施检疫的森林植物及产品再次调运出省、自治区、直辖市时,存放时间在一个月以内的,可以凭原检疫单证发给《植物检疫证书》,不收检疫费和证书工本费;存放时间虽未超过一个月但存放地疫情比较严重、可能染疫的,应当按照本细则的规定实施检疫。

第十七条 调运检疫时,森检机构应当按照《国内森林植物检疫技术规程》的规定受理报检和实施检疫,根据当地疫情普查资料、产地检疫合格证和现场检疫检验、室内检疫检验结果,确认是否带有森检对象、补充森检对象或者检疫要求中提出的危险性森林病、虫。对检疫合格的,发给《植物检疫证书》;对发现森检对象、补充森检对象或者危险性森林病、虫的,发给《检疫处理通知单》,责令托运人在指定地点进行除害处理,合格后发给《植物检疫证书》;对无法进行彻底除害处理的,应当停止调运,责令改变用途、控制使用或者就地销毁。

第十八条 森检机构应当自受理检疫申请之日起二十日内实施检疫并核发检疫单证。二十日内不能做出决定的,经森检机构所属的林业主管部门负责人批准,可以延长十日,并告知申请人。

第十九条 调运检疫时,森检机构对可能被森检对象,补充森检对象或者检疫要求中的危险性森林病、虫污染的包装材料、运载工具、场地、仓库等也应实施检疫。如已被污染,托运人应按森检机构的要求进行除害处理。

因实施检疫发生的车船停留、货物搬运、开拆、取样、储存、消毒处理等费用,由托运人承担。复检时发现森检对象、补充森检对象或者检疫要求中的危险性森林病、虫的,除害处理费用由收货人承担。

第二十条 调运应施检疫的森林植物及其产品时,《植物检疫证书》(正本)应当交给交通运输部门或者邮政部门随货运寄,由收货人保存备查。

第二十一条 未取得《植物检疫证书》调运应施检疫的森林植物及其产品的,森检机构应当进行补检,在调运途中被发现的,向托运人收取补检费;在调入地被发现的,向收货人收取补检费。

第二十二条 对省际发生的森检技术纠纷,由有关省、自治区、直辖市森检机构协商解决;协商解决不了的,报林业部指定的单位或者专家认定。

第二十三条 从国外引进林木种子、苗木和其他繁殖材料,引进单位或者个人应当向所在地的省、自治区、直辖市森检机构提出申请,填写《引进林木种子、苗木和其他繁殖材料检疫审批单》,办理引进检疫审批手续,国务院有关部门所属的在京单位从国外引进林木种子、苗木和其他繁殖材料时,应当向林业部森检管理机构或者其指定的森检单位申请办理检疫审批手续。引进后需要分散到省、自治区、直辖市种植的,应当在申请办理引种检疫审批手续前征得分散种植地所在省、自治区、直辖市森检机构的同意。

引进单位或者个人应当在有关的合同或者协议中订明审批的检疫要求。

森检机构应当自受理引进申请后二十日内做出决定。

第二十四条 从国外引进的林木种子、苗木和其他繁殖材料,有关单位或者个人应当按照审批机关确认的地点和措施进行种植。对可能潜伏有危险性森林病、虫的,一年生植物必须隔离试种一个生长周期,多年生植物至少隔离试种两年以上。经省、自治区、直辖市森检机构检疫,证明确实不带危险性森林病、虫的,方可分散种植。

第二十五条 对森检对象的研究,不得在该森检对象的非疫情发生区进行。因教学、科研需要在非疫情发生区进行时,应当经省、自治区、直辖市林业主管部门批准,并采取严密措施防止扩散。

第二十六条 森检机构收取的检疫费只能用于宣传教育、业务培训、检疫工作补助、临时工工资,购置和维修检疫实验用品、通信和仪器设备等森检事业,不得挪作他用。

第二十七条 按照《植物检疫条例》第十六条的规定,进行疫情调查和采取消灭措施所需的紧急防治费和补助费,由省、自治区、直辖市在每年的农村造林和林木保护补助费中安排。

第二十八条 各级林业主管部门应当根据森检工作的需要,建设检疫检验室、除害处理设施、检疫隔离试种苗圃等设施。

第二十九条 有下列成绩之一的单位和个人,由人民政府或者林业主管部门给予奖励:

(一)与违反森检法规行为作斗争事迹突出的;

(二)在封锁、消灭森检对象工作中有显著成绩的;

(三)在森检技术研究和推广工作中获得重大成果或者显著效益的;

(四)防止危险性森林病、虫传播蔓延做出重要贡献的。

第三十条 有下列行为之一的,森检机构应当责令纠正,可以处以50元至2000元罚款;造成损失的,应当责令赔偿;构成犯罪的,由司法机关依法追究刑事责任。

(一)未依照规定办理《植物检疫证书》或者在报检过程中弄虚作假的;

(二)伪造、涂改、买卖、转让植物检疫单证、印章、标志、封识的;

(三)未依照规定调运、隔离试种或者生产应施检疫的森林植物及其产品的;

(四)违反规定,擅自开拆森林植物及其产品的包装,调换森林植物及其产品,或者擅自改变森林植物及其产品的规定用途的;

(五)违反规定,引起疫情扩散的。

有前款第(一)、(二)、(三)、(四)项所列情形之一,尚不构成犯罪的,森检机构可以没收非法所得。

对违反规定调运的森林植物及其产品,森检机构有权予以封存、没收、销毁或者责令改变用途。销毁所需费用由责任人承担。

第三十一条　森检人员在工作中徇私舞弊、玩忽职守造成重大损失的,由其所在单位或者上级主管机关给予行政处分;构成犯罪的,由司法机关依法追究刑事责任。

第三十二条　当事人对森检机构的行政处罚决定不服的,可以自接到处罚通知书之日起六十日内提起行政复议;对复议决定不服的,可以自接到复议决定书之日起十五日内向人民法院提起诉讼。当事人逾期不申请复议或者不起诉又不履行行政处罚决定的,森检机构可以申请人民法院强制执行或者依法强制执行。

第三十三条　本细则中规定的《植物检疫证书》《产地检疫合格证》《检疫处理通知单》《森林植物检疫员证》和《引进林木种子、苗木和其他繁殖材料检疫审批单》等检疫单证的格式,由林业部制定。

第三十四条　本细则由林业部负责解释。

第三十五条　本细则自发布之日起施行。1984年9月17日林业部发布的《〈植物检疫条例〉实施细则(林业部分)》同时废止。

五、农药管理条例

（1997年5月8日中华人民共和国国务院令第216号发布；根据2001年11月29日《国务院关于修改〈农药管理条例〉的决定》第一次修订；2017年2月8日国务院第164次常务会议修订通过；

根据2022年3月29日《国务院关于修改和废止部分行政法规的决定》第二次修订）

第一章　总则

第一条　为了加强农药管理,保证农药质量,保障农产品质量安全和人畜安全,保护农业、林业生产和生态环境,制定本条例。

第二条　本条例所称农药,是指用于预防、控制危害农业、林业的病、虫、草、鼠和其他有害生物以及有目的地调节植物、昆虫生长的化学合成或者来源于生物、其他天然物质的一种物质或者几种物质的混合物及其制剂。

前款规定的农药包括用于不同目的、场所的下列各类:

(一)预防、控制危害农业、林业的病、虫(包括昆虫、蜱、螨)、草、鼠、软体动物和其他有害生物;

(二)预防、控制仓储以及加工场所的病、虫、鼠和其他有害生物;

(三)调节植物、昆虫生长;

(四)农业、林业产品防腐或者保鲜;

(五)预防、控制蚊、蝇、蜚蠊、鼠和其他有害生物;

(六)预防、控制危害河流堤坝、铁路、码头、机场、建筑物和其他场所的有害生物。

第三条　国务院农业主管部门负责全国的农药监督管理工作。

县级以上地方人民政府农业主管部门负责本行政区域的农药监督管理工作。

县级以上人民政府其他有关部门在各自职责范围内负责有关的农药监督管理工作。

第四条　县级以上地方人民政府应当加强对农药监督管理工作的组织领导,将农药监督管理经费列入本级政府预算,保障农药监督管理工作的开展。

第五条　农药生产企业、农药经营者应当对其生产、经营的农药的安全性、有效性负责,自觉接受政府监管和社会监督。

农药生产企业、农药经营者应当加强行业自律,规范生产、经营行为。

第六条　国家鼓励和支持研制、生产、使用安全、高效、经济的农药,推进农药专业化使用,促进农药产业升级。

对在农药研制、推广和监督管理等工作中做出突出贡献的单位和个人,按照国家有关规定予以表彰或者奖励。

第二章　农药登记

第七条　国家实行农药登记制度。农药生产企业、向中国出口农药的企业应当依照本条例的规定申请农药登记,新农药研制者可以依照本条例的规定申请农药登记。

国务院农业主管部门所属的负责农药检定工作的机构负责农药登记具体工作。省、自治区、直辖市人民政府农业主管部门所属的负责农药检定工作的机构协助做好本行政区域的农药登记具体工作。

第八条　国务院农业主管部门组织成立农药登记评审委员会,负责农药登记评审。

农药登记评审委员会由下列人员组成:

(一)国务院农业、林业、卫生、环境保护、粮食、工业行业管理、安全生产监督管理等有关部门和供销合作总社等单位推荐的农药产品化学、药效、毒理、残留、环境、质量标准和检测等方面的专家;

(二)国家食品安全风险评估专家委员会的有关专家;

(三)国务院农业、林业、卫生、环境保护、粮食、工业行业管理、安全生产监督管理等有关部门和供销合作总社等单位的代表。

农药登记评审规则由国务院农业主管部门制定。

第九条　申请农药登记的,应当进行登记试验。

农药的登记试验应当报所在地省、自治区、直辖市人民政府农业主管部门备案。

第十条　登记试验应当由国务院农业主管部门认定的登记试验单位按照国务院农业主管部门的规定进行。

与已取得中国农药登记的农药组成成分、使用范围和使用方法相同的农药,免予残留、环境试验,但已取得中国农药登记的农药依照本条例第十五条的规定在登记资料保护期内的,应当经农药登记证持有人授权同意。

登记试验单位应当对登记试验报告的真实性负责。

第十一条　登记试验结束后,申请人应当向所在地省、自治区、直辖市人民政府农业主管部门提出农药登记申请,并提交登记试验报告、标签样张和农药产品质量标准及其检验方法等申请资料;申请新农药登记的,还应当提供农药标准品。

省、自治区、直辖市人民政府农业主管部门应当自受理申请之日起20个工作日内提出初审意见,并报送国务院农业主管部门。

向中国出口农药的企业申请农药登记的,应当持本条第一款规定的资料、农药标准品以及在有关国家(地区)登记、使用的证明材料,向国务院农业主管部门提出申请。

第十二条　国务院农业主管部门受理申请或者收到省、自治区、直辖市人民政府农业主管部门报送的申请资料后,应当组织审查和登记评审,并自收到评审意见之日起20个工作日内做出审批决定,符合条件的,核发农药登记证;不符合条件的,书面通知申请人并说明理由。

第十三条　农药登记证应当载明农药名称、剂型、有效成分及其含量、毒性、使用范围、使用方法和剂量、登记证持有人、登记证号以及有效期等事项。

农药登记证有效期为5年。有效期届满,需要继续生产农药或者向中国出口农药的,农药登记证持有人应当在有效期届满90日前向国务院农业主管部门申请延续。

农药登记证载明事项发生变化的,农药登记证持有人应当按照国务院农业主管部门的规定申请变更农药登记证。

国务院农业主管部门应当及时公告农药登记证核发、延续、变更情况以及有关的农药产品质量标准号、残留限量规定、检验方法、经核准的标签等信息。

第十四条　新农药研制者可以转让其已取得登记的新农药的登记资料;农药生产企业可以向具有相应生产能力的农药生产企业转让其已取得登记的农药的登记资料。

第十五条　国家对取得首次登记的、含有新化合物的农药的申请人提交的其自己所取得且未披露的试验数据和其他数据实施保护。

自登记之日起6年内,对其他申请人未经已取得登记的申请人同意,使用前款规定的数据申请农药登记的,登记机关不予登记;但是,其他申请人提交其自己所取得的数据的除外。

除下列情况外,登记机关不得披露本条第一款规定的数据:

(一)公共利益需要;

(二)已采取措施确保该类信息不会被不正当地进行商业使用。

第三章　农药生产

第十六条　农药生产应当符合国家产业政策。国家鼓励和支持农药生产企业采用先进技术和先进管理规范,提高农药的安全性、有效性。

第十七条　国家实行农药生产许可制度。农药生产企业应当具备下列条件,并按照国务院农业主管部门的规定向省、自治区、直辖市人民政府农业主管部门申请农药生产许可证:

(一)有与所申请生产农药相适应的技术人员;

(二)有与所申请生产农药相适应的厂房、设施;

(三)有对所申请生产农药进行质量管理和质量检验的人员、仪器和设备;

(四)有保证所申请生产农药质量的规章制度。

省、自治区、直辖市人民政府农业主管部门应当自受理申请之日起20个工作日内做出审批决定,必要时应当进行实地核查。符合条件的,核发农药生产许可证;不符合条件的,书面通知申请人并说明理由。

安全生产、环境保护等法律、行政法规对企业生产条件有其他规定的,农药生产企业还应当遵守其规定。

第十八条 农药生产许可证应当载明农药生产企业名称、住所、法定代表人（负责人）、生产范围、生产地址以及有效期等事项。

农药生产许可证有效期为5年。有效期届满，需要继续生产农药的，农药生产企业应当在有效期届满90日前向省、自治区、直辖市人民政府农业主管部门申请延续。

农药生产许可证载明事项发生变化的，农药生产企业应当按照国务院农业主管部门的规定申请变更农药生产许可证。

第十九条 委托加工、分装农药的，委托人应当取得相应的农药登记证，受托人应当取得农药生产许可证。

委托人应当对委托加工、分装的农药质量负责。

第二十条 农药生产企业采购原材料，应当查验产品质量检验合格证和有关许可证明文件，不得采购、使用未依法附具产品质量检验合格证、未依法取得有关许可证明文件的原材料。

农药生产企业应当建立原材料进货记录制度，如实记录原材料的名称、有关许可证明文件编号、规格、数量、供货人名称及其联系方式、进货日期等内容。原材料进货记录应当保存2年以上。

第二十一条 农药生产企业应当严格按照产品质量标准进行生产，确保农药产品与登记农药一致。农药出厂销售，应当经质量检验合格并附具产品质量检验合格证。

农药生产企业应当建立农药出厂销售记录制度，如实记录农药的名称、规格、数量、生产日期和批号、产品质量检验信息、购货人名称及其联系方式、销售日期等内容。农药出厂销售记录应当保存2年以上。

第二十二条 农药包装应当符合国家有关规定，并印制或者贴有标签。国家鼓励农药生产企业使用可回收的农药包装材料。

农药标签应当按照国务院农业主管部门的规定，以中文标注农药的名称、剂型、有效成分及其含量、毒性及其标识、使用范围、使用方法和剂量、使用技术要求和注意事项、生产日期、可追溯电子信息码等内容。

剧毒、高毒农药以及使用技术要求严格的其他农药等限制使用农药的标签还应当标注"限制使用"字样，并注明使用的特别限制和特殊要求。用于食用农产品的农药的标签还应当标注安全间隔期。

第二十三条 农药生产企业不得擅自改变经核准的农药的标签内容，不得在农药的标签中标注虚假、误导使用者的内容。

农药包装过小，标签不能标注全部内容的，应当同时附具说明书，说明书的内容应当与经核准的标签内容一致。

第四章 农药经营

第二十四条 国家实行农药经营许可制度，但经营卫生用农药的除外。农药经营者应当具备下列条件，并按照国务院农业主管部门的规定向县级以上地方人民政府农业主管部门申请农药经营许可证：

（一）有具备农药和病虫害防治专业知识，熟悉农药管理规定，能够指导安全合理使用农药的经营人员；

（二）有与其他商品以及饮用水水源、生活区域等有效隔离的营业场所和仓储场所,并配备与所申请经营农药相适应的防护设施;

（三）有与所申请经营农药相适应的质量管理、台账记录、安全防护、应急处置、仓储管理等制度。

经营限制使用农药的,还应当配备相应的用药指导和病虫害防治专业技术人员,并按照所在地省、自治区、直辖市人民政府农业主管部门的规定实行定点经营。

县级以上地方人民政府农业主管部门应当自受理申请之日起20个工作日内做出审批决定。符合条件的,核发农药经营许可证;不符合条件的,书面通知申请人并说明理由。

第二十五条　农药经营许可证应当载明农药经营者名称、住所、负责人、经营范围以及有效期等事项。

农药经营许可证有效期为5年。有效期届满,需要继续经营农药的,农药经营者应当在有效期届满90日前向发证机关申请延续。

农药经营许可证载明事项发生变化的,农药经营者应当按照国务院农业主管部门的规定申请变更农药经营许可证。

取得农药经营许可证的农药经营者设立分支机构的,应当依法申请变更农药经营许可证,并向分支机构所在地县级以上地方人民政府农业主管部门备案,其分支机构免予办理农药经营许可证。农药经营者应当对其分支机构的经营活动负责。

第二十六条　农药经营者采购农药应当查验产品包装、标签、产品质量检验合格证以及有关许可证明文件,不得向未取得农药生产许可证的农药生产企业或者未取得农药经营许可证的其他农药经营者采购农药。

农药经营者应当建立采购台账,如实记录农药的名称、有关许可证明文件编号、规格、数量、生产企业和供货人名称及其联系方式、进货日期等内容。采购台账应当保存2年以上。

第二十七条　农药经营者应当建立销售台账,如实记录销售农药的名称、规格、数量、生产企业、购买人、销售日期等内容。销售台账应当保存2年以上。

农药经营者应当向购买人询问病虫害发生情况并科学推荐农药,必要时应当实地查看病虫害发生情况,并正确说明农药的使用范围、使用方法和剂量、使用技术要求和注意事项,不得误导购买人。

经营卫生用农药的,不适用本条第一款、第二款的规定。

第二十八条　农药经营者不得加工、分装农药,不得在农药中添加任何物质,不得采购、销售包装和标签不符合规定,未附具产品质量检验合格证,未取得有关许可证明文件的农药。

经营卫生用农药的,应当将卫生用农药与其他商品分柜销售;经营其他农药的,不得在农药经营场所内经营食品、食用农产品、饲料等。

第二十九条　境外企业不得直接在中国销售农药。境外企业在中国销售农药的,应当依法在中国设立销售机构或者委托符合条件的中国代理机构销售。

向中国出口的农药应当附具中文标签、说明书,符合产品质量标准,并经出入境检验检疫部门依法检验合格。禁止进口未取得农药登记证的农药。

办理农药进出口海关申报手续,应当按照海关总署的规定出示相关证明文件。

第五章　农药使用

第三十条　县级以上人民政府农业主管部门应当加强农药使用指导、服务工作,建立健全农药安全、合理使用制度,并按照预防为主、综合防治的要求,组织推广农药科学使用技术,规范农药使用行为。林业、粮食、卫生等部门应当加强对林业、储粮、卫生用农药安全、合理使用的技术指导,环境保护主管部门应当加强对农药使用过程中环境保护和污染防治的技术指导。

第三十一条　县级人民政府农业主管部门应当组织植物保护、农业技术推广等机构向农药使用者提供免费技术培训,提高农药安全、合理使用水平。

国家鼓励农业科研单位、有关学校、农民专业合作社、供销合作社、农业社会化服务组织和专业人员为农药使用者提供技术服务。

第三十二条　国家通过推广生物防治、物理防治、先进施药器械等措施,逐步减少农药使用量。

县级人民政府应当制定并组织实施本行政区域的农药减量计划;对实施农药减量计划、自愿减少农药使用量的农药使用者,给予鼓励和扶持。

县级人民政府农业主管部门应当鼓励和扶持设立专业化病虫害防治服务组织,并对专业化病虫害防治和限制使用农药的配药、用药进行指导、规范和管理,提高病虫害防治水平。

县级人民政府农业主管部门应当指导农药使用者有计划地轮换使用农药,减缓危害农业、林业的病、虫、草、鼠和其他有害生物的抗药性。

乡、镇人民政府应当协助开展农药使用指导、服务工作。

第三十三条　农药使用者应当遵守国家有关农药安全、合理使用制度,妥善保管农药,并在配药、用药过程中采取必要的防护措施,避免发生农药使用事故。

限制使用农药的经营者应当为农药使用者提供用药指导,并逐步提供统一用药服务。

第三十四条　农药使用者应当严格按照农药的标签标注的使用范围、使用方法和剂量、使用技术要求和注意事项使用农药,不得扩大使用范围、加大用药剂量或者改变使用方法。

农药使用者不得使用禁用的农药。

标签标注安全间隔期的农药,在农产品收获前应当按照安全间隔期的要求停止使用。

剧毒、高毒农药不得用于防治卫生害虫,不得用于蔬菜、瓜果、茶叶、菌类、中草药材的生产,不得用于水生植物的病虫害防治。

第三十五条　农药使用者应当保护环境,保护有益生物和珍稀物种,不得在饮用水水源保护区、河道内丢弃农药、农药包装物或者清洗施药器械。

严禁在饮用水水源保护区内使用农药,严禁使用农药毒鱼、虾、鸟、兽等。

第三十六条　农产品生产企业、食品和食用农产品仓储企业、专业化病虫害防治服务组织和从事农产品生产的农民专业合作社等应当建立农药使用记录,如实记录使用农药的时间、地点、对象以及农药名称、用量、生产企业等。农药使用记录应当保存2年以上。

国家鼓励其他农药使用者建立农药使用记录。

第三十七条　国家鼓励农药使用者妥善收集农药包装物等废弃物;农药生产企业、农药经营者应当回收农药废弃物,防止农药污染环境和农药中毒事故的发生。具体办法由国务院环境保护主管部门会同国务院农业主管部门、国务院财政部门等部门制定。

第三十八条 发生农药使用事故,农药使用者、农药生产企业、农药经营者和其他有关人员应当及时报告当地农业主管部门。

接到报告的农业主管部门应当立即采取措施,防止事故扩大,同时通知有关部门采取相应措施。造成农药中毒事故的,由农业主管部门和公安机关依照职责权限组织调查处理,卫生主管部门应当按照国家有关规定立即对受到伤害的人员组织医疗救治;造成环境污染事故的,由环境保护等有关部门依法组织调查处理;造成储粮药剂使用事故和农作物药害事故的,分别由粮食、农业等部门组织技术鉴定和调查处理。

第三十九条 因防治突发重大病虫害等紧急需要,国务院农业主管部门可以决定临时生产、使用规定数量的未取得登记或者禁用、限制使用的农药,必要时应当会同国务院对外贸易主管部门决定临时限制出口或者临时进口规定数量、品种的农药。

前款规定的农药,应当在使用地县级人民政府农业主管部门的监督和指导下使用。

第六章 监督管理

第四十条 县级以上人民政府农业主管部门应当定期调查统计农药生产、销售、使用情况,并及时通报本级人民政府有关部门。

县级以上地方人民政府农业主管部门应当建立农药生产、经营诚信档案并予以公布;发现违法生产、经营农药的行为涉嫌犯罪的,应当依法移送公安机关查处。

第四十一条 县级以上人民政府农业主管部门履行农药监督管理职责,可以依法采取下列措施:

(一)进入农药生产、经营、使用场所实施现场检查;

(二)对生产、经营、使用的农药实施抽查检测;

(三)向有关人员调查了解有关情况;

(四)查阅、复制合同、票据、账簿以及其他有关资料;

(五)查封、扣押违法生产、经营、使用的农药,以及用于违法生产、经营、使用农药的工具、设备、原材料等;

(六)查封违法生产、经营、使用农药的场所。

第四十二条 国家建立农药召回制度。农药生产企业发现其生产的农药对农业、林业、人畜安全、农产品质量安全、生态环境等有严重危害或者较大风险的,应当立即停止生产,通知有关经营者和使用者,向所在地农业主管部门报告,主动召回产品,并记录通知和召回情况。

农药经营者发现其经营的农药有前款规定的情形的,应当立即停止销售,通知有关生产企业、供货人和购买人,向所在地农业主管部门报告,并记录停止销售和通知情况。

农药使用者发现其使用的农药有本条第一款规定的情形的,应当立即停止使用,通知经营者,并向所在地农业主管部门报告。

第四十三条 国务院农业主管部门和省、自治区、直辖市人民政府农业主管部门应当组织负责农药检定工作的机构、植物保护机构对已登记农药的安全性和有效性进行监测。

发现已登记农药对农业、林业、人畜安全、农产品质量安全、生态环境等有严重危害或者较大风险的,国务院农业主管部门应当组织农药登记评审委员会进行评审,根据评审结果撤销、变更相应的农药登记证,必要时应当决定禁用或者限制使用并予以公告。

第四十四条　有下列情形之一的,认定为假农药:

(一)以非农药冒充农药;

(二)以此种农药冒充他种农药;

(三)农药所含有效成分种类与农药的标签、说明书标注的有效成分不符。

禁用的农药,未依法取得农药登记证而生产、进口的农药,以及未附具标签的农药,按照假农药处理。

第四十五条　有下列情形之一的,认定为劣质农药:

(一)不符合农药产品质量标准;

(二)混有导致药害等有害成分。

超过农药质量保证期的农药,按照劣质农药处理。

第四十六条　假农药、劣质农药和回收的农药废弃物等应当交由具有危险废物经营资质的单位集中处置,处置费用由相应的农药生产企业、农药经营者承担;农药生产企业、农药经营者不明确的,处置费用由所在地县级人民政府财政列支。

第四十七条　禁止伪造、变造、转让、出租、出借农药登记证、农药生产许可证、农药经营许可证等许可证明文件。

第四十八条　县级以上人民政府农业主管部门及其工作人员和负责农药检定工作的机构及其工作人员,不得参与农药生产、经营活动。

第七章　法律责任

第四十九条　县级以上人民政府农业主管部门及其工作人员有下列行为之一的,由本级人民政府责令改正;对负有责任的领导人员和直接责任人员,依法给予处分;负有责任的领导人员和直接责任人员构成犯罪的,依法追究刑事责任:

(一)不履行监督管理职责,所辖行政区域的违法农药生产、经营活动造成重大损失或者恶劣社会影响;

(二)对不符合条件的申请人准予许可或者对符合条件的申请人拒不准予许可;

(三)参与农药生产、经营活动;

(四)有其他徇私舞弊、滥用职权、玩忽职守行为。

第五十条　农药登记评审委员会组成人员在农药登记评审中谋取不正当利益的,由国务院农业主管部门从农药登记评审委员会除名;属于国家工作人员的,依法给予处分;构成犯罪的,依法追究刑事责任。

第五十一条　登记试验单位出具虚假登记试验报告的,由省、自治区、直辖市人民政府农业主管部门没收违法所得,并处5万元以上10万元以下罚款;由国务院农业主管部门从登记试验单位中除名,5年内不再受理其登记试验单位认定申请;构成犯罪的,依法追究刑事责任。

第五十二条　未取得农药生产许可证生产农药或者生产假农药的,由县级以上地方人民政府农业主管部门责令停止生产,没收违法所得、违法生产的产品和用于违法生产的工具、设备、原材料等,违法生产的产品货值金额不足1万元的,并处5万元以上10万元以下罚款,货值金额1万元以上的,并处货值金额10倍以上20倍以下罚款,由发证机关吊销农药生产许可证和相应的农药登记证;构成犯罪的,依法追究刑事责任。

取得农药生产许可证的农药生产企业不再符合规定条件继续生产农药的,由县级以上地方人民政府农业主管部门责令限期整改;逾期拒不整改或者整改后仍不符合规定条件的,由发证机关吊销农药生产许可证。

农药生产企业生产劣质农药的,由县级以上地方人民政府农业主管部门责令停止生产,没收违法所得、违法生产的产品和用于违法生产的工具、设备、原材料等,违法生产的产品货值金额不足1万元的,并处1万元以上5万元以下罚款,货值金额1万元以上的,并处货值金额5倍以上10倍以下罚款;情节严重的,由发证机关吊销农药生产许可证和相应的农药登记证;构成犯罪的,依法追究刑事责任。

委托未取得农药生产许可证的受托人加工、分装农药,或者委托加工、分装假农药、劣质农药的,对委托人和受托人均依照本条第一款、第三款的规定处罚。

第五十三条 农药生产企业有下列行为之一的,由县级以上地方人民政府农业主管部门责令改正,没收违法所得、违法生产的产品和用于违法生产的原材料等,违法生产的产品货值金额不足1万元的,并处1万元以上2万元以下罚款,货值金额1万元以上的,并处货值金额2倍以上5倍以下罚款;拒不改正或者情节严重的,由发证机关吊销农药生产许可证和相应的农药登记证:

(一)采购、使用未依法附具产品质量检验合格证、未依法取得有关许可证明文件的原材料;

(二)出厂销售未经质量检验合格并附具产品质量检验合格证的农药;

(三)生产的农药包装、标签、说明书不符合规定;

(四)不召回依法应当召回的农药。

第五十四条 农药生产企业不执行原材料进货、农药出厂销售记录制度,或者不履行农药废弃物回收义务的,由县级以上地方人民政府农业主管部门责令改正,处1万元以上5万元以下罚款;拒不改正或者情节严重的,由发证机关吊销农药生产许可证和相应的农药登记证。

第五十五条 农药经营者有下列行为之一的,由县级以上地方人民政府农业主管部门责令停止经营,没收违法所得、违法经营的农药和用于违法经营的工具、设备等,违法经营的农药货值金额不足1万元的,并处5000元以上5万元以下罚款,货值金额1万元以上的,并处货值金额5倍以上10倍以下罚款;构成犯罪的,依法追究刑事责任:

(一)违反本条例规定,未取得农药经营许可证经营农药;

(二)经营假农药;

(三)在农药中添加物质。

有前款第二项、第三项规定的行为,情节严重的,还应当由发证机关吊销农药经营许可证。

取得农药经营许可证的农药经营者不再符合规定条件继续经营农药的,由县级以上地方人民政府农业主管部门责令限期整改;逾期拒不整改或者整改后仍不符合规定条件的,由发证机关吊销农药经营许可证。

第五十六条 农药经营者经营劣质农药的,由县级以上地方人民政府农业主管部门责令停止经营,没收违法所得、违法经营的农药和用于违法经营的工具、设备等,违法经营的农药货值金额不足1万元的,并处2000元以上2万元以下罚款,货值金额1万元以上的,并处货值金额2倍以上5倍以下罚款;情节严重的,由发证机关吊销农药经营许可证;构成犯罪的,依法追究刑事责任。

第五十七条 农药经营者有下列行为之一的,由县级以上地方人民政府农业主管部门责令改正,没收违法所得和违法经营的农药,并处5000元以上5万元以下罚款;拒不改正或者情节严重的,由发证机关吊销农药经营许可证:

(一)设立分支机构未依法变更农药经营许可证,或者未向分支机构所在地县级以上地方人民政府农业主管部门备案;

(二)向未取得农药生产许可证的农药生产企业或者未取得农药经营许可证的其他农药经营者采购农药;

(三)采购、销售未附具产品质量检验合格证或者包装、标签不符合规定的农药;

(四)不停止销售依法应当召回的农药。

第五十八条 农药经营者有下列行为之一的,由县级以上地方人民政府农业主管部门责令改正;拒不改正或者情节严重的,处2000元以上2万元以下罚款,并由发证机关吊销农药经营许可证:

(一)不执行农药采购台账、销售台账制度;

(二)在卫生用农药以外的农药经营场所内经营食品、食用农产品、饲料等;

(三)未将卫生用农药与其他商品分柜销售;

(四)不履行农药废弃物回收义务。

第五十九条 境外企业直接在中国销售农药的,由县级以上地方人民政府农业主管部门责令停止销售,没收违法所得、违法经营的农药和用于违法经营的工具、设备等,违法经营的农药货值金额不足5万元的,并处5万元以上50万元以下罚款,货值金额5万元以上的,并处货值金额10倍以上20倍以下罚款,由发证机关吊销农药登记证。

取得农药登记证的境外企业向中国出口劣质农药情节严重或者出口假农药的,由国务院农业主管部门吊销相应的农药登记证。

第六十条 农药使用者有下列行为之一的,由县级人民政府农业主管部门责令改正,农药使用者为农产品生产企业、食品和食用农产品仓储企业、专业化病虫害防治服务组织和从事农产品生产的农民专业合作社等单位的,处5万元以上10万元以下罚款,农药使用者为个人的,处1万元以下罚款;构成犯罪的,依法追究刑事责任:

(一)不按照农药的标签标注的使用范围、使用方法和剂量、使用技术要求和注意事项、安全间隔期使用农药;

(二)使用禁用的农药;

(三)将剧毒、高毒农药用于防治卫生害虫,用于蔬菜、瓜果、茶叶、菌类、中草药材生产或者用于水生植物的病虫害防治;

(四)在饮用水水源保护区内使用农药;

(五)使用农药毒鱼、虾、鸟、兽等;

(六)在饮用水水源保护区、河道内丢弃农药、农药包装物或者清洗施药器械。

有前款第二项规定的行为的,县级人民政府农业主管部门还应当没收禁用的农药。

第六十一条　农产品生产企业、食品和食用农产品仓储企业、专业化病虫害防治服务组织和从事农产品生产的农民专业合作社等不执行农药使用记录制度的,由县级人民政府农业主管部门责令改正;拒不改正或者情节严重的,处2000元以上2万元以下罚款。

第六十二条　伪造、变造、转让、出租、出借农药登记证、农药生产许可证、农药经营许可证等许可证明文件的,由发证机关收缴或者予以吊销,没收违法所得,并处1万元以上5万元以下罚款;构成犯罪的,依法追究刑事责任。

第六十三条　未取得农药生产许可证生产农药,未取得农药经营许可证经营农药,或者被吊销农药登记证、农药生产许可证、农药经营许可证的,其直接负责的主管人员10年内不得从事农药生产、经营活动。

农药生产企业、农药经营者招用前款规定的人员从事农药生产、经营活动的,由发证机关吊销农药生产许可证、农药经营许可证。

被吊销农药登记证的,国务院农业主管部门5年内不再受理其农药登记申请。

第六十四条　生产、经营的农药造成农药使用者人身、财产损害的,农药使用者可以向农药生产企业要求赔偿,也可以向农药经营者要求赔偿。属于农药生产企业责任的,农药经营者赔偿后有权向农药生产企业追偿;属于农药经营者责任的,农药生产企业赔偿后有权向农药经营者追偿。

第八章　附则

第六十五条　申请农药登记的,申请人应当按照自愿有偿的原则,与登记试验单位协商确定登记试验费用。

第六十六条　本条例自2017年6月1日起施行。

六、中华人民共和国生物安全法

（2020年10月17日第十三届全国人民代表大会常务委员会第二十二次会议通过）

第一章　总则

第一条　为了维护国家安全,防范和应对生物安全风险,保障人民生命健康,保护生物资源和生态环境,促进生物技术健康发展,推动构建人类命运共同体,实现人与自然和谐共生,制定本法。

第二条　本法所称生物安全,是指国家有效防范和应对危险生物因子及相关因素威胁,生物技术能够稳定健康发展,人民生命健康和生态系统相对处于没有危险和不受威胁的状态,生物领域具备维护国家安全和持续发展的能力。

从事下列活动,适用本法:

（一）防控重大新发突发传染病、动植物疫情;

（二）生物技术研究、开发与应用;

（三）病原微生物实验室生物安全管理;

（四）人类遗传资源与生物资源安全管理;

（五）防范外来物种入侵与保护生物多样性;

（六）应对微生物耐药;

（七）防范生物恐怖袭击与防御生物武器威胁；

（八）其他与生物安全相关的活动。

第三条　生物安全是国家安全的重要组成部分。维护生物安全应当贯彻总体国家安全观，统筹发展和安全，坚持以人为本、风险预防、分类管理、协同配合的原则。

第四条　坚持中国共产党对国家生物安全工作的领导，建立健全国家生物安全领导体制，加强国家生物安全风险防控和治理体系建设，提高国家生物安全治理能力。

第五条　国家鼓励生物科技创新，加强生物安全基础设施和生物科技人才队伍建设，支持生物产业发展，以创新驱动提升生物科技水平，增强生物安全保障能力。

第六条　国家加强生物安全领域的国际合作，履行中华人民共和国缔结或者参加的国际条约规定的义务，支持参与生物科技交流合作与生物安全事件国际救援，积极参与生物安全国际规则的研究与制定，推动完善全球生物安全治理。

第七条　各级人民政府及其有关部门应当加强生物安全法律法规和生物安全知识宣传普及工作，引导基层群众性自治组织、社会组织开展生物安全法律法规和生物安全知识宣传，促进全社会生物安全意识的提升。

相关科研院校、医疗机构以及其他企业事业单位应当将生物安全法律法规和生物安全知识纳入教育培训内容，加强学生、从业人员生物安全意识和伦理意识的培养。

新闻媒体应当开展生物安全法律法规和生物安全知识公益宣传，对生物安全违法行为进行舆论监督，增强公众维护生物安全的社会责任意识。

第八条　任何单位和个人不得危害生物安全。

任何单位和个人有权举报危害生物安全的行为；接到举报的部门应当及时依法处理。

第九条　对在生物安全工作中做出突出贡献的单位和个人，县级以上人民政府及其有关部门按照国家规定予以表彰和奖励。

第二章　生物安全风险防控体制

第十条　中央国家安全领导机构负责国家生物安全工作的决策和议事协调，研究制定、指导实施国家生物安全战略和有关重大方针政策，统筹协调国家生物安全的重大事项和重要工作，建立国家生物安全工作协调机制。

省、自治区、直辖市建立生物安全工作协调机制，组织协调、督促推进本行政区域内生物安全相关工作。

第十一条　国家生物安全工作协调机制由国务院卫生健康、农业农村、科学技术、外交等主管部门和有关军事机关组成，分析研判国家生物安全形势，组织协调、督促推进国家生物安全相关工作。国家生物安全工作协调机制设立办公室，负责协调机制的日常工作。

国家生物安全工作协调机制成员单位和国务院其他有关部门根据职责分工，负责生物安全相关工作。

第十二条　国家生物安全工作协调机制设立专家委员会，为国家生物安全战略研究、政策制定及实施提供决策咨询。

国务院有关部门组织建立相关领域、行业的生物安全技术咨询专家委员会，为生物安全工作提供咨询、评估、论证等技术支撑。

第十三条　地方各级人民政府对本行政区域内生物安全工作负责。

县级以上地方人民政府有关部门根据职责分工,负责生物安全相关工作。

基层群众性自治组织应当协助地方人民政府以及有关部门做好生物安全风险防控、应急处置和宣传教育等工作。

有关单位和个人应当配合做好生物安全风险防控和应急处置等工作。

第十四条　国家建立生物安全风险监测预警制度。国家生物安全工作协调机制组织建立国家生物安全风险监测预警体系,提高生物安全风险识别和分析能力。

第十五条　国家建立生物安全风险调查评估制度。国家生物安全工作协调机制应当根据风险监测的数据、资料等信息,定期组织开展生物安全风险调查评估。

有下列情形之一的,有关部门应当及时开展生物安全风险调查评估,依法采取必要的风险防控措施:

(一)通过风险监测或者接到举报发现可能存在生物安全风险;

(二)为确定监督管理的重点领域、重点项目,制定、调整生物安全相关名录或者清单;

(三)发生重大新发突发传染病、动植物疫情等危害生物安全的事件;

(四)需要调查评估的其他情形。

第十六条　国家建立生物安全信息共享制度。国家生物安全工作协调机制组织建立统一的国家生物安全信息平台,有关部门应当将生物安全数据、资料等信息汇交国家生物安全信息平台,实现信息共享。

第十七条　国家建立生物安全信息发布制度。国家生物安全总体情况、重大生物安全风险警示信息、重大生物安全事件及其调查处理信息等重大生物安全信息,由国家生物安全工作协调机制成员单位根据职责分工发布;其他生物安全信息由国务院有关部门和县级以上地方人民政府及其有关部门根据职责权限发布。

任何单位和个人不得编造、散布虚假的生物安全信息。

第十八条　国家建立生物安全名录和清单制度。国务院及其有关部门根据生物安全工作需要,对涉及生物安全的材料、设备、技术、活动、重要生物资源数据、传染病、动植物疫病、外来入侵物种等制定、公布名录或者清单,并动态调整。

第十九条　国家建立生物安全标准制度。国务院标准化主管部门和国务院其他有关部门根据职责分工,制定和完善生物安全领域相关标准。

国家生物安全工作协调机制组织有关部门加强不同领域生物安全标准的协调和衔接,建立和完善生物安全标准体系。

第二十条　国家建立生物安全审查制度。对影响或者可能影响国家安全的生物领域重大事项和活动,由国务院有关部门进行生物安全审查,有效防范和化解生物安全风险。

第二十一条　国家建立统一领导、协同联动、有序高效的生物安全应急制度。

国务院有关部门应当组织制定相关领域、行业生物安全事件应急预案,根据应急预案和统一部署开展应急演练、应急处置、应急救援和事后恢复等工作。

县级以上地方人民政府及其有关部门应当制定并组织、指导和督促相关企业事业单位制定生物安全事件应急预案,加强应急准备、人员培训和应急演练,开展生物安全事件应急处置、应急救援和事后恢复等工作。

中国人民解放军、中国人民武装警察部队按照中央军事委员会的命令,依法参加生物安全事件应急处置和应急救援工作。

第二十二条　国家建立生物安全事件调查溯源制度。发生重大新发突发传染病、动植物疫情和不明原因的生物安全事件,国家生物安全工作协调机制应当组织开展调查溯源,确定事件性质,全面评估事件影响,提出意见建议。

第二十三条　国家建立首次进境或者暂停后恢复进境的动植物、动植物产品、高风险生物因子国家准入制度。

进出境的人员、运输工具、集装箱、货物、物品、包装物和国际航行船舶压舱水排放等应当符合我国生物安全管理要求。

海关对发现的进出境和过境生物安全风险,应当依法处置。经评估为生物安全高风险的人员、运输工具、货物、物品等,应当从指定的国境口岸进境,并采取严格的风险防控措施。

第二十四条　国家建立境外重大生物安全事件应对制度。境外发生重大生物安全事件的,海关依法采取生物安全紧急防控措施,加强证件核验,提高查验比例,暂停相关人员、运输工具、货物、物品等进境。必要时经国务院同意,可以采取暂时关闭有关口岸、封锁有关国境等措施。

第二十五条　县级以上人民政府有关部门应当依法开展生物安全监督检查工作,被检查单位和个人应当配合,如实说明情况,提供资料,不得拒绝、阻挠。

涉及专业技术要求较高、执法业务难度较大的监督检查工作,应当有生物安全专业技术人员参加。

第二十六条　县级以上人民政府有关部门实施生物安全监督检查,可以依法采取下列措施:

(一)进入被检查单位、地点或者涉嫌实施生物安全违法行为的场所进行现场监测、勘查、检查或者核查;

(二)向有关单位和个人了解情况;

(三)查阅、复制有关文件、资料、档案、记录、凭证等;

(四)查封涉嫌实施生物安全违法行为的场所、设施;

(五)扣押涉嫌实施生物安全违法行为的工具、设备以及相关物品;

(六)法律法规规定的其他措施。

有关单位和个人的生物安全违法信息应当依法纳入全国信用信息共享平台。

第三章　防控重大新发突发传染病、动植物疫情

第二十七条　国务院卫生健康、农业农村、林业草原、海关、生态环境主管部门应当建立新发突发传染病、动植物疫情、进出境检疫、生物技术环境安全监测网络,组织监测站点布局、建设,完善监测信息报告系统,开展主动监测和病原检测,并纳入国家生物安全风险监测预警体系。

第二十八条　疾病预防控制机构、动物疫病预防控制机构、植物病虫害预防控制机构(以下统称专业机构)应当对传染病、动植物疫病和列入监测范围的不明原因疾病开展主动监测,收集、分析、报告监测信息,预测新发突发传染病、动植物疫病的发生、流行趋势。

国务院有关部门、县级以上地方人民政府及其有关部门应当根据预测和职责权限及时发布预警,并采取相应的防控措施。

第二十九条　任何单位和个人发现传染病、动植物疫病的,应当及时向医疗机构、有关专业机构或者部门报告。

医疗机构、专业机构及其工作人员发现传染病、动植物疫病或者不明原因的聚集性疾病的,应当及时报告,并采取保护性措施。

依法应当报告的,任何单位和个人不得瞒报、谎报、缓报、漏报,不得授意他人瞒报、谎报、缓报,不得阻碍他人报告。

第三十条　国家建立重大新发突发传染病、动植物疫情联防联控机制。

发生重大新发突发传染病、动植物疫情,应当依照有关法律法规和应急预案的规定及时采取控制措施;国务院卫生健康、农业农村、林业草原主管部门应当立即组织疫情会商研判,将会商研判结论向中央国家安全领导机构和国务院报告,并通报国家生物安全工作协调机制其他成员单位和国务院其他有关部门。

发生重大新发突发传染病、动植物疫情,地方各级人民政府统一履行本行政区域内疫情防控职责,加强组织领导,开展群防群控、医疗救治,动员和鼓励社会力量依法有序参与疫情防控工作。

第三十一条　国家加强国境、口岸传染病和动植物疫情联合防控能力建设,建立传染病、动植物疫情防控国际合作网络,尽早发现、控制重大新发突发传染病、动植物疫情。

第三十二条　国家保护野生动物,加强动物防疫,防止动物源性传染病传播。

第三十三条　国家加强对抗生素药物等抗微生物药物使用和残留的管理,支持应对微生物耐药的基础研究和科技攻关。

县级以上人民政府卫生健康主管部门应当加强对医疗机构合理用药的指导和监督,采取措施防止抗微生物药物的不合理使用。县级以上人民政府农业农村、林业草原主管部门应当加强对农业生产中合理用药的指导和监督,采取措施防止抗微生物药物的不合理使用,降低在农业生产环境中的残留。

国务院卫生健康、农业农村、林业草原、生态环境等主管部门和药品监督管理部门应当根据职责分工,评估抗微生物药物残留对人体健康、环境的危害,建立抗微生物药物污染物指标评价体系。

第四章　生物技术研究、开发与应用安全

第三十四条　国家加强对生物技术研究、开发与应用活动的安全管理,禁止从事危及公众健康、损害生物资源、破坏生态系统和生物多样性等危害生物安全的生物技术研究、开发与应用活动。

从事生物技术研究、开发与应用活动,应当符合伦理原则。

第三十五条　从事生物技术研究、开发与应用活动的单位应当对本单位生物技术研究、开发与应用的安全负责,采取生物安全风险防控措施,制定生物安全培训、跟踪检查、定期报告等工作制度,强化过程管理。

第三十六条　国家对生物技术研究、开发活动实行分类管理。根据对公众健康、工业农业、生态环境等造成危害的风险程度,将生物技术研究、开发活动分为高风险、中风险、低风险三类。

生物技术研究、开发活动风险分类标准及名录由国务院科学技术、卫生健康、农业农村等主管部门根据职责分工,会同国务院其他有关部门制定、调整并公布。

第三十七条　从事生物技术研究、开发活动,应当遵守国家生物技术研究开发安全管理规范。

从事生物技术研究、开发活动,应当进行风险类别判断,密切关注风险变化,及时采取应对措施。

第三十八条　从事高风险、中风险生物技术研究、开发活动,应当由在我国境内依法成立的法人组织进行,并依法取得批准或者进行备案。

从事高风险、中风险生物技术研究、开发活动,应当进行风险评估,制定风险防控计划和生物安全事件应急预案,降低研究、开发活动实施的风险。

第三十九条　国家对涉及生物安全的重要设备和特殊生物因子实行追溯管理。购买或者引进列入管控清单的重要设备和特殊生物因子,应当进行登记,确保可追溯,并报国务院有关部门备案。

个人不得购买或者持有列入管控清单的重要设备和特殊生物因子。

第四十条　从事生物医学新技术临床研究,应当通过伦理审查,并在具备相应条件的医疗机构内进行;进行人体临床研究操作的,应当由符合相应条件的卫生专业技术人员执行。

第四十一条　国务院有关部门依法对生物技术应用活动进行跟踪评估,发现存在生物安全风险的,应当及时采取有效补救和管控措施。

第五章　病原微生物实验室生物安全

第四十二条　国家加强对病原微生物实验室生物安全的管理,制定统一的实验室生物安全标准。病原微生物实验室应当符合生物安全国家标准和要求。

从事病原微生物实验活动,应当严格遵守有关国家标准和实验室技术规范、操作规程,采取安全防范措施。

第四十三条　国家根据病原微生物的传染性、感染后对人和动物的个体或者群体的危害程度,对病原微生物实行分类管理。

从事高致病性或者疑似高致病性病原微生物样本采集、保藏、运输活动,应当具备相应条件,符合生物安全管理规范。具体办法由国务院卫生健康、农业农村主管部门制定。

第四十四条　设立病原微生物实验室,应当依法取得批准或者进行备案。

个人不得设立病原微生物实验室或者从事病原微生物实验活动。

第四十五条　国家根据对病原微生物的生物安全防护水平,对病原微生物实验室实行分等级管理。

从事病原微生物实验活动应当在相应等级的实验室进行。低等级病原微生物实验室不得从事国家病原微生物目录规定应当在高等级病原微生物实验室进行的病原微生物实验活动。

第四十六条　高等级病原微生物实验室从事高致病性或者疑似高致病性病原微生物实验活动,应当经省级以上人民政府卫生健康或者农业农村主管部门批准,并将实验活动情况向批准部门报告。

对我国尚未发现或者已经宣布消灭的病原微生物,未经批准不得从事相关实验活动。

第四十七条　病原微生物实验室应当采取措施,加强对实验动物的管理,防止实验动物逃逸,对使用后的实验动物按照国家规定进行无害化处理,实现实验动物可追溯。禁止将使用后的实验动物流入市场。

病原微生物实验室应当加强对实验活动废弃物的管理,依法对废水、废气以及其他废弃物进行处置,采取措施防止污染。

第四十八条　病原微生物实验室的设立单位负责实验室的生物安全管理,制定科学、严格的管理制度,定期对有关生物安全规定的落实情况进行检查,对实验室设施、设备、材料等进行检查、维护和更新,确保其符合国家标准。

病原微生物实验室设立单位的法定代表人和实验室负责人对实验室的生物安全负责。

第四十九条　病原微生物实验室的设立单位应当建立和完善安全保卫制度,采取安全保卫措施,保障实验室及其病原微生物的安全。

国家加强对高等级病原微生物实验室的安全保卫。高等级病原微生物实验室应当接受公安机关等部门有关实验室安全保卫工作的监督指导,严防高致病性病原微生物泄漏、丢失和被盗、被抢。

国家建立高等级病原微生物实验室人员进入审核制度。进入高等级病原微生物实验室的人员应当经实验室负责人批准。对可能影响实验室生物安全的,不予批准;对批准进入的,应当采取安全保障措施。

第五十条　病原微生物实验室的设立单位应当制定生物安全事件应急预案,定期组织开展人员培训和应急演练。发生高致病性病原微生物泄漏、丢失和被盗、被抢或者其他生物安全风险的,应当按照应急预案的规定及时采取控制措施,并按照国家规定报告。

第五十一条　病原微生物实验室所在地省级人民政府及其卫生健康主管部门应当加强实验室所在地感染性疾病医疗资源配置,提高感染性疾病医疗救治能力。

第五十二条　企业对涉及病原微生物操作的生产车间的生物安全管理,依照有关病原微生物实验室的规定和其他生物安全管理规范进行。

涉及生物毒素、植物有害生物及其他生物因子操作的生物安全实验室的建设和管理,参照有关病原微生物实验室的规定执行。

第六章　人类遗传资源与生物资源安全

第五十三条　国家加强对我国人类遗传资源和生物资源采集、保藏、利用、对外提供等活动的管理和监督,保障人类遗传资源和生物资源安全。

国家对我国人类遗传资源和生物资源享有主权。

第五十四条　国家开展人类遗传资源和生物资源调查。

国务院科学技术主管部门组织开展我国人类遗传资源调查,制定重要遗传家系和特定地区人类遗传资源申报登记办法。

国务院科学技术、自然资源、生态环境、卫生健康、农业农村、林业草原、中医药主管部门根据职责分工,组织开展生物资源调查,制定重要生物资源申报登记办法。

第五十五条　采集、保藏、利用、对外提供我国人类遗传资源,应当符合伦理原则,不得危害公众健康、国家安全和社会公共利益。

第五十六条　从事下列活动,应当经国务院科学技术主管部门批准:

（一）采集我国重要遗传家系、特定地区人类遗传资源或者采集国务院科学技术主管部门规定的种类、数量的人类遗传资源；

（二）保藏我国人类遗传资源；

（三）利用我国人类遗传资源开展国际科学研究合作；

（四）将我国人类遗传资源材料运送、邮寄、携带出境。

前款规定不包括以临床诊疗、采供血服务、查处违法犯罪、兴奋剂检测和殡葬等为目的采集、保藏人类遗传资源及开展的相关活动。

为了取得相关药品和医疗器械在我国上市许可，在临床试验机构利用我国人类遗传资源开展国际合作临床试验、不涉及人类遗传资源出境的，不需要批准；但是，在开展临床试验前应当将拟使用的人类遗传资源种类、数量及用途向国务院科学技术主管部门备案。

境外组织、个人及其设立或者实际控制的机构不得在我国境内采集、保藏我国人类遗传资源，不得向境外提供我国人类遗传资源。

第五十七条　将我国人类遗传资源信息向境外组织、个人及其设立或者实际控制的机构提供或者开放使用的，应当向国务院科学技术主管部门事先报告并提交信息备份。

第五十八条　采集、保藏、利用、运输出境我国珍贵、濒危、特有物种及其可用于再生或者繁殖传代的个体、器官、组织、细胞、基因等遗传资源，应当遵守有关法律法规。

境外组织、个人及其设立或者实际控制的机构获取和利用我国生物资源，应当依法取得批准。

第五十九条　利用我国生物资源开展国际科学研究合作，应当依法取得批准。

利用我国人类遗传资源和生物资源开展国际科学研究合作，应当保证中方单位及其研究人员全过程、实质性地参与研究，依法分享相关权益。

第六十条　国家加强对外来物种入侵的防范和应对，保护生物多样性。国务院农业农村主管部门会同国务院其他有关部门制定外来入侵物种名录和管理办法。

国务院有关部门根据职责分工，加强对外来入侵物种的调查、监测、预警、控制、评估、清除以及生态修复等工作。

任何单位和个人未经批准，不得擅自引进、释放或者丢弃外来物种。

第七章　防范生物恐怖与生物武器威胁

第六十一条　国家采取一切必要措施防范生物恐怖与生物武器威胁。

禁止开发、制造或者以其他方式获取、储存、持有和使用生物武器。

禁止以任何方式唆使、资助、协助他人开发、制造或者以其他方式获取生物武器。

第六十二条　国务院有关部门制定、修改、公布可被用于生物恐怖活动、制造生物武器的生物体、生物毒素、设备或者技术清单，加强监管，防止其被用于制造生物武器或者恐怖目的。

第六十三条　国务院有关部门和有关军事机关根据职责分工，加强对可被用于生物恐怖活动、制造生物武器的生物体、生物毒素、设备或者技术进出境、进出口、获取、制造、转移和投放等活动的监测、调查，采取必要的防范和处置措施。

第六十四条　国务院有关部门、省级人民政府及其有关部门负责组织遭受生物恐怖袭击、生物武器攻击后的人员救治与安置、环境消毒、生态修复、安全监测和社会秩序恢复等工作。

国务院有关部门、省级人民政府及其有关部门应当有效引导社会舆论科学、准确报道生物恐怖袭击和生物武器攻击事件,及时发布疏散、转移和紧急避难等信息,对应急处置与恢复过程中遭受污染的区域和人员进行长期环境监测和健康监测。

第六十五条 国家组织开展对我国境内战争遗留生物武器及其危害结果、潜在影响的调查。

国家组织建设存放和处理战争遗留生物武器设施,保障对战争遗留生物武器的安全处置。

第八章 生物安全能力建设

第六十六条 国家制定生物安全事业发展规划,加强生物安全能力建设,提高应对生物安全事件的能力和水平。

县级以上人民政府应当支持生物安全事业发展,按照事权划分,将支持下列生物安全事业发展的相关支出列入政府预算:

(一)监测网络的构建和运行;

(二)应急处置和防控物资的储备;

(三)关键基础设施的建设和运行;

(四)关键技术和产品的研究、开发;

(五)人类遗传资源和生物资源的调查、保藏;

(六)法律法规规定的其他重要生物安全事业。

第六十七条 国家采取措施支持生物安全科技研究,加强生物安全风险防御与管控技术研究,整合优势力量和资源,建立多学科、多部门协同创新的联合攻关机制,推动生物安全核心关键技术和重大防御产品的成果产出与转化应用,提高生物安全的科技保障能力。

第六十八条 国家统筹布局全国生物安全基础设施建设。国务院有关部门根据职责分工,加快建设生物信息、人类遗传资源保藏、菌(毒)种保藏、动植物遗传资源保藏、高等级病原微生物实验室等方面的生物安全国家战略资源平台,建立共享利用机制,为生物安全科技创新提供战略保障和支撑。

第六十九条 国务院有关部门根据职责分工,加强生物基础科学研究人才和生物领域专业技术人才培养,推动生物基础科学学科建设和科学研究。

国家生物安全基础设施重要岗位的从业人员应当具备符合要求的资格,相关信息应当向国务院有关部门备案,并接受岗位培训。

第七十条 国家加强重大新发突发传染病、动植物疫情等生物安全风险防控的物资储备。

国家加强生物安全应急药品、装备等物资的研究、开发和技术储备。国务院有关部门根据职责分工,落实生物安全应急药品、装备等物资研究、开发和技术储备的相关措施。

国务院有关部门和县级以上地方人民政府及其有关部门应当保障生物安全事件应急处置所需的医疗救护设备、救治药品、医疗器械等物资的生产、供应和调配;交通运输主管部门应当及时组织协调运输经营单位优先运送。

第七十一条 国家对从事高致病性病原微生物实验活动、生物安全事件现场处置等高风险生物安全工作的人员,提供有效的防护措施和医疗保障。

第九章 法律责任

第七十二条 违反本法规定,履行生物安全管理职责的工作人员在生物安全工作中滥用职权、玩忽职守、徇私舞弊或者有其他违法行为的,依法给予处分。

第七十三条 违反本法规定,医疗机构、专业机构或者其工作人员瞒报、谎报、缓报、漏报,授意他人瞒报、谎报、缓报,或者阻碍他人报告传染病、动植物疫病或者不明原因的聚集性疾病的,由县级以上人民政府有关部门责令改正,给予警告;对法定代表人、主要负责人、直接负责的主管人员和其他直接责任人员,依法给予处分,并可以依法暂停一定期限的执业活动直至吊销相关执业证书。

违反本法规定,编造、散布虚假的生物安全信息,构成违反治安管理行为的,由公安机关依法给予治安管理处罚。

第七十四条 违反本法规定,从事国家禁止的生物技术研究、开发与应用活动的,由县级以上人民政府卫生健康、科学技术、农业农村主管部门根据职责分工,责令停止违法行为,没收违法所得、技术资料和用于违法行为的工具、设备、原材料等物品,处一百万元以上一千万元以下的罚款,违法所得在一百万元以上的,处违法所得十倍以上二十倍以下的罚款,并可以依法禁止一定期限内从事相应的生物技术研究、开发与应用活动,吊销相关许可证件;对法定代表人、主要负责人、直接负责的主管人员和其他直接责任人员,依法给予处分,处十万元以上二十万元以下的罚款,十年直至终身禁止从事相应的生物技术研究、开发与应用活动,依法吊销相关执业证书。?

第七十五条 违反本法规定,从事生物技术研究、开发活动未遵守国家生物技术研究开发安全管理规范的,由县级以上人民政府有关部门根据职责分工,责令改正,给予警告,可以并处二万元以上二十万元以下的罚款;拒不改正或者造成严重后果的,责令停止研究、开发活动,并处二十万元以上二百万元以下的罚款。

第七十六条 违反本法规定,从事病原微生物实验活动未在相应等级的实验室进行,或者高等级病原微生物实验室未经批准从事高致病性、疑似高致病性病原微生物实验活动的,由县级以上地方人民政府卫生健康、农业农村主管部门根据职责分工,责令停止违法行为,监督其将用于实验活动的病原微生物销毁或者送交保藏机构,给予警告;造成传染病传播、流行或者其他严重后果的,对法定代表人、主要负责人、直接负责的主管人员和其他直接责任人员依法给予撤职、开除处分。

第七十七条 违反本法规定,将使用后的实验动物流入市场的,由县级以上人民政府科学技术主管部门责令改正,没收违法所得,并处二十万元以上一百万元以下的罚款,违法所得在二十万元以上的,并处违法所得五倍以上十倍以下的罚款;情节严重的,由发证部门吊销相关许可证件。

第七十八条 违反本法规定,有下列行为之一的,由县级以上人民政府有关部门根据职责分工,责令改正,没收违法所得,给予警告,可以并处十万元以上一百万元以下的罚款:

(一)购买或者引进列入管控清单的重要设备、特殊生物因子未进行登记,或者未报国务院有关部门备案;

(二)个人购买或者持有列入管控清单的重要设备或者特殊生物因子;

(三)个人设立病原微生物实验室或者从事病原微生物实验活动;

(四)未经实验室负责人批准进入高等级病原微生物实验室。

第七十九条　违反本法规定,未经批准,采集、保藏我国人类遗传资源或者利用我国人类遗传资源开展国际科学研究合作的,由国务院科学技术主管部门责令停止违法行为,没收违法所得和违法采集、保藏的人类遗传资源,并处五十万元以上五百万元以下的罚款,违法所得在一百万元以上的,并处违法所得五倍以上十倍以下的罚款;情节严重的,对法定代表人、主要负责人、直接负责的主管人员和其他直接责任人员,依法给予处分,五年内禁止从事相应活动。

第八十条　违反本法规定,境外组织、个人及其设立或者实际控制的机构在我国境内采集、保藏我国人类遗传资源,或者向境外提供我国人类遗传资源的,由国务院科学技术主管部门责令停止违法行为,没收违法所得和违法采集、保藏的人类遗传资源,并处一百万元以上一千万元以下的罚款;违法所得在一百万元以上的,并处违法所得十倍以上二十倍以下的罚款。

第八十一条　违反本法规定,未经批准,擅自引进外来物种的,由县级以上人民政府有关部门根据职责分工,没收引进的外来物种,并处五万元以上二十五万元以下的罚款。

违反本法规定,未经批准,擅自释放或者丢弃外来物种的,由县级以上人民政府有关部门根据职责分工,责令限期捕回、找回释放或者丢弃的外来物种,处一万元以上五万元以下的罚款。

第八十二条　违反本法规定,构成犯罪的,依法追究刑事责任;造成人身、财产或者其他损害的,依法承担民事责任。

第八十三条　违反本法规定的生物安全违法行为,本法未规定法律责任,其他有关法律、行政法规有规定的,依照其规定。

第八十四条　境外组织或者个人通过运输、邮寄、携带危险生物因子入境或者以其他方式危害我国生物安全的,依法追究法律责任,并可以采取其他必要措施。

第十章　附则

第八十五条　本法下列术语的含义:

(一)生物因子,是指动物、植物、微生物、生物毒素及其他生物活性物质。

(二)重大新发突发传染病,是指我国境内首次出现或者已经宣布消灭再次发生,或者突然发生,造成或者可能造成公众健康和生命安全严重损害,引起社会恐慌,影响社会稳定的传染病。

(三)重大新发突发动物疫情,是指我国境内首次发生或者已经宣布消灭的动物疫病再次发生,或者发病率、死亡率较高的潜伏动物疫病突然发生并迅速传播,给养殖业生产安全造成严重威胁、危害,以及可能对公众健康和生命安全造成危害的情形。

(四)重大新发突发植物疫情,是指我国境内首次发生或者已经宣布消灭的严重危害植物的真菌、细菌、病毒、昆虫、线虫、杂草、害鼠、软体动物等再次引发病虫害,或者本地有害生物突然大范围发生并迅速传播,对农作物、林木等植物造成严重危害的情形。

(五)生物技术研究、开发与应用,是指通过科学和工程原理认识、改造、合成、利用生物而从事的科学研究、技术开发与应用等活动。

(六)病原微生物,是指可以侵犯人、动物引起感染甚至传染病的微生物,包括病毒、细菌、真菌、立克次体、寄生虫等。

(七)植物有害生物,是指能够对农作物、林木等植物造成危害的真菌、细菌、病毒、昆虫、线虫、杂草、害鼠、软体动物等生物。

（八）人类遗传资源，包括人类遗传资源材料和人类遗传资源信息。人类遗传资源材料是指含有人体基因组、基因等遗传物质的器官、组织、细胞等遗传材料。人类遗传资源信息是指利用人类遗传资源材料产生的数据等信息资料。

（九）微生物耐药，是指微生物对抗微生物药物产生抗性，导致抗微生物药物不能有效控制微生物的感染。

（十）生物武器，是指类型和数量不属于预防、保护或者其他和平用途所正当需要的、任何来源或者任何方法产生的微生物剂、其他生物剂以及生物毒素；也包括为将上述生物剂、生物毒素使用于敌对目的或者武装冲突而设计的武器、设备或者运载工具。

（十一）生物恐怖，是指故意使用致病性微生物、生物毒素等实施袭击，损害人类或者动植物健康，引起社会恐慌，企图达到特定政治目的的行为。

第八十六条　生物安全信息属于国家秘密的，应当依照《中华人民共和国保守国家秘密法》和国家其他有关保密规定实施保密管理。

第八十七条　中国人民解放军、中国人民武装警察部队的生物安全活动，由中央军事委员会依照本法规定的原则另行规定。

第八十八条　本法自 2021 年 4 月 15 日起施行。

七、湖北省林业有害生物防治条例

（2016 年 12 月 1 日湖北省十二届人民代表大会常务委员会第二十五次会议通过）

第一章　总则

第一条　为了防治林业有害生物，保护森林资源，维护生态安全，根据《中华人民共和国森林法》《森林病虫害防治条例》《植物检疫条例》等有关法律、行政法规，结合本省实际，制定本条例。

第二条　本省行政区域内的林业有害生物预防、治理和森林植物及其产品检疫等活动，适用本条例。

林业有害生物是指对森林植物及其产品构成危害或者威胁的动物、植物和微生物。

森林植物及其产品，包括乔木、灌木、竹类、花卉和其他森林植物，林木种子、苗木和其他繁殖材料，木材、竹材、药材、干果、盆景和其他林产品。

第三条　林业有害生物防治工作遵循预防为主、综合治理、科学防治的原则，实行政府主导、部门协作、社会参与的工作机制。

第四条　县级以上人民政府应当将林业有害生物防治工作纳入国民经济和社会发展规划，建立健全林业有害生物监测预警、检疫御灾、防治减灾体系，将林业有害生物防治工作纳入目标责任制考核内容。

乡镇人民政府、街道办事处应当做好林业有害生物防治相关工作，组织村（居）民委员会、林业协会、专业合作社、林业生产经营者等开展林业有害生物防治工作。

第五条　县级以上人民政府林业主管部门负责本行政区域内林业有害生物防治工作，其所属的林业有害生物防治检疫机构负责林业有害生物监测预警、检验检疫、防治督查以及相关技术服务、业务培训等工作。

县级以上人民政府有关部门和单位按照各自职责,共同做好林业有害生物防治工作。

第六条 林业生产经营者应当依法做好其所属或者经营管理的森林、林木的有害生物预防和治理工作。

第七条 鼓励和支持公民、法人以及其他社会组织参与林业有害生物防治工作。

各级人民政府及有关部门、新闻媒体应当加强林业有害生物防治知识的宣传普及,增强公众防御林业有害生物灾害的意识和能力,拓展公众参与林业有害生物防治的途径。

县级以上人民政府及有关部门对在林业有害生物防治工作中做出突出贡献的单位和个人,给予表彰和奖励。

第二章 预防

第八条 县级以上人民政府林业主管部门应当制定本地区林业有害生物防治规划,科学布局测报站(点)、配备专(兼)职测报员,完善测报网络,组织开展监测预报工作。

第九条 县级以上人民政府林业主管部门应当每五年组织一次林业有害生物普查,对重大、突发林业有害生物及时组织专项调查,并向本级人民政府和上级林业主管部门报告普查、调查情况。

第十条 国有森林、林木由其经营管护单位组织开展林业有害生物监测。集体和个人所有的森林、林木由乡镇林业工作站组织开展监测;未设立林业工作站的,由县级以上人民政府确定相关机构开展监测。

单位和个人发现森林植物出现异常情况,应当及时向林业主管部门报告,林业主管部门应当及时调查核实。

第十一条 林业有害生物防治检疫机构应当按照国家规定定期发布林业有害生物短、中、长期趋势预报,及时发布重大或者突发林业有害生物预警信息,并提出防治建议或者方案。

其他任何单位和个人不得发布林业有害生物预警预报信息。禁止伪造、篡改林业有害生物预警预报信息。

气象部门应当无偿提供监测林业有害生物所需的公益性气象服务。广播、电视、报刊、网络等媒体应当无偿刊播林业有害生物预警预报信息。

第十二条 县级以上人民政府林业主管部门应当将林业有害生物防治措施纳入造林绿化设计方案和森林经营方案,科学配置造林绿化树种,推广良种壮苗和抗性树(品)种。对林业有害生物灾害常发区,实施以营林措施为主,生物、化学和物理防治相结合的综合治理措施。

林业生产经营者应当采取林业有害生物防治措施,优先选用优良乡土树种,采用混交栽植模式,适地适树适种源造林。

禁止使用带有危险性林业有害生物的林木种子、苗木和其他繁殖材料进行育苗或者造林。

第十三条 自然(文化)遗产保护区、自然保护区、森林公园、湿地公园、风景名胜区以及古树名木等需要特别保护的区域或者林木,由县级以上人民政府划定公布为林业有害生物重点预防区,并督促有关单位制定防治预案。

林业有害生物重点预防区的经营管理者应当建立管护制度,采取防护措施,防止外来林业有害生物入侵。

第十四条 县级以上人民政府应当制定林业有害生物防治应急预案,组建专群结合的应急防治队伍,加强林业有害生物应急防治设备、药剂的储备。

第十五条 林业主管部门应当加强对林业有害生物监测预报站(点)及其监测设施的建设和维护。

任何单位和个人不得占用、移动、损毁监测预报站(点)的监测设施或者破坏其周边环境。

因城乡建设需要迁移监测预报站(点)的,应当征得林业主管部门同意,并承担相应费用。

第三章 检疫

第十六条 省人民政府林业主管部门应当根据国家林业检疫性有害生物名单和本省林业有害生物疫情情况,确定和调整本省的补充名单并向社会公布。

林业有害生物防治检疫机构应当按照前款规定的名单实施检疫。

第十七条 省人民政府林业主管部门应当建立森林植物及其产品检疫追溯信息系统,实行检疫标识管理,实现森林植物及其产品生产、运输、销售、使用全过程监管。

第十八条 生产、经营林木种子、苗木和其他繁殖材料的单位或者个人,应当依法向林业有害生物防治检疫机构申请产地检疫。检疫不合格的,受检单位或者个人应当按照规定进行除害处理。

第十九条 应施检疫的森林植物及其产品进入流通环节的,生产经营者应当依法向林业有害生物防治检疫机构申请流通检疫。

应施检疫的森林植物及其产品跨县流通的,输入地林业有害生物防治检疫机构应当查验检疫证书。森林植物及其产品在省际流通的,应当符合输入地检疫要求。

对可能被检疫对象污染的包装材料、运载工具、场地、仓库等,林业有害生物防治检疫机构应当实施检疫。已被污染的,托运人应当按照要求进行除害处理。

按照本条第一款规定运输应施检疫的森林植物及其产品,托运人不出具植物检疫证书的,承运人不得承运或者收寄。植物检疫证书应当随货运寄。

第二十条 从国外引进林木种子、苗木,引进单位应当按照国家规定进行林业有害生物引种风险性评估,并向省林业有害生物防治检疫机构申请办理检疫审批手续;对可能潜伏有危险性林业有害生物的林木种子、苗木应当隔离试种,经试种确认不带危险性林业有害生物的,方可种植。

出入境检验检疫、边防、海关等部门应当加强境外重大植物疫情输入风险管理,并与林业有害生物防治检疫机构建立信息沟通机制,共同做好防范外来有害生物入侵工作;林业有害生物防治检疫机构应当做好引种后的检疫监管工作。

第二十一条 发生林业有害生物疫情时,应当按照国家有关规定划定疫区。

林业有害生物防治检疫机构应当加强对木材流通场所、苗木集散地、车站、港口和市场等重点地区的检疫检查;发生特大疫情时,经省人民政府批准,可以设立临时林业植物检疫检查站开展检疫工作。

第二十二条 在林地及其边缘500米范围内施工,使用松木或者其他可能携带疫病的木质材料承载、包装、铺垫、支撑、加固设施设备的,建设单位应当事先将施工时间、地点向林业有害生物防治检疫机构报告。

施工结束后,建设单位应当及时回收、销毁松木或者其他可能携带疫病的木质材料,不得随意弃置。林业有害生物防治检疫机构应当对回收、销毁情况进行监督检查和技术指导。

第四章　治理

第二十三条　县级以上人民政府应当按照林业有害生物的危害程度和影响范围,对林业有害生物灾害实行分级管理。具体办法由省人民政府制定。

第二十四条　林业有害生物的治理实行分类管理。

生态公益林的林业有害生物治理和非生态公益林的重大、突发林业有害生物治理由县级以上人民政府负责,林业主管部门组织实施;生产经营者应当配合。

非生态公益林的一般林业有害生物治理由生产经营者负责,县级以上人民政府给予适当补贴。

第二十五条　林业生产经营者应当按照林业主管部门的要求,做好林业有害生物治理工作。

林业主管部门应当做好林业有害生物治理技术指导和服务,并对治理情况进行监督检查。

第二十六条　对新发现和新传入的林业有害生物,县级以上人民政府林业主管部门应当及时查清情况,报告省人民政府林业主管部门,并组织有关部门、林业经营者采取封锁、扑灭等必要的除治措施。

第二十七条　对跨行政区域、危害严重的林业有害生物灾害,相邻地区人民政府及其林业主管部门应当加强协作配合,建立林业有害生物联防联治机制,健全疫情监测、信息通报和定期会商制度,开展联合防治。

相邻地区共同的上级人民政府及其林业主管部门应当加强对跨行政区域林业有害生物灾害联防联治的组织协调和指导监督。

县级以上人民政府林业主管部门应当鼓励和支持林业生产经营者建立联户、联组、联村的防治联合体和应急处置联合队,开展群防群治。

第二十八条　发生重大、突发林业有害生物灾害或者疫情时,县级以上人民政府应当及时启动林业有害生物防治应急预案,必要时成立林业有害生物防治临时指挥机构,解决林业有害生物治理工作中的重大问题。

第二十九条　因防治重大、突发林业有害生物灾害或者疫情需要,经县级以上林业有害生物防治检疫机构鉴定,报请县级以上人民政府林业主管部门同意,可以先行采伐林木,再按照规定办理相关手续;林业有害生物防治检疫机构应当指导相关单位或者个人进行除害处理。

采伐疫木的单位或者个人应当按照疫区和疫木管理规定作业,并做好采伐山场和疫木堆场监管。任何单位或者个人不得擅自捡拾、挖掘、采伐疫木及其剩余物。

实行疫木安全定点利用制度。疫木的安全利用,按照疫木安全利用管理规定,在林业有害生物防治检疫机构的监督下实施。

第三十条　对在林业有害生物防治过程中强制清除、销毁森林植物及其产品和相关物品的,县级以上人民政府应当给予补偿,因生产经营者违法行为造成林业有害生物灾害或者疫情的除外。补偿的标准、程序、范围由省人民政府另行规定。

第三十一条　省人民政府及其林业主管部门应当建立林业有害生物绿色防治体系和社会化服务机制,加大补贴和扶持力度,鼓励和支持生物防治技术的研发、引进、推广和使用,提高林业有害生物防治的科学技术水平。

林业有害生物防治的措施、方法和技术应当进行生态环境风险评估,保护有益生物,保证人畜安全,防止污染环境。

第五章　保障

第三十二条　县级以上人民政府应当将林业有害生物防治纳入政府公共服务体系和防灾减灾体系,建立财政资金和社会资金相结合的多元化资金投入机制,加强林业有害生物防治基础设施建设,完善林业有害生物防治保障措施。

第三十三条　县级以上人民政府应当将林业有害生物普查、监测、检疫、治理和监督管理所需经费纳入本级财政预算;对突发性林业有害生物灾情根据需要安排专项经费。

自然(文化)遗产保护区、自然保护区、森林公园、湿地公园、风景名胜区以及古树名木等需要特别保护的区域和其他依托森林资源从事旅游活动的景区景点的管理者、经营者,应当安排专项资金用于林业有害生物防治。

第三十四条　县级以上人民政府应当加强林业有害生物防治检疫机构队伍建设,合理配备专业技术人员,强化业务培训,保持队伍专业性和相对稳定。

第三十五条　鼓励和扶持社会化防治组织开展林业有害生物调查监测、灾害鉴定、风险评估、疫情治理及其监理等活动。

鼓励向林业有害生物社会化防治组织购买服务。

第三十六条　县级以上人民政府应当出台激励措施,支持林业生产经营者参加林业有害生物灾害保险,鼓励保险机构开展林业有害生物灾害保险业务。

第三十七条　任何单位和个人发现林业有害生物疫情的,应当向林业主管部门报告;对不依法履行林业有害生物防治义务和监督管理职责的行为,有权举报。

县级以上人民政府林业主管部门和有关机关应当健全举报制度,公布举报电话,及时核实举报情况,依法处理并适时反馈;对查证属实的,给予奖励。

第六章　法律责任

第三十八条　违反本条例,法律、法规有规定的,从其规定;造成他人损害的,依法承担民事责任;构成犯罪的,依法追究刑事责任。

第三十九条　违反本条例第十一条第二款,擅自发布或者伪造、篡改林业有害生物预警预报信息的,由林业主管部门给予警告,责令改正,并处5千元以上1万元以下罚款;造成严重后果的,处1万元以上2万元以下罚款。

第四十条　违反本条例第十五条第二款,占用、移动、损毁林业有害生物监测预报站(点)的监测设施或者破坏其周边环境的,由林业主管部门责令停止违法行为,限期改正,恢复原状;逾期不改正的,处5千元以上1万元以下罚款。

第四十一条　违反本条例第十八条、第十九条第三款,未按照规定进行除害处理的,由林业有害生物防治检疫机构责令限期改正;逾期不改正的,依法确定第三方代为除治,所需费用由违法行为人承担。

第四十二条　违反本条例第十九条第四款,承运人未按照规定承运或者收寄的,由林业有害生物防治检疫机构给予警告,责令改正,没收违法所得,并处1万元以上5万元以下罚款。

第四十三条　违反本条例第二十条第一款,从国外引进林木种子、苗木未按照规定隔离试种即种植的,由林业有害生物防治检疫机构责令限期改正,没收违法所得;逾期不改正的,予以封存、销毁,并处2万元以上10万元以下罚款;造成外来危险性有害生物入侵的,处10万元以上30万元以下罚款。

第四十四条　违反本条例第二十二条第二款,建设单位在施工结束后未及时回收、销毁松木或者其他可能携带疫病的木质材料的,由林业有害生物防治检疫机构责令限期回收、销毁,处1万元以上2万元以下罚款;逾期不回收、销毁的,依法确定第三方代为回收、销毁,所需费用由违法行为人承担;造成疫情扩散的,处5万元以上10万元以下罚款。

第四十五条　违反本条例第二十九条第二款,擅自捡拾、挖掘、采伐疫木及其剩余物的,由林业有害生物防治检疫机构责令除治或者销毁,没收违法所得,可以并处1千元以上5千元以下罚款。

第四十六条　违反本条例第二十九条第三款,未按照规定对疫木进行定点安全利用的,由林业有害生物防治检疫机构责令改正,没收违法所得;拒不改正或者造成疫木流失的,并处1万元以上5万元以下罚款。

第四十七条　国家机关及其工作人员违反本条例规定,在林业有害生物防治检疫工作中滥用职权、玩忽职守、徇私舞弊的,由其所在单位或者上级主管机关、监察机关对直接负责的主管人员和其他直接责任人员依法给予行政处分;构成犯罪的,依法追究刑事责任。

第七章　附则

第四十八条　本条例自2017年2月1日起施行。

复习思考题

一、单选题

1.《森林病虫害防治条例》要求,"各级人民政府林业主管部门应当(　　)和(　　)森林经营单位和个人,采取有效措施,保护好林内各种有益生物"。

A. 鼓励,支持　　　　　　　　B. 提倡,支持

C. 组织,指导　　　　　　　　D. 组织,监督

2. 县级以上地方人民政府或者(　　)应当制定除治森林病虫害的实施计划,并组织好交界地区的联防联治,对除治情况定期检查。

A. 其林业有害生物防治机构　　B. 其林业主管部门

C. 其所属部门　　　　　　　　D. 林政部门

3.(　　)负责组织、协调和指导全国突发林业有害生物事件的处置工作。

A. 国务院应急管理办公室(现已更名)　　B. 国家减灾委员会

C. 国家林业局(现已更名)　　D. 民政部

4.《重大外来林业有害生物灾害应急预案》规定,国家林业局林业有害生物检验鉴定中心的职责是(　　)。

A. 提供技术咨询

B. 承担省级林业主管部门无法确认和鉴定的,怀疑为重大有害生物的种类鉴定及风险评估

C. 开展相关科学研究

D. 协调和监督检查工作

5. 疫区和保护区的划定,由(　　)农业主管部门、林业主管部门提出,报省、自治区、直辖市人民政府批准,并报国务院农业主管部门、林业主管部门备案。

A. 省级　　　　　　B. 县级　　　　　　C. 区、乡级　　　　　　D. 自然村

6.《森林病虫害防治条例》规定的行政处罚,由(　　)级以上人民政府林业主管部门或其授权的单位决定。

A. 省　　　　　　B. 县　　　　　　C. 区、乡　　　　　　D. 自然村

7. 从事生物技术研究、开发与应用活动,应当符合(　　)原则。

A. 合理　　　　　　B. 合法　　　　　　C. 合规　　　　　　D. 伦理

8. 我国应对各类突发事件的综合性基本法律是(　　)。

A 中华人民共和国刑法　　　　　　B. 中华人民共和国突发事件应对法

C. 中华人民共和国宪法　　　　　　D. 中华人民共和国消防法

9. 突发林业有害生物事件属(　　)。

A. 事故灾难　　　　　　B. 社会安全事件

C. 公共卫生事件　　　　　　D. 自然灾害

10. 农药登记证有效期为(　　)。

A.3 年　　　　　　B.5 年　　　　　　C.2 年　　　　　　D.10 年

二、多选题

1.《森林病虫害防治条例》规定,林业有害生物防治用药必须遵守有关规定,(　　)。

A. 禁用化学农药　　　　　　B. 防止环境污染

C. 保证人畜安全　　　　　　D. 减少杀伤有益生物

2. 国家通过推广(　　)等措施,逐步减少农药使用量。

A. 生物防治　　　　B. 物理防治　　　　C. 先进施药器械　　　　D. 科学使用

3. 生物安全是国家安全的重要组成部分。维护生物安全应当贯彻总体国家安全观,统筹发展和安全,坚持(　　)的原则。

A. 以人为本　　　　B. 风险预防　　　　C. 分类管理　　　　D. 协同配合

4. 国家建立(　　)的生物安全应急制度。

A. 统一领导　　　　B. 协同联动　　　　C. 互相独立　　　　D. 有序高效

5. 对违反《植物检疫条例》规定调运的植物和植物产品,植物检疫机构有权予以(　　)。

A. 封存　　　　B. 没收　　　　C. 销毁　　　　D. 责令改变用途

6.《植物检疫条例实施细则(林业部分)》规定,调运检疫时,检疫机构对发现森检对象、补充森检对象或者危险性森林病、虫的,而又无法进行彻底除害处理的货物,应当(　　)。

A. 停止调运　　　　B. 责令改变用途　　　　C. 控制使用　　　　D. 就地销毁

7. 有(　　)情形的,认定为假农药。

A. 以非农药冒充农药

B. 以此种农药冒充他种农药；

C. 农药所含有效成分种类与农药的标签、说明书标注的有效成分不符。

D. 未依法取得农药登记证而生产进口的农药

8. 根据突发公共事件的发生过程、性质和机理,突发事件分为(　　　)。

A. 自然灾害　　　　B. 事故灾难　　　　C. 公共卫生事件　　　　D. 社会安全事件

9.《重大外来林业有害生物灾害应急预案》规定,国家林业局重大生物灾害防治指挥部办公室的职责是(　　　)。

A. 组织开展应急处置　　　　　　　B. 重大生物灾害应急处理的日常工作

C. 协调指挥部各成员单位　　　　　D. 完善基础设施建设

10.《重大外来林业有害生物灾害应急预案》规定,国家林业局重大生物灾害防治专家组的职责是负责(　　　)。

A. 重大生物灾害的调查、评估和分析　　　B. 提供技术咨询

C. 提出应对建议和意见　　　　　　　　　D. 开展相关科学研究

三、判断题

1.(　　)《植物检疫条例》是第一部由国家最高权力机构颁布的植物检疫法律。

2.(　　)《森林病虫害防治条例》所称森林病虫害防治,是指对森林、林木、林木种苗及木材、竹材的病害和虫害的预防。

3.(　　)根据《中华人民共和国森林法》的有关规定,所有的森林、林木和林地使用权都可以有偿流转。

4.(　　)任何单位和个人不得危害生物安全。

5.(　　)《植物检疫条例》规定,省、自治区、直辖市内调运植物和植物产品的检疫办法,由省、自治区、直辖市人民政府规定。

6.(　　)《植物检疫条例实施细则(林业部分)》规定,兼职森检员能够签发《植物检疫证书》。

7.(　　)《国内森林植物检疫技术规程》规定,在检疫过程中发现检疫对象和其他危险性病、虫的,必须保存样品,保存期至少4个月。

8.(　　)应急预案制定机关应当根据实际需要和情势变化,适时修订应急预案。

9.(　　)《突发林业有害生物事件处置办法》规定,县级人民政府林业主管部门在人民政府领导下,具体负责辖区内突发林业有害生物事件的处置工作。

10.(　　)国家《重大外来林业有害生物灾害应急预案》规定,任何单位和个人都有向当地政府和林业主管部门报告重大有害生物的发生情况及其隐患的权利。

参 考 答 案

一、单选题

1~5.DBCBA　　　6~10.BDBDB

二、多选题

1.BCD　2.ABC　3.ABCD　4.ABD　5.ABCD　6.ABCD　7.ABC　8.ABCD　9.BC　10.ABCD

三、判断题

1~5. √ × × √ √　　6~10. × × √ √ √

第二节　药剂药械

一、药剂

（一）农药的分类

农药的种类和品种繁多,仅国内生产的农药就多达几百种,剂型更多。农药常根据防治对象、作用方式及化学组成等分类。

根据防治对象,农药可以分为杀虫剂、杀菌剂、杀线虫剂、杀螨剂、杀鼠剂、除草剂、植物生长调节剂等。

（二）农药的剂型

由工厂生产出来未经加工的农药统称为原药,其中,固体状的称为原粉,液体状的称为原油。原药加入辅助剂后便成为不同剂型的农药。常用的农药剂型有以下几种。

1）粉剂

粉剂由原药和惰性稀释物(如高岭土、滑石粉等)按一定比例混合粉碎而成。粉剂中有效成分含量一般在10%以下。低浓度粉剂通常用于喷粉,高浓度粉剂通常用于拌种、制作毒饵或土壤处理等。粉剂具有加工成本低、使用方便、不需用水的优点,缺点是易因风吹雨淋脱落、药效一般不如液体制剂、易造成环境污染和对周围敏感农作物产生药害。

2）可湿性粉剂

可湿性粉剂由原药、少量表面活性剂(如湿润剂、分散剂、悬浮稳定剂等),以及载体(如硅藻土、陶土)等粉碎混合而成。可湿性粉剂的有效成分含量一般为25%~50%,主要用于喷雾,也可用于灌根、泼浇等。研制高浓度、高悬浮率可湿性粉剂是目前的发展方向。

3）乳油

农药原药按有效成分比例溶解在有机溶剂(如苯、二甲苯等)中,再加入一定量的乳化剂配制而成的透明均相的液体称为乳油。乳油加水稀释可自行乳化形成不透明的乳浊液。乳化性是乳油重要的物理性能,一般要求加水乳化后至少保持2 h内稳定。乳油中农药的有效成分含量高,通常为40%~50%,有的高达80%,使用时稀释倍数也较高。乳油制剂的特点是含有表面活性很强的乳化剂,所以它的湿润性、展着性、黏着性、渗透性和持效期都优于同等浓度的粉剂和可湿性粉剂。乳油主要用于喷雾,也可用于涂茎(内吸剂)、拌种、浸种和泼浇等。

4）颗粒剂

由农药原药、载体和其他辅助剂制成的粒状固体制剂称为颗粒剂。颗粒剂的优点是持效期长、使用方便、对环境污染小、对益虫和天敌安全等。颗粒剂可用于根施、穴施、与种子混播、土壤处理或撒入芯叶等。

5）烟雾剂

原药加入燃料、氧化剂、消燃剂、引芯制成烟雾剂。烟雾剂的特点是点燃后燃烧均匀,成烟率高,无明火,原药受热气化,再遇冷凝结成微粒飘浮于空中。烟雾剂多用于防治温室大棚、林地及仓库病虫害。

6）水剂

水剂是指用水溶性固体农药制成的粉末状物,水剂可兑水使用,成本低廉,但具有不宜久存、不易附着于植物表面的缺点。

7）片剂

原药加入填料制成的片状物称为片剂。

8）其他剂型

常见的其他剂型有微乳剂、固体乳油、悬浮乳剂、可流动粉剂、漂浮颗粒剂、微胶囊剂、泡腾片剂等。

（三）农药的施用方法

农药的品种繁多,加工剂型也多种多样,防治对象的为害部位、为害方式、环境条件也各不相同。因此,农药的使用方法也多种多样。目前农药的使用方法有以下几种。

1.喷粉法

喷粉法是将药粉用喷粉器械或其他工具均匀地喷布于防治对象及其寄主上的施药方法。低浓度的粉剂常使用喷粉法。喷粉法具有工效高、不需用水、对工具要求简单等优点。

2.喷雾法

根据喷液量及喷雾器械特点,喷雾法可以分为三种类型。

1）常规喷雾法

常规喷雾法采用背负式手摇喷雾器,手动加压,喷出药液的雾滴直径为 $100 \sim 200 \, \mu m$。技术要求是喷洒均匀,以使叶面充分湿润且水分不流失。其优点是比喷粉法附着力强、持效期长、效果好等,缺点是工效低、用水量大、对爆发性病虫往往不能及时控制其为害。

2）低容量喷雾法

低容量喷雾法通过器械产生的高速气流将药液吹散成直径为 $50 \sim 100 \, \mu m$ 的细小雾滴弥散到被保护的植物上。低容量喷雾法具有喷洒速度快、省工、效果好的优点,在少水或丘陵地区非常实用。

3）超低容量喷雾法

超低容量喷雾法通过高能的雾化装置,使药液雾化成直径为 $5 \sim 75 \, \mu m$ 的细小雾滴,经飘移而沉降在目标物上。超低容量喷雾法比低容量喷雾法用液量更少(约 $5 \, L/hm^2$),所以不能用农药的常规剂型兑水稀释,而要用专为超低容量喷雾配制的油剂直接喷洒。超低容量喷雾法具有省工、省药、喷药速度快、劳动强度低的特点,但需专用药械,且操作技术要求严格,在有风条件下不宜使用。

3.种苗处理法

种苗处理法包括拌种、浸种和种苗处理三种。拌种法是用一定量的药粉或药液与种子充分拌匀,前者为干拌,后者为湿拌。湿拌后须堆闷一段时间,故又称闷种。种苗处理法主要用来防治地下害虫及苗期害虫,以及由种子传播的病害。

4.毒谷、毒饵法

将害虫、老鼠喜食的饵料与胃毒剂按一定比例配成毒饵,散布在害虫发生、栖息地或害鼠通道,诱集害虫或害鼠取食而中毒死亡的方法称为毒谷、毒饵法,主要用于防治地下和地面活动的害虫及害鼠。常用的饵料有麦麸、米糠、谷子、高粱、玉米、炒香的豆饼、薯类、鲜菜等,一般在傍晚撒施,防治效果较好。

5.土壤处理与毒土法

将农药制剂均匀撒于地面,再翻于土壤耕作层内,用于防治病虫、杂草及线虫的施药方法称为土壤处理法。将农药制剂与细土拌匀,均匀撒至农作物上,地面、水面播种沟内或与种子混播,用来防病、治虫、除草的方法称为毒土法。

6.熏蒸与熏烟法

熏蒸法是用熏蒸剂或易挥发的药剂来熏杀仓库或温室内的害虫、病菌、螨类及鼠类等的方法。此法对隐蔽的病虫具有高效、快速杀灭的特点,但应在密闭条件下进行,施用完毕要充分通风换气。熏烟法是利用烟剂点燃后产生浓烟或用农药直接加热发烟,来防治温室果园和森林的病虫及卫生害虫的方法。

7.涂抹法

涂抹法是利用具内吸作用的农药配成高浓度母液,将其涂抹在植物茎秆上,用来防治病虫的方法。

8.撒颗粒法

撒颗粒法是将颗粒剂撒于害虫栖息、为害的场所来消灭害虫的施药方法,优点是不需用药械、工效高、用药少、效果好、持效期长、利于保护天敌及环境等。

9.注射法、打孔法

注射法是用注射机或兽用注射器将内吸性药剂注入树干,使其在树体内传导运输而杀死害虫的方法,如防治天牛等。打孔法是用木钻、铁钎等利器在树干基部向下打一个45°、深约5 cm的孔,将5~10 mL药液注入孔内,再用泥封口,来防治病虫害的方法。药剂一般稀释2~5倍。

对于一些树势衰弱的古树名木,也可用注射法给树体挂吊瓶,注入营养物质,以增强树势。

(四)农药的理化性状与质量测定

1.常见农药的物理性状

粉剂、可湿性粉剂、乳油、颗粒剂、水剂、烟雾剂、悬浮剂等剂型在颜色、形态等物理外观上存在差异。

2.乳油质量的简易测定

乳油质量的测定可将2~3滴乳油滴入盛有清水的三角瓶中,轻轻振荡,观察油水融合状况,稀释液中是否有油层漂浮或沉淀等现象。若稀释后油水融合良好，呈半透明或乳白色稳定的乳状液，表明乳油的乳化性能好；若出现少许油层，表明乳化性尚好；若出现大量油层、乳油被破坏现象，则不能使用。

3.粉剂、可湿性粉剂质量鉴别方法

取少量药粉轻轻撒在水面上，长期浮在水面的为粉剂；在 1 min 内粉粒吸湿下沉，搅动时可产生大量泡沫的为可湿性粉剂。质量鉴别方法是取少量可湿性粉剂倒入盛有 200 mL 水的量筒内，轻轻搅动，放置 30 min，观察药液的悬浮情况，沉淀越少，药粉质量越高。如出现 3/4 的粉剂颗粒沉淀，可湿性粉剂的质量较差。

（五）农药标签和说明书

1.农药名称

农药名称包含的内容有有效成分及含量、农药名称、剂型等。农药名称通常有两种：一种是中（英）文通用名称，其中，中文通用名称按照国家标准《农药中文通用名称》(GB 4839—2009)规定的名称，英文通用名称引用国际标准组织(ISO)推荐的名称；另一种是商品名，经国家批准可以使用。不同生产厂家生产的有效成分相同的农药，即通用名称相同的农药，其商品名可以不同。

2.农药三证

农药三证指的是农药登记证号、生产许可证和产品标准证。国家批准生产的农药必须三证齐全，缺一不可。

3.净重或净容量

重量应为净值，常用净重或净含量表示。液体农药产品也可用体积表示。特殊农药产品可根据其特性以适当方式表示。

4.使用说明

按照国家批准的作物和防治对象简述使用时期、用药量或稀释倍数、使用方法、限用浓度等。

5.农药毒性与标志

毒性不同的农药，其标志也有所差别。毒性的标志和文字描述均用红字显示，十分醒目，使用时注意鉴别。

6.农药种类标志色带

农药标签下部有一条与底边平行的色带，用于表明农药的类别。其中，红色表示杀虫剂(昆虫生长调节剂、杀螨剂、杀软体动物剂)，黑色表示杀菌剂(杀线虫剂)，绿色表示除草剂，蓝色表示杀鼠剂，深黄色表示植物生长调节剂。

（六）农药的浓度与稀释计算

1.农药的浓度的表示法

目前，我国在生产上常用的浓度表示法有倍数法、百分比浓度法和百万分浓度法。

（1）倍数法：药液（药粉）中稀释剂（水或填料）的用量为原药剂用量的多少倍，或者是药剂稀释多少倍的表示法。生产上往往忽略农药和水的相对密度差异，即把农药的相对密度看作1。倍数法

上篇　理论知识

通常有内比法和外比法两种配法。稀释 100 倍(含 100 倍)以下时用内比法,即稀释时要扣除原药剂所占的 1 份,如稀释 10 倍液,即用原药剂 1 份加水 9 份。稀释 100 倍以上时用外比法,计算稀释量时不扣除原药所占的 1 份,如稀释 1000 倍液,即可用原药剂 1 份加水 1000 份。

(2)百分比浓度(%):100 份药剂中含有多少份药剂的有效成分。百分比浓度又分为质量分数和容量质量分数。固体与固体之间或固体与液体之间,常用质量分数,液体与液体之间常用容量质量分数。

(3)百万分浓度(‰):一百万份药液或药粉中含农药有效成分的份数。百万分之一为 0.001‰。

2.农药的稀释计算

1)按有效成分计算

通用公式:原药剂浓度 × 原药剂质量 = 稀释药剂浓度 × 稀释药剂质量。

(1)求稀释剂质量。

①计算 100 倍以下时,稀释剂质量 = 原药剂质量 × (原药剂浓度 − 稀释药剂浓度)÷ 稀释药剂浓度。

例:用 40% 福美砷可湿性粉剂 10 kg,配成 2% 的稀释液,需加多少水?

计算:$10 \times (40\% - 2\%) \div 2\%$ kg = 190 kg。

②计算 100 倍以上时,稀释剂质量 = 原药剂质量 × 原药剂浓度 ÷ 稀释药剂浓度。

例:用 100 mL 80% 敌敌畏乳油稀释成 5% 浓度,需加多少水?

计算:$100 \times 80\% \div 5\%$ mL = 1600 mL。

(2)求原药剂质量。

原药剂质量 =(稀释药剂质量 × 稀释药剂浓度)÷ 原药剂浓度。

2)根据稀释倍数计算

此法不考虑药剂的有效成分含量。

(1)计算 100 倍以下时,稀释药剂质量 = 原药剂质量 × 稀释倍数 − 原药剂质量。

(2)计算 100 倍以上时,稀释药剂质量 = 原药剂质量 × 稀释倍数。

(七)常用杀虫剂、杀螨剂

1.有机磷杀虫剂

有机磷杀虫剂是发展速度最快、品种最多、使用最广泛的一类药剂,具有杀虫谱较宽、杀虫方式多样、毒性较高、在环境中易降解、易解毒、抗药性产生较慢等特点。有机磷杀虫剂主要有下列品种。

1)毒死蜱(乐斯本)

常见剂型:48% 乳油、40% 乳油、20% 微乳剂、30% 水乳剂。

作用特点:对害虫具有触杀、胃毒和熏蒸作用,在叶片上的残留期不长,但在土壤中的残留期较长。

防治对象:毒死蜱属广谱性杀虫剂,能防治鳞翅目幼虫、半翅目、缨翅目、鞘翅目等多种害虫及螨类。毒死蜱对柑橘介壳虫、粉虱、蚜虫、白蛾蜡蝉、荔枝蒂蛀虫、叶瘿蚊、卷叶蛾、毒蛾、香蕉弄蝶、番木瓜圆蚁等害虫有防治作用。

注意事项:为保护蜜蜂,不要在果树开花期使用,不能与碱性农药混用。

2)辛硫磷

常见剂型:50% 乳油、75% 乳油,3% 颗粒剂、5% 颗粒剂、25% 微胶囊剂。

作用特点:对害虫有触杀、胃毒作用,杀虫谱较广,击倒力强;因对光不稳定,田间叶面喷雾残效期短,但在土壤中残效期长达 1~2 个月,适于防治地下害虫。

防治对象:对鳞翅目幼虫的防治效果好,主要用于防治金龟子、瘿蚊等地下害虫。

注意事项:存放在阴凉、干燥的地方,避免日光照射;农作物收获前 3~5 天不得用药;无内吸传导作用,喷药要均匀;不得与碱性农药混用。

3)马拉硫磷

常见剂型:45% 乳油、50% 乳油、70% 优质乳油。

作用特点:对害虫具有触杀、胃毒作用,也有轻微熏蒸作用;对刺吸式口器和咀嚼式口器害虫有效,残效期较短;气温低时杀虫毒力降低,不宜在低温时使用。

防治对象:本品为广谱性杀虫剂,对柑橘粉蚧、木虱、蚜虫、荔枝刺蛾、毒蛾、卷叶蛾、巢蛾、香蕉交脉蚜、桃蚜、枇杷黄毛虫、板栗大蚜、板栗刺蛾、绿尾大蚕蛾等有防治作用。

注意事项:本品易燃,在运输、储存时要远离火源;遇水会分解,使用时要随配随用。

4)敌敌畏

常见剂型:80% 乳油、22.5% 油剂、20% 烟剂。

作用特点:本品是一种具熏蒸、胃毒和触杀作用的速效广谱性杀虫剂,持效期短。

防治对象:对咀嚼式口器和刺吸式口器的害虫有良好防治效果;对半翅目、鳞翅目、鞘翅目的害虫,例如凤蝶、毒蛾、荔枝尺蠖、卷叶蛾、金龟子、天牛、巢蛾、白蛾蜡蝉、板栗金龟子、透翅蛾、蚜虫等多种害虫有较好防治效果。

注意事项:不宜与碱性药剂混用;水溶液分解快,应随配随用;易对高粱、月季花、玉米、豆类、瓜类产生药害。

5)敌百虫

常见剂型:90% 晶体、80% 可溶性粉剂、50% 可溶性粉剂、50% 乳油。

作用特点:敌百虫对害虫有很强的胃毒作用,有触杀作用,能渗透植物体,无内吸作用。

防治对象:敌百虫是广谱性杀虫剂,对鳞翅目、双翅目、鞘翅目害虫效果好,例如荔枝蛀虫、龙眼蒂蛀虫、毒蛾、刺蛾、卷叶蛾、荔枝蝽象、柑橘角肩蝽、香蕉弄蝶、栗皮夜蛾等。

2.拟除虫菊酯类杀虫剂

拟除虫菊酯类杀虫剂是模拟天然除虫菊素合成的产物,具有杀虫谱极广,击倒力极强,杀虫速度极快,持效期较长,对人、畜低毒,几乎无残留等特点;以触杀为主,兼具胃毒作用,但对蜜蜂、蚕毒性大,产生抗药性快,应合理轮用和混用。常用品种有以下几种。

1)三氟氯氰菊酯

常见剂型:2.5% 乳油。

作用特点:具有触杀、胃毒作用,也有驱避作用,但无内吸作用;有杀虫、杀螨活性,作用迅速,持效期较长。

防治对象:柑橘蚜虫、潜叶蛾、吹绵蚧、矢尖蚧、粉蚧,白蛾蜡蝉,荔枝蒂蛀虫、花果瘿蚊、尺蠖、毒蛾、卷叶蛾、蟥象、桃小食心虫,板栗刺蛾、大蚕蛾、栗皮夜蛾。本品对柑橘红蜘蛛、锈蜘蛛也有防治效果。

注意事项:不能与碱性物质混用;不要污染鱼塘、蜂场;不要多次连续使用,应与有机磷等农药交替使用。

2)高效氯氟氰菊酯

作用机理:抑制昆虫神经轴突部位的传导,对昆虫具有趋避、击倒及毒杀的作用。

作用特点:本品以触杀、胃毒为主,杀虫谱广,活性较高,药效迅速,喷洒后耐雨水冲刷,但长期使用易使害虫对其产生抗性,对刺吸式口器的害虫及害螨有一定防治效果,但对螨的使用剂量要比常规用量增加1~2倍。

防治对象:为害小麦、玉米、果树、棉花、十字花科蔬菜等的麦蚜、吸浆虫、粘虫、玉米螟、甜菜夜蛾、食心虫、卷叶蛾、潜叶蛾、凤蝶、吸果夜蛾、棉铃虫、红铃虫、菜青虫等,为害草原、草地、旱田作物的草地螟等。

3)高效氯氰菊酯

常见剂型:4.5%乳油。

作用特点:本品是氯氰菊酯顺、反异构体的混合物,其顺、反比大约是4:6,对害虫具有触杀、胃毒作用,无内吸作用,杀虫谱广,作用迅速。

防治对象:柑橘、沙田柚、荔枝、龙眼、芒果、橄榄、板栗等南方果树上的鳞翅目、半翅目、鞘翅目等多种害虫,例如柑橘蟥象、荔枝蒂蛀虫、橄榄木虱、板栗毒蛾、刺蛾等。

4)氰戊菊酯

常见剂型:20%乳油。

作用特点:以触杀和胃毒作用为主,无内吸、熏蒸作用,杀虫谱广,对天敌杀伤力强,对螨类无效。

防治对象:对鳞翅目幼虫效果很好,对半翅目害虫也有较好效果,可防治果树上的多种害虫。

注意事项:有些地区的柑橘潜叶蛾、蚜虫已对氰戊菊酯产生很强的抗药性,不宜使用;氰戊菊酯对害螨无防治作用,但对果园天敌有杀伤力,故施用后易造成害螨猖獗;不能污染桑园、鱼塘,不能直接喷到蜜蜂上。

5)溴氰菊酯

常见剂型:2.5%乳油。

作用特点:以触杀、胃毒作用为主,无内吸、熏蒸作用,对害虫有一定驱避拒食作用,杀虫谱广,作用迅速,对螨类无效。

防治对象:适用于防治果树多种害虫,对鳞翅目幼虫及半翅目害虫效果好,杀虫谱及防治对象与氯氰菊酯相似。

注意事项:柑橘潜叶蛾及果树上的蚜虫对溴氰菊酯已产生了较强的抗药性;喷药务必均匀,防治钻蛀性害虫时必须在蛀入前施药;本品对害螨无效,且杀伤天敌,易造成害螨猖獗,要配合杀螨剂使用。

6)甲氰菊酯(灭扫利)

常见剂型:20%乳油。

防治对象:适用于防治果树上的多种害虫,例如柑橘潜叶蛾、蚜虫、介壳虫、蚱蝉、红蜘蛛、荔枝叶瘿蚊、花果瘿蚊、蒂蛀虫、蝽象、尺蠖、毒蛾、卷叶蛾、海南小爪螨、龙眼角颊木虱、芒果尾夜蛾、白蛾蜡蝉、桃蛀螟、桃小食心虫、板栗剌蛾、栗皮夜蛾等。

注意事项:对柑橘红蜘蛛无杀卵作用,持效期短,不能多次连续使用;柑橘潜叶蛾及果树蚜虫对该药已产生了抗药性;不要直接喷到蜜蜂身上,避免在桑园、鱼塘附近使用。

氰戊菊酯、溴氰菊酯、三氟氯氰菊酯的杀螨效果差,杀虫有负温度效应;联苯菊酯兼有杀叶螨特性;氰菊酯、胺菊酯、甲醚菊酯等主要用于家庭卫生害虫的防治。

3.氨基甲酸酯类杀虫剂

氨基甲酸酯类杀虫剂是一类含氮元素并具杀虫作用的化合物。由于原料易得、合成简单、选择性强、毒性较低、无残留毒性,氨基甲酸酯类杀虫剂现已成为一个重要类型。

1)西维因

西维因又称甲萘威,是广谱性杀虫剂,具有胃毒、触杀作用。西维因对当前不易防治的咀嚼式口器害虫,如棉铃虫等的防治效果好,对对内吸磷等杀虫剂产生抗药性的害虫也有良好的防治效果。若将其与乐果、敌敌畏等农药混用,有明显增效作用,但对蜜蜂有较强的毒害作用。常见剂型有25%可湿性粉剂、50%可湿性粉剂和40%浓悬浮剂。

2)叶蝉散

叶蝉散又称异丙威,为速效触杀性杀虫剂,见效快,持效期短,仅3~5天。叶蝉散具有选择性,对叶蝉、飞虱类害虫有特效,对蓟马也有效,对天敌安全。常见剂型有2%粉剂、4%粉剂、10%可湿性粉剂、20%乳油、20%胶悬剂。与叶蝉散性质相近的杀虫剂还有速灭威、巴沙、混灭威等。

3)呋喃丹

呋喃丹又称克百威,属高效、高毒、广谱性杀虫和杀线虫剂,具有触杀及胃毒作用,在植物中有强烈的内吸及输导作用。呋喃丹在土壤中的半衰期为30~60天,对人、畜、鱼类有剧毒,不能在果蔬地使用,更不能用水浸泡后喷雾。常见剂型为3%颗粒剂,在播种时沟施、穴施。目前此药已广泛用于防治盆栽花卉及地栽林木的枝梢害虫。

4)抗蚜威

抗蚜威又称辟蚜雾,是对蚜虫有特效的选择性杀虫剂,以触杀、内吸作用为主,20℃以上有一定熏蒸作用。抗蚜威杀虫迅速,能防治对有机磷杀虫剂有抗性的蚜虫,持效期短,对天敌安全,有利于与生物防治协调使用。常见剂型有50%可湿性粉剂、50%水分散颗粒剂等。

5)丁硫克百威

丁硫克百威又称好年冬,为克百威的低毒化衍生物,具有触杀、胃毒及内吸作用,持效期长。它可防治多种害虫,可致人、畜中毒。常见剂型有5%颗粒剂、15%乳油。

4.苯甲酰脲类杀虫剂

苯甲酰脲类杀虫剂又称几丁质合成抑制剂,属抗蜕皮激素类杀虫剂。被处理的昆虫常由于蜕皮或化蛹障碍而死亡。有些则干扰 DNA 合成而使昆虫绝育。

1)除虫脲

除虫脲又称灭幼脲一号,以胃毒作用为主,抑制昆虫表皮几丁质的合成,阻碍新表皮形成,致幼虫死于蜕皮障碍,卵内幼虫死于卵壳内,但对不再蜕皮的成虫无效。除虫脲对鳞翅目幼虫有特效(对棉铃虫无效),对双翅目、鞘翅目也有效,对人、畜毒性低,对天敌安全,无残毒污染,对家蚕有剧毒,使蚕区应慎用。常见剂型有 25% 可湿性粉剂、20% 浓悬浮剂。

2)氟铃脲

氟铃脲又称盖虫散,为几丁质合成抑制剂,具有很强的杀虫和杀卵活性,效果迅速,尤其防治棉铃虫效果好。氟铃脲用于棉花、马铃薯及果树防治多种鞘翅目、双翅目、半翅目昆虫。常见剂型有 5%乳油(氟铃脲、农梦待)、20% 悬浮剂(杀铃脲)。

田间试验表明,该杀虫剂在通过抑制蜕皮杀死害虫的同时,还能抑制害虫吃食速度,故有较快的击倒力。对于食叶害虫,应在低龄幼虫期施药。对于钻蛀性害虫,应在产卵盛期、卵孵化盛期施药。该杀虫剂无内吸性和渗透性,喷药要均匀、周密,不能与碱性农药混用,但可与其他杀虫剂混合使用,其防治效果更好。本品对鱼类、家蚕毒性大,要特别小心。

5.其他杀虫剂

1)吡虫啉

吡虫啉属烟碱类高效杀虫剂,具有广谱、高效、低毒、低残留,害虫不易产生抗性,对人、畜、植物和天敌安全等特点,并有触杀、胃毒和内吸等多重作用。害虫接触药剂后,中枢神经正常传导受阻,麻痹死亡。吡虫啉主要用于防治刺吸式口器害虫。

2)啶虫脒

啶虫脒是一种吡啶类化合物新型杀虫剂,具有触杀、胃毒和渗透作用,速效性好,持效期长。可防治柑橘绣线菊蚜、棉蚜、桔蚜、桔二叉蚜、桃蚜等蚜虫。常见剂型为 3% 乳油。

3)阿维菌素

阿维菌素属高毒杀虫、杀螨剂,对皮肤无刺激,对眼睛有轻度刺激,对水生生物和蜜蜂高毒,对鸟类低毒。常见剂型有 1.8% 乳油、0.9% 乳油。本品有触杀、胃毒作用,渗透力强。它对叶片有很强的渗透作用,可杀死表皮下的害虫,且残效期长,但不杀卵。螨类的成、若螨和昆虫同药剂接触后即出现麻痹症状,不活动且不取食,2~4 天后死亡。阿维菌素对捕食性和寄生性天敌有直接杀伤作用,因植物表面残留少,对益虫的损伤小。本品对根节线虫作用明显。对于对有机磷类、拟除虫菊酯类及氨基甲酸酯类杀虫剂已产生抗性的害虫、害螨,用本品防治会有很好的效果,其用药量少、持效期长、耐雨水冲刷。该药无内吸作用,喷药时应注意喷洒均匀、细致周密。本品不能与碱性农药混用,不要在夏季中午喷药。

6.生物源杀虫剂

1)苏云金杆菌

苏云金杆菌是一种细菌性杀虫剂,杀虫的有效成分是细菌及其产生的毒素。原药为黄褐色固体,属低毒杀虫剂,可用于防治直翅目、双翅目、膜翅目、鳞翅目的多种害虫。常见剂型有可湿性粉剂(100 亿活芽 /g)、Bt 乳剂(100 亿活孢子 /mL)。苏云金杆菌可用于喷粉、喷雾、灌芯等,也可用于飞机防治,还可与美曲磷酯、菊酯类等农药混合使用,效果好、速度快,但不能与杀菌剂混用。

2)白僵菌

白僵菌是一种真菌性杀虫剂,不污染环境,不易使害虫产生抗药性,可用于防治鳞翅目、半翅目、膜翅目、直翅目等害虫,对人、畜及环境安全,对蚕感染力强。常见剂型为粉剂(每 1 克菌粉含有 50 亿~70 亿个孢子)。

3)核型多角体病毒

核型多角体病毒是一种病毒性杀虫剂,具有胃毒作用,对人、畜、鸟、益虫、鱼及环境安全,对植物安全,对害虫具有一定的专一性,不易使害虫产生抗药性,不耐高湿,易被紫外线照射失活,作用较慢,适用于防治鳞翅目害虫。常见剂型有粉剂、可湿性粉剂。

4)鱼藤酮

鱼藤酮从鱼藤根中萃取而得,纯品为白色结晶,熔点为 163 ℃,不溶于水,溶于苯、丙酮、氯仿、乙醚等有机溶剂,遇碱会分解,在高温、强光下易分解。鱼藤酮属中等毒性杀虫剂。鱼藤酮对害虫具有胃毒和触杀作用,其机理是抑制谷氨酸脱氢酶的活性,影响害虫呼吸,使其死亡,用于防治柑橘、荔枝、板栗等果树的尺蠖、毒蛾、卷叶蛾、刺蛾及蚜虫。常见剂型有 2.5% 乳油、5% 乳油、7.5% 乳油。

7.杀螨剂

1)浏阳霉素

浏阳霉素为抗生素类杀螨剂,对多种叶螨有良好的触杀作用,对螨卵有一定的抑制作用,对人、畜低毒,对植物及多种天敌安全。浏阳霉素对鳞翅目、鞘翅目、半翅目、斑潜蝇及螨类有高效。常见剂型为 10% 乳油。

2)尼索朗

尼索朗具有强杀卵、幼螨、若螨作用,属低毒杀螨剂,药效迟缓,一般施药后 7 天才显高效,残效期为 50 天左右。常见剂型有 5% 乳油、5% 可湿性粉剂。

3)扫螨净

扫螨净具触杀和胃毒作用,可杀死各个发育阶段的螨,残效长达 30 天,对人、畜中毒,除杀螨外,对飞虱、叶蝉、蚜虫、蓟马等害虫的防治效果好。常见剂型有 20% 可湿性粉剂、15% 乳油。

4)三唑锡

三唑锡是一种触杀性强的杀螨剂,可杀灭若螨、成螨及夏卵,对冬卵无效,对人、畜中毒。常见剂型为 25% 可湿性粉剂。

5)螨代治

螨代治具有较强触杀作用,无内吸作用,对成螨、若螨和卵均有一定的杀伤作用。螨代治杀螨谱广,持效期长,对天敌安全,对人、畜低毒。常见剂型为 50% 乳油。

6)螨克

螨克具有触杀、拒食及忌避作用,也有一定的胃毒、熏蒸和内吸作用。螨克对叶螨科各发育阶段的虫态都有效,但对越冬卵效果较差,对人、畜中毒,对鸟类、天敌安全。常见剂型为 20% 乳油。

(八)常用杀菌剂、杀线虫剂

对植物病原生物具有抑制或毒杀作用的化学物质称为杀菌剂,按其作用方式可分为保护剂、治疗剂和免疫剂。

1.非内吸性杀菌剂

1)波尔多液

波尔多液是由硫酸铜、生石灰和水按一定比例配成的天蓝色胶悬液,呈碱性,有效成分为碱式硫酸铜。波尔多液一般应现配现用,生产上多用硫酸铜、石灰、水按 1:1:100 的比例配制,在使用时直接喷雾即可,一般药效为 15 天左右,所以应发病前喷施。该药是一种良好的广谱性保护剂,但对白粉病和锈病效果差。在植物上使用波尔多液后一般要间隔 20 天才能使用石硫合剂,喷施石硫合剂后一般要间隔 10 天才能喷施波尔多液,以防发生药害。

2)石硫合剂

石硫合剂是由石灰、硫黄、水按 1:1.5:13 的比例熬煮而成的。过滤后母液呈透明琥珀色,具有较浓的臭蛋气味,呈碱性,具有杀虫、杀螨、杀菌作用。其使用浓度因农作物种类、防治对象及气候条件而异。北方冬季果园用 3~5°Bé,而南方用 0.8~1°Bé 以防除越冬病菌、果树介壳虫及一些虫卵。在生长期则多用 0.2~0.5°Bé 的稀释液防治病害与红蜘蛛等害虫。植株大小和病情不同,用药量不同。石硫合剂还可防治白粉病、锈病及多种叶斑病。

3)白涂剂

白涂剂可以用于减轻观赏树木因冻害和日灼而产生的损伤,并能遮盖伤口,避免病菌侵入,减少天牛产卵机会等。白涂剂的配方很多,可根据用途加以改变。配制要点是石灰质量要好,加水消化要彻底。如果把消化不完全的硬粒石灰刷到树干上,就会烧伤树皮,光皮、薄皮树木更应注意。

4)代森锰锌

代森锰锌为一种广谱性保护剂,对霜霉病、疫病、炭疽病及叶斑病有效,对人、畜低毒。常见剂型有 25% 悬浮剂、70% 可湿性粉剂、70% 胶干粉。

5)百菌清

一种广谱性保护剂,对霜霉病、疫病、炭疽病、灰霉病、锈病、白粉病及叶斑病有较好的防治效果,对人、畜低毒。

2.内吸性杀菌剂

1)疫霉灵

疫霉灵具有很强的内吸传导作用,可以在植物体内上、下双向传导,对新生的叶片有预防病害的作用,对已生病的植株,通过灌根和喷雾有治疗作用。常见剂型有 30% 胶悬剂、40% 可湿性粉剂、80% 可湿性粉剂。

2)三唑酮

三唑酮又名粉锈宁,是一种高效内吸性杀菌剂,对人、畜低毒,对白粉病、锈病有特效,具有广谱、用量低、残效期长等特点,能被植物各部位吸收传导。

3) 甲霜灵

甲霜灵具有内吸和触杀作用,在植物体内能双向传导,耐雨水冲刷,残效期为 10~14 天,是一种高效、安全、低毒的杀菌剂,对霜霉病、疫霉病、腐霉病有特效,对其他真菌性病害和细菌性病害无效。甲霜灵与代森锌混合使用,可提高防治效果。

4) 甲基托布津

甲基托布津是一种广谱内吸性杀菌剂,对多种植物病害有预防和治疗作用,残效期为 5~7 天。

(九) 常用农药的配制

1. 波尔多液的配制

1) 配制方法

分别用以下方法配制 1% 等量式波尔多液(1∶1∶100)。

方法 1:两液同时注入法,即用 1/2 水溶解五水硫酸铜,再用另外 1/2 水消解生石灰,然后同时将两液注入第三个容器,边倒边搅拌。

方法 2:稀硫酸铜液注入浓石灰乳法,即用 4/5 水溶解五水硫酸铜,再用另外 1/5 水消解生石灰,然后将硫酸铜液倒入生石灰液,边倒边搅拌。

方法 3:生石灰液注入硫酸铜液法,原料准备同方法 2,将生石灰液注入硫酸铜液,边倒边搅拌。

方法 4:用风化已久的石灰代替生石灰,配制方法同方法 2。

注意:若用块状石灰,加水消解时,一定要将水慢慢加入,使生石灰逐渐消解。配置中切忌将浓硫酸铜液与浓生石灰液混合后再稀释,这样稀释的波尔多液质量差,易沉淀。配置后的波尔多液应装入木桶或塑料桶,但不能贮存,要随配随用,否则效果差,且易产生药害。

2) 质量鉴别方法

(1) 物态观察:质量优良的波尔多液应为天蓝色胶态乳状液。

(2) 酸碱测试:用 pH 试纸测定其酸碱性,以碱性为好,即试纸显蓝色。

(3) 置换反应:将磨亮的小刀或铁钉插入波尔多液片刻,观察刀面是否有镀铜现象,以不产生镀铜现象为好。

(4) 沉淀测试:将制成的波尔多液分别同时装入 100 mL 量筒中静置 30 min,比较其沉淀情况,沉淀越慢越好,过快者不可使用。

2. 石硫合剂的熬制

1) 原料配比

原料配比大致有以下几种:硫黄粉 2 份、生石灰 1 份、水 8 份,硫黄粉 2 份、生石灰 1 份、水 10 份,硫黄粉 1 份、生石灰 1 份、水 10 份。熬出的原液的浓度分别为 28~30°Bé、26~28°Bé、18~21°Bé。目前多采用 2∶1∶10 的质量配比。

2) 熬制方法

称取硫黄粉 100 g、生石灰 50 g、水 500 g,先将硫黄粉研细,然后加少量热水搅成糊状,再用少量热水将生石灰化开,倒入锅中,加入剩余的水,煮沸后慢慢倒入硫黄糊,加大火力,至沸腾时再继续熬煮 45~60 min,直至溶液被熬成暗红褐色(老酱油色)时停火,静置冷却过滤即成原液。观察原液色泽、气味和对石蕊试纸的反应。熬制过程中应注意火力要强且匀,使药液保持沸腾而不外溢。熬制时还应不停地搅拌。熬制过程中应先将药液深度做一个标记,然后随时用热水补入蒸发的水量,切忌加冷水或一次加水过多,以免因降低温度而影响原液的质量,大量熬制时可根据经验事先将蒸发的水量一次加足,中途不再补水。

3)原液浓度测定

将冷却的原液倒入量筒,用波美计测定浓度,注意药液的深度应大于波美计的长度,使波美计能漂浮在药液中。观察波美计的刻度时,应以下面一层药液面所表明的度数为准。具体的质量检测标准:用波美计测得母液的浓度在 22°Bé 以上时,所熬制的石硫合剂基本符合要求。

二、药械

(一)背负式手动喷雾器

1.背负式手动喷雾器的主要工作部件

背负式手动喷雾器的特点是结构简单、使用方便、价格低廉,适用于草坪、花卉、小型苗圃等较低矮的植物。主要型号是工农-16型(3WB-16型),改进型有3WBS-16、3WB-10等。工农-16型喷雾器为背负式手动喷雾器,主要由药液箱、液泵、空气室及喷头组成(见图L-6-1)。

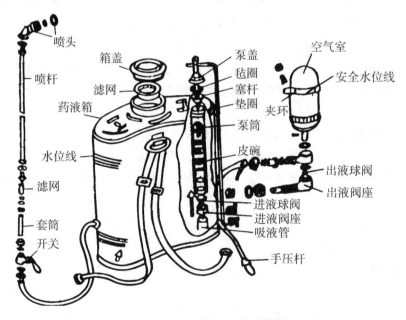

图 L-6-1　工农-16型喷雾器

1)药液箱

药液箱多由聚氯乙烯材料制成,容积为16 L。药液箱加水口内装有滤网,箱盖中心有一个连通大气的通气孔,药液箱上标有水位线。

2)液泵

液泵是喷雾器的核心部件,作用是给药液加压,迫使药液通过喷头雾化并喷洒在施药对象上。液泵分为活塞泵、柱塞泵和隔膜泵3种。工农-16型喷雾器采用皮碗活塞式液泵,由泵筒、塞杆、皮碗、进液球阀和出液球阀等组成。

3）空气室

空气室是储存空气的密闭耐压容器,具有消除往复式压力泵的脉动供液现象,稳定药液的喷射压力的作用。进液口与压力泵相通,出液口与喷射管路相接。喷雾器长时间连续工作时,有压力的空气会逐渐溶于药液,使空气室内的空气越来越少,药液压力的稳定性变差。因此,长时间连续工作的喷雾机(器)要定时排除空气室中的药液。目前生产的一些喷雾机,空气室用橡胶隔膜将药液与空气隔开,克服了这个缺点。

4）喷头

喷头是喷雾器的主要部件,作用是使药液雾化和使雾滴分布均匀。工农 –16 型喷雾器配有侧向进液式喷头,也可换装涡流片式喷头,这两种喷头均为圆锥雾式喷头。

2.使用方法

1）安装

先把零件擦拭干净,再把卸下的喷头和套管分别连在喷管的两端,然后把胶管分别连接在直通开关和出水接头上。安装时要注意检查各连接处垫圈是否漏装,是否放平,连接是否紧密。要根据防治对象、用药量、林木种类和生长期选用适当孔径的喷孔片和垫圈数目。其中,1.3～1.6 mm 孔径喷片适合常量喷雾,0.7 mm 孔径喷片适宜低容量喷雾。

2）检查气筒

检查气筒是否漏气,可抽动几下塞杆。若手感到有压力,而且听到喷气声音,说明气筒完好,不漏气,这时在皮碗上加几滴油即可使用。若情况相反,说明气筒中的皮碗已变硬收缩,取出放在机油或动物油中浸泡,待胀软后,再装上使用。安装皮碗时,将皮碗的一半斜放在气筒内,边转边插入,切不可硬塞。

3）试喷

试喷方法是在药液箱内放入清水,装上喷射部件,旋紧拉紧螺帽,抽拉塞杆,打气至一定压力,进行试喷,检查各连接部位是否有漏气、漏水现象,观察喷出雾点是否正常。如有故障,检查原因,加以修复再喷洒药液。

4）添加药液

在放入药液前,做好药液的配制和过滤工作。添加药液时,要关闭直通开关,以免药液流出,注意应添至外壳标明的水位线处。如超过此线,药液会经唧筒上方的小孔进入唧筒上部,影响工作。另外,药液装得过多,压缩空气就少,喷雾就不能持久,需要增加打气次数。盖好加水盖(放平、放正、紧抵箱口),旋紧拉紧螺帽,防止盖子歪斜,造成漏气。

5）喷药作业

喷药前,先扳动摇杆 6～8 次,使气室内的气压达到工作压力后,再进行喷雾。如果扳动摇杆感到沉重就不能过分用力,以免气室外爆炸,损伤人、物。打气时,要保持塞杆在气筒内垂直上下抽动,不要倾斜。下压时,要快且有力,使皮碗迅速到底。这样,压入的空气量就大。上抽时要缓慢,使外界的空气容易流入气筒。背负作业时,每分钟扳动拉杆 18～25 次,一般走 2～3 步就要上下扳动摇杆1次。

6)日常保养

喷药完毕后,要倒出残液,妥善处理,要清洗喷雾器的所有零件(如喷管、摇杆等),涂上黄油防锈。零部件不能装入药液箱内,以防损坏防腐涂料,影响使用寿命。拆卸后再装配时,注意气室螺钉上的销钉滑出,同时不要强拧气室螺钉,以免损坏。

(二)背负式机动喷雾喷粉机

1.背负式机动喷雾喷粉机的主要工作部件

背负式机动喷雾喷粉机既可喷雾,又可喷粉,把喷雾喷头换成超低量喷头时,还可进行超低量喷雾。背负式机动喷雾喷粉机由动力部分、药械部分、机架部分组成(见图L-6-2)。动力部分包括小型汽油发动机、油箱;药械部分包括风机、药箱和喷射部件;机架部分包括上机架、下机架、背负装置、操纵装置等。

图L-6-2 背负式机动喷雾喷粉机

1)药箱

药箱是盛装药粉的装置。根据喷雾或喷粉作用的不同,药箱中的装置也不同。喷雾作业时,药箱装置由药箱、箱盖、箱盖胶圈、进气软管、进气塞、进气胶圈、粉门等组成。需要喷粉时,药箱不需调换,将过滤网连同进气塞取下,换上吹粉管,即可进行喷粉。

2)风机

风机通常用铁皮制成,为高压离心式,包括风机壳和叶轮。风机壳呈蜗壳形,叶轮为封闭式,叶轮中心有轮轴,通过键固定在发动机曲轴尾端。当发动机运转时,叶轮也一起旋转,吹扬药粉均匀,特别是在用塑料薄膜喷管作业时,粉剂能高速通过被喷植物,形成一片烟雾。

3)喷射部件

喷射部件包括弯管、软管、直管、喷头、输液管和输粉管等,根据作业项目的不同,安装相应的工作部件,以适应喷雾和喷粉需要。喷雾作业时,喷射部件由弯管、软管、直管、输液管、手把开关和喷头组成;喷粉作业时,将输液管和喷头去掉,换装输粉管。

2.使用方法

1)启动汽油机

打开燃油开关,使化油器迅速充满燃油,关小阻风阀,使之处于1/4开度,保证供给充足的混合气体以利于启动(热机启动时不必关阻风阀);扣紧油门扳机,使节流阀或风门活塞处于1/2~2/3开度的启动位置;缓慢拉启动绳或启动器几次,使混合气体进入气缸或油箱;按同样方法,迅速、平衡地拉启动绳或启动器3~5次,即可启动。启动后,立即将阻风阀恢复至全开位置,使油门处于怠速位置,在无负荷状态下怠速空转3~5 min,待汽油机温度正常后再加油门和负荷,并检查是否有杂音、是否有漏油、漏气、漏电现象。

2)停机

将手油门放在怠速位置,空载低速运转3~5 min,使汽油机逐渐冷却,关闭手油门使之停机。严禁汽油机高速运转时急速停机。

3)喷雾作业

使机具处于喷雾状态,然后用清水试喷1次,检查各连接处是否渗漏。加药时必须用过滤器过滤,防止杂物进入造成管路、孔道堵塞。药液不要加得过满,以免药液从引风压力管流入风机。 加药液后,应旋紧药箱盖,以免漏气、漏液。药液质量浓度应比正常喷药浓度大5~10倍。可不停机加药液,但汽油机应处于怠速状态。药液不可漏洒在发动机上,防止机件损坏。汽油机启动后,逐渐加大油门,以提高发动机的转速至5000 r/min,待稳定片刻后,再喷洒。行进中应左右摆动喷管,以增加喷幅。行进速度应根据单位面积所喷药量,通过试喷确定。喷洒时喷管不可弯折,应稍倾斜一定角度,且不要逆风进行喷药。

4)喷粉作业

全机结构应处于喷撒粉剂作业状态。粉剂要干燥,结块要碾碎,并除去杂草、纸屑等杂物。最好将药粉过筛后加入粉箱旋紧药箱盖,防止漏气。不停机加药粉时,汽油机应处于怠速运转状态,粉门应关闭好。背机后,油门逐渐开到最大位置,待转速稳定片刻后,再调节粉门的开度。使用长薄膜喷管时,先将薄膜管全部放出,再加大油门,并调节粉门喷撒。前进中应随时抖动喷管,防止喷粉管末端积存药粉。另外,喷粉作业时,粉末易被吸入化油器,切勿把化油器内的空气过滤网拿掉。

5)日常保养

作业结束后,清除药箱内的残药,清除外部污物,清洗空气滤清器的滤网,检查并排除漏油、漏药现象,清理粉门定极与动极之间的积粉,检查、调整、紧固各连接件,检查维修电路系统可能出现的断路、短路现象。

（三）热力烟雾机

1.主要工作部件

热力烟雾机是利用内燃机排气管排出的废气热能使油剂农药形成微细液化气滴的气雾发生机,实际没有固体微粒产生,只是因为习惯,一直被称为热力烟雾机。热力烟雾机按移动方式可分为手提式、肩挂式、背负式、担架式、手推式等;按工作原理又可分为脉冲式、废气舍热式、增压燃烧式等。

6HYB-25型热力烟雾机为背负弯管式(见图L-6-3),净质量为11~11.5 kg,油箱容积为1.6 L,耗油量为2.0 L/h,药箱容积为6 L,额定喷药量为25 L/h,最大喷药量为42 L/h。整机由脉冲喷气式发动机和供药系统组成。前者主要由燃烧室、喷管、冷却系统、供油系统、点火系统及启动系统构成。供油系统主要由油箱、管路、化油器等组成,化油器用于产生发动机工作需要的混合气体。化油器包括化油器盖(上有进气孔)、进气膜片、进气阀挡板、进气管、化油器体、油喷嘴、油针阀、内置供油单向阀组成。进气阀挡板与化油器盖内表面构成进气间隙,工作时空气由化油器盖上的气孔经此间隙进入化油器。油喷嘴和油针阀控制油量。启动系统由打气筒、单向阀、集成在化油器体上的启动气流孔道及管路组成。点火系统由电池盒、导线、开关、高压发生器、火花塞等组成。供药系统由增压单向阀、开关、药管、药箱、喷药嘴及接头等构成。

图L-6-3　热力烟雾机

2.使用方法

(1)将机器置于平整干燥处,距喷口2 m内不得有易燃易爆物品。

(2)检查管路、电路、电池、火花塞、进气阀挡板螺母、进气膜片等部件是否完好。

(3)在药箱中加入成品油烟剂,药箱加药后盖子必须旋紧,保证密封,不泄漏。一台机器一次药量(mL)为步行速度(m/s)、喷药时间(s)、喷幅(m)、单位面积用药量(mL/m²)的乘积。

(4)将纯净的汽油加入油箱。加汽油的容器必须要干净密封,严防杂物和水混入。

(5)在电池盒内装1号干电池(根据型号不同有2节电池和3节电池),安装时注意极性,电池容量要足。

(6)将电开关置于开的位置,这时火花塞应发出清脆的火花声音;机器启动后立即将电开关置于关的位置。

(7)将油门旋钮调至最小位置,推动气筒手柄,打气时用力不能过猛、抽动手柄不宜过长、只需气筒的1/3长,每打1下,停3 min再重复动作,使汽油充满喷油嘴入口油管,直至发动机发出连续爆炸声音,停止打气,再细调油门旋钮,使发动机发出频率均匀稳定的声音。

(8)若1次启动不成功,可能是化油器内汽油过多,可扳压油针按钮,用气筒打气把油吹干,再重新启动。严禁在打开化油器盖的情况下,接通电源,检视火花塞发火状况,以免化油器内残留汽油着火。

（9）打开施药开关喷烟。喷烟时林内风速在 1.0 m/s 内为宜，喷幅为 10 ~ 12 m，在坡度为 30° 以下的地形，步行速度为 0.8 ~ 1.0 m/s，在 30° 以上坡度林地，步行速度为 1.0 ~ 1.2 m/s。行走方向与风向垂直。机器在水平位置上倾斜不得超过 ±15°。喷烟时若发动机突然熄火，应迅速关闭施药开关，选择安全地带，重新启动发动机，以避免喷管中残余药剂，导致喷火。机器运行时不能加油、加药。

（10）关机前或中途停机前应先关上施药开关，让发动机运转 1 min，用手揿压油针按钮即可停机。

（四）打孔注药机

1.主要工作部件

BG-305D 背负式打孔注药机为创孔无压导入法注药方式。它由两部分组成：一是钻孔部分，由 1E36FB 型汽油机通过软轴连接钻枪，钻头可根据需要在 10 mm 范围内调换；二是注药部分，由金属注射器通过软管连接于药箱，可连续注药，注药量可在 1 ~ 10 mL 范围内调节。

该机净质量为 9 kg，最大输出功率为 8 kW，最大转速是 6000 r/min，油箱容积为 1.4 L，使用 (25 ~ 30)∶1 的燃油，点火方式为无触点电子点火；钻枪长 450 mm，适用于杨树和松树，最大钻孔深度为 70 mm；药箱容积为 5 L，定量注射器尺寸为 200 mm × 110 mm × 340 mm。

2.使用方法

（1）安装好机器，加好 90 号汽油和药剂。

（2）将停车开关推至启动位置。

（3）打开油开关：垂直位置为开，水平位置为关。

（4）适当关闭阻风门（冬天全关闭，夏天部分关闭，热机不用关闭）。

（5）拉启动绳直至启动。

（6）启动后怠速运转 5 min 预热汽油机。

（7）同时按下自锁手柄和油门手柄，使汽油机高速运转。

（8）在树下离地面 0.5 ~ 1 m 处向下倾斜 15° ~ 45° 角钻孔，不宜用力压，时刻注意拔钻头，孔径为 10 mm 或 6 mm，孔深 30 ~ 50 mm。如果钻头卡在树中，要马上松开油门控制开关，使机器处于怠速状态，然后停机，左旋旋出钻头。

（9）用注射器将一定量的药液注入孔中。

（10）停机时松开油门手柄使汽油机低速运转 30 s 以上，再将开关推至停机位置。

复习思考题

一、单选题

1. 不可用来喷雾的农药剂型是（　　　　）。

A. 粉剂　　　　　B. 可湿性粉剂　　　　　C. 可溶性粉剂　　　　　D. 乳油

2. 呋喃丹毒性高，经常被加工制成（　　　　）使用。

上篇　理论知识

A.粉剂　　　　　B.可湿性粉剂　　　　C.乳油　　　　　D.颗粒剂

3.石硫合剂用于(　　)剂。

A.杀蚧　　　　　B.杀菌　　　　　C.杀螨　　　　　D.杀蚧、杀菌、杀螨

4. 以下不属超低容量喷雾优点的是(　　)。

A.工效高　　　　B.省药　　　　　C.效果好　　　　D.对天气条件要求不高

5.由液体或固体气化为气体,以气体状态通过害虫呼吸系统进入虫体,使之中毒死亡的方式发挥作用的药剂称为(　　)。

A.胃毒剂　　　　B.熏蒸剂　　　　C.触杀剂　　　　D.内吸剂

6.我国的农药毒性分级标准将农药毒性分成(　　)级。

A.2　　　　　　B.3　　　　　　C.4　　　　　　D.5

7.敌百虫对害虫具有很强的(　　),主要用于防治咀嚼式口器的害虫。

A.触杀作用　　　B.胃毒作用　　　C.内吸作用　　　D.拒食作用

8.灭幼脲类杀虫剂是昆虫几丁质合成抑制剂,主要表现为胃毒作用,亦可通过体表或卵壳浸入发生作用,使用时选择(　　)施药才能收到理想效果。

A.老龄幼虫期　　B.初龄幼虫期　　C.卵期　　　　　D.蛹期

9.我国最常用的预压式和背囊压杆式两种喷雾器属于(　　)。

A.液力雾化器　　B.气力雾化器　　C.离心雾化器　　D.化学雾化器

10.使用后被植物体吸收,被运输到其他组织使病虫取食和接触后中毒死亡的药剂是(　　)。

A.胃毒剂　　　　B.内吸剂　　　　C.引诱剂　　　　D.触杀剂

二、多选题

1.常见白僵菌制剂的剂型有(　　)。

A.粉剂　　　　　B.可湿性粉剂　　　C.油悬浮剂　　　D.水剂

2.我国常见Bt的剂型有(　　)。

A.水剂　　　　　B.悬浮剂　　　　C.可湿性粉剂　　D.颗粒剂

3.化学农药按照作用方式分为(　　)。

A.胃毒剂　　　　B.触杀剂　　　　C.熏蒸剂　　　　D.内吸剂

4.杀菌剂按照作用方式分为(　　)。

A.保护剂　　　　B.治疗剂　　　　C.除草剂　　　　D.内吸剂

5.昆虫对药剂抵抗力较强的时期是(　　)。

A.卵期　　　　　B.幼虫期　　　　C.成虫期　　　　D.蛹期

6.农药制剂的名称主要是(　　)。

A.有效成分含量　　　　　　　　B.农药有效成分名称

C.剂型名称　　　　　　　　　　D.助剂品种名称

7.施药器械的防治方法可分为(　　)。

A.喷雾　　　　　B.喷粉　　　　　C.喷烟　　　　　D.喷洒颗粒剂

8.烟雾剂防治森林病虫害适合(　　)的山区。

A. 山高路远　　　　B. 缺乏水源　　　　　C. 交通不便　　　　　　D. 劳力不足

9. 使药液产生雾滴的方法有(　　　)。

A. 利用液力使药液产生雾滴　　　　　　B. 利用离心力使药液产生雾滴

C. 利用浮力使药液产生雾滴　　　　　　D. 利用空气使药液产生雾滴

10. 根据喷粉时的主要手段,喷粉法可以分为(　　　)。

A. 手动喷粉法　　　　B. 机动喷粉法　　　　　C. 飞机喷粉法　　　　　D. 气力喷粉法

三、判断题

1.(　　) 石硫合剂是一种杀菌、杀虫、杀螨的无机农药。

2.(　　) 波尔多液是一种无机杀虫剂。

3.(　　) 农药混合使用和交互使用都具有增效作用。

4.(　　) 杀虫剂的标志为绿色。

5.(　　) 白僵菌能寄生在很多昆虫体上,主要依靠孢子扩散或感病虫体接触传染。

6.(　　) 可湿性粉剂可用于喷粉。

7.(　　) 农药量越大毒性越高,反之越低。

8.(　　) 喷雾要求均匀周到,以叶两面充分湿润、从叶子上流下少量药液为适度。

9.(　　) 杀菌剂的标志为蓝色。

10.(　　　) 杀鼠剂的标志为黑色。

参考答案

一、单选题

1～5.ADBDB　　6～10.DBBAB

二、多选题

1.ABC　2.BC　3.ABCD　4.AB　5.AD　6.ABC　7.ABCD　8.ABCD　9.ABD　10.ABC

三、判断题

1～5.× × × × √　　6～10.× × √ × ×

下篇 技能训练

技能训练一
种苗处理

一

一、技能要求

(1)能正确识别林木种子,防止不同种类(或不同品种)种子混杂。

(2)能对当地主要造林树种和种子进行采种及调制。

(3)能完成种子质量品质的检验,测定种子质量指标。

(4)能根据树种的生物学特性和气候特点确定播种时间、方法、播种量,实施播种工作。

(5)能培育出符合造林质量要求的容器苗。

(6)能根据树种的生物学特性和气候特点确定扦插时间、方法,实施扦插工作。

(7)能确定各树种的嫁接方法,并能够实施苗木嫁接。

(8)能利用植物体离体部位培育完整植株。

(9)能掌握其他苗木生产技能,采用分株、压条、埋条、留根等方法进行苗木培育。

(10)能掌握苗木出圃的各项工作,保证苗木的质量。

二、技能训练

1.种子处理

1)选种

种子精选的方法包括风选、水选、筛选、粒选等,可根据种子特性和夹杂物特性而定。种子中的杂质主要有下面几种:空粒、腐坏粒、已萌芽的显然丧失发芽能力的种子;严重损伤(超过原大小一半)的种子和无种皮的裸粒种子;叶片、鳞片、苞片、果皮、种翅、壳斗、种子碎片、土块和其他杂质;昆虫的卵块、成虫、幼虫和蛹。在播种前应先将种子里的杂物通过相应方法去除:种子较小的可用风选法,用簸箕将种子上下颠簸,通过风及种子的重力,将种子里的杂物去除;种子较大的可用水选法、筛选法、粒选法。

2)种子消毒

在病虫害比较严重的地区,采摘的种子在播种前可利用药剂拌种处理。主要的药剂有福尔马林溶液、硫酸铜溶液、高锰酸钾溶液、石灰水溶液等。福尔马林消毒法:播种前1~2天,将种子浸于稀释200~300倍的40%的福尔马林溶液中,16~30分钟后取出,覆盖保持潮湿2小时,再用清水冲洗。高锰酸钾消毒法:0.5%高锰酸钾溶液浸种 2 小时,取出后用布盖 30 分钟,冲洗后播种,此方法不适合已催芽的种子。硫酸铜溶液消毒法:浸种用 0.3%～1.0%的溶液,浸种 4～6 小时,取出阴干后播种。石灰水消毒法:用于落叶松种子消毒;用 1%～2%的石灰水浸种 24～36 小时;开始不断搅拌,然后静置,使水面保持一层碳酸钙膜,浸种后无须冲洗,可催芽或直接拌种。

3)浸种、催芽

种子催芽的方法有水浸催芽和层积催芽。

水浸种催芽适用于被迫休眠的种子,如马尾松、侧柏、杉木等,是指在播种前把种子浸泡在一定温度的水中,经过一定的时间后捞出,种子和水的体积比一般为 1:3,浸种过程中每天换水 1～2次,水温因种而异。

层积催芽是指把种子和湿润物混合或分层放置于一定的低温、通气条件下,促进其发芽,一般采用一层种子、一层湿砂的放置方法,并放置通气管道。

2.苗木处理

1)起苗

起苗前 2～3 天浇水,使土壤松软,苗木吸足水分;起苗时,少伤根,多带须根,小苗适当带土。带土坨苗起苗时要将规定土球直径外圈全部挖开,并将苗木挖倒,挖倒后要对土球和伸出的根系进行修剪,随后用稻草绳全面缠绕包裹。

2)分级

随起苗、随分级,苗木根系要用湿润物覆盖或在阴凉处分级。苗木规格应参照国家 1999 年颁布的《主要造林树种苗木质量分级》(GB 6000—1999)和地方的苗木标准确定。

3)苗木处理

苗木处理包括截干、去梢、剪除枝叶、修根、蘸泥浆、浸水等。

(1)截干:截干高度一般为 5～10 cm,不超过 15 cm。

(2)去梢:将苗木的顶梢剪掉;去梢的长度一般为树高的 1/4～1/3,不超过 1/2,具体部位可在饱满芽之上。

(3)剪除枝叶:将苗木的部分叶子剪掉;一般可去掉侧枝全长或叶量的 1/3～1/2,主要用于已长出侧枝的阔叶树。

(4)修根:用枝剪将苗木过长、受伤和感染病虫害的根系剪掉;修根的强度要适宜,注意保护须根和侧根,侧根只要不过长,可不必截短;枝剪一定要锋利,剪口要平滑。

(5)蘸泥浆:在苗圃地挖一个圆形的坑,用黄土加水搅拌成稀稠适宜的泥浆,将成捆苗木的根系放在泥浆中浸蘸一下,在根系表面粘上一层薄薄的泥膜。

(6)浸水:将成捆苗木的根系放在清水或流水中浸泡 1～2 天,使苗木吸水饱和,提高造林成活率。

下篇　技能训练

技能训练二
造林抚育

一

一、技能要求

(1)能实施编制造林作业设计,可以开展造林地调查,确定造林树种、造林密度、造林时间、抚育管理等。

(2)能实施造林施工,安排管理造林施工中造林地整理、苗木准备、植苗造林、幼林抚育等工作。

(3)能正确实施大树移植,确保大树的成活率。

(4)能对营造林工程项目进行检查验收。

(5)能掌握本地主要林种、树种的造林技术及方法。

(6)能实施林地培育工作,掌握林地施肥、林地灌溉、林地间作工作。

(7)能掌握林木修枝技术,正确地对不同种类的林木实施修枝工作。

(8)掌握森林抚育间伐的种类,对林分实施卫生伐、透光伐。

二、技能训练

1.修枝

工具:枝剪、高枝剪等。

1)修枝林木选择

修枝林木:生长旺盛的中幼林;自然整枝不良的树种;树干和树冠没有缺陷、有培养前途的个体。

2)修枝年限、修枝的季节

树种不同,开始修枝的年限也不同。一般生长较慢的阔叶树和针叶树,要在生长旺盛期之后进行修枝。

修枝应该在晚秋和早春树木休眠期进行。

3)修枝强度

修枝应当以不破坏林地郁闭和不降低林木生长量为原则。通常,在幼林郁闭前后,修枝强度为幼树高度的 1/3 ~ 1/2,随着树龄的增长,修枝强度可达树高的 2/3。

4)修枝方法

小枝用锋利修枝剪、砍刀紧贴树干修剪或由下向上进行剃削,保证剪口和切口平滑,以利伤口愈合;粗大枝条用手锯由下向上锯开下口,然后从上往下锯。

大枝锯截干通常采用三锯法:第1锯从锯除枝干处的前10 cm左右下锯,由下向上,深度为枝干粗的1/2左右;第2锯再向前5 cm左右由上向下锯至髓心,使大枝断裂;第3锯锯平残桩,然后削平伤口,涂保护剂(石硫合剂,调和漆),促进伤口的愈合。

注意:使用的刀具,在使用前须消毒,避免病菌感染伤口。

2.抚育间伐

1)透光伐

透光伐在幼龄林阶段进行,主要针对林冠未完全郁闭或已经郁闭、林分密度大、林木受光不足、其他阔叶树或灌木树种妨碍主要树种的生长。

实践操作:来到一片幼龄林,观察林木生长状况,判定林木郁闭度,决定是否实施透光伐。在混交林中,查看主要经营树种的生长状况,若采光不良,伐除上层遮光林木;在同龄林中,若林木密度过大,伐除生长不良的苗木,增加林木受光。

2)卫生伐

卫生伐是在遭受自然灾害的林分中采用的改善林分卫生状况的采伐方式。卫生伐可以改善林内卫生状况,促进更新和保留木生长,培育大径材;加速工艺成熟,缩短主伐年龄。

主要对象:遭受病虫害、风折、风倒、雪压、森林火灾的林分,伐除已被危害、丧失培育前途的林木。

实践操作:到一片受病虫害或自然灾害的林内,找到需伐除的疫木或病木,伐除疫木或病木,对保留的伐桩实施消毒、除疫工作;疫木转运或就地焚烧,实施无害处置。伐除作业中注意安全,预判倒木的方向,按采伐技术要求实施。

下篇　技能训练

技能训练三
森林调查技术

一

一、技能要求

(1) 能使用地形图,熟悉地形图的各种注记、地物的符号和等高线表达地貌的方法,掌握根据地形图算坐标、高程、距离、方位角以及坡度等基本数据的方法。

(2) 能使用手持 GPS 接收机进行导航、测定林地面积。

(3) 掌握单株树木测定工具的使用方法。

(4) 掌握林分树种组成、疏密度、林分平均年龄的调查方法。

(5) 熟悉标准地的选设原则,掌握标准地的一般调查方法。

(6) 了解各种角规的构造及使用方法,掌握角规绕测的方法和计数规则。

(7) 掌握角规控制检尺测定每公顷胸高断面积、每公顷株数、平均直径和林分蓄积量的方法。

二、技能训练

(一)地形图使用

(1) 在地形图上找出图名、图号、接图表、测图比例尺、坡度尺、图廓、千米网、经纬网、三北方向关系图、出版说明等内容,并说明其作用或意义。

(2) 认真识别地形图上的地物符号,找出图中的主要居民点、道路、河流及其他地物,明确图中符号的意义。

(3) 明确地形图的等高线和等高距。找出地形图中有哪些典型地貌,如山顶、洼地、山脊、山谷、鞍部、绝壁、悬崖和梯田等。标注图中主要的山脊线、山谷线,并根据地形图上等高线的疏、密来判定地面坡度的缓、陡。

(4) 指定地形图上任意两个明显地物或地貌特征点,求地形图上点的直角坐标、高程,求图上两点的距离、方向、坡度。

①测地形图上点的直角坐标时,根据测图比例尺、千米网、三北方向,通过所求点画坐标线的平行线,用比例尺量出直角坐标值。

②两点间的直线水平距离可通过比例尺直接量得,也可用直尺直接连接两点,读尺上刻度,通

过比例尺换算求得。

③利用量角器量取通过两点的直线与千米网纵线的夹角,即得该直线的坐标方位角 $\alpha_{坐}$,根据三北方向关系图中的磁坐偏角推算出磁方位角 $\alpha_{磁}$。

④利用等高线内插法求图上点的高程:查找图上点相邻两条等高线的数值,根据等高差,应用内插法,按比例推算该点的高程增量,用数值小的等高线数值加上高程增量,即可得到该点的高程。

⑤坡度计算:利用两点的高程,算出高差,用高差除以两点的实际距离,即可得到两点间的坡度。

(二) GPS使用

1.GPS定位

利用 GPS 接收机测定并存储实习场内的 3~5 个航点,1~2 条航迹。

2.GPS导航

通过输入样点坐标或利用 GPS 接收机中存储的航点,进行定位、导航操作。

3.GPS测定面积

选择实习场内的 1~2 块林地,进行航迹操作,分别测定其面积 2~3 次。

(三) 单株树木调查

1.直径测定

方法一:用轮尺测定 5 株不同的树木的胸径。测量高度在树木树高 1.3 m 处。

方法二:用围尺测定 5 株不同的树木的胸径。测量高度在树木树高 1.3 m 处。

2.树高测定

用勃鲁莱测高器对 5 株统一编号的树木进行树高测定。用皮尺测定测者到被测木的水平距离,选择 15 m、20 m、30 m、40 m 中的一种,原则是水平距离与树高大致相等。用勃鲁莱测高器分别瞄准树梢、树基,在相应水平距离条带上读取数值 h_1、h_2,计算树高 $H=h_1-h_2$。

(四) 林分因子调查

1.树种组成调查

树种组成系数是根据相同林层各树种的蓄积量或断面积计算的。当相同林层的各树种的平均直径相近时,可根据各树种的株数比例估测组成系数。例如,在某小样方内,有 3 株马尾松、2 株杉木,其株数比例为 3∶2,则树种组成式为 6 马 4 杉。

当相同林层各树种的平均直径不等时,组成系数按平均直径的平方比与株数比来估算,两个比值相乘可得组成系数。

2.疏密度调查

疏密度通过目测郁闭度来确定。一般情况下,幼龄林的疏密度比郁闭度小 0.1~0.2,中龄林的疏密度和郁闭度相近,成熟林、过熟林的疏密度比郁闭度大 0.1~0.2。

3.每公顷蓄积量

每公顷蓄积量一般采用标准表法确定。标准表法:根据已测得的林分平均高度,查标准表得到标准林分的每公顷蓄积量 $M_{1.0}$，再乘以疏密度求得每公顷蓄积量 M。

（五）标准地设置

选择标准地的基本原则：

①标准地必须具有充分的代表性；

②标准地不能跨越林分；

③标准地不能跨越小河、道路或伐开的调查线，且应离开林缘（至少应距林缘 1 倍林分平均高的距离）；

④标准地内树种、林木密度应分布均匀。

标准地设置以便于测量和计算面积为原则，一般为方形、矩形、圆形或带状；在原始林区以优势树种株数作为标准，成熟林、过熟林 200～250 株，中龄林 250～300 株，幼龄林不少于 300 株。标准地面积视林分年龄而定，一般幼龄林的面积为 0.2～0.3 hm²，中龄林的面积为 0.5 hm²；近熟林的面积为 0.5～1.0 hm²。

（六）角规的使用及计数方法

角规常数的选择以角规绕测计数为 15 株左右较为合适，可在林分内按典型或随机抽样的原则确定 5 个角规调查点；根据测点周围树木分布情况、林地视野条件以及林木平均直径的大小，选择合适的角规常数。

角规绕测：用自平角规，在测点上将无缺口的一端紧贴于眼下，选一个起点，用角规依次观测周围所有林木的胸高，正、反时针方向绕测周围树木的胸高断面积 2 次，按计数原则记录数值，在符合精度（计数值误差 < 1）后，计算平均值。

计数原则：缺口的两条视线与胸高断面"相割"的树木，计数为 1；缺口的两条视线与胸高断面"相离"的树木，不计数；缺口的两条视线与胸高断面"相切"的树木，计数为"0.5"。

技能训练四
林业有害生物调查及数据汇总

一

一、技能要求

(1)能按要求起草调查工作历。

(2)会设计调查用表。

(3)会选择踏查线路和设置临时标准地。

(4)能识别和调查本地病虫害发生危害情况。

(5)会整理分析调查数据。

二、技能训练

(一)编写调查工作历

根据确定的调查对象的分布、发生状况及生物学特性,林分各项因子状况,确定调查方法,编写调查工作历。

(二)编制调查用表,准备调查工具及材料

目前,行业已发布一些统一的用于线路踏查和标准地调查的规范的林业有害生物灾害调查表。对于重要林业有害生物,预测预报的技术标准中也有统一的调查用表。对于没有指定技术标准的调查对象,调查人员可自行设计调查用表。

(三)线路踏查

手拿设备(如 GIS,电子平板,手机)沿林间小道、林班线或自选线路进行线路踏查,要穿过主要森林类型和可能的有害生物发生的林分。踏查线路之间的距离一般为 250～1000 m。采用目测法(必要时可辅助望远镜观察)认真观察踏查线路两边视野范围内(线路左右 50 m)主要树种的病虫害发生与分布情况,估测发生面积。进行病虫害标本的采集和拍照,如果有几个虫态和病状出现应同时拍照。按照有害生物种类分别记载被害株数和被害程度,还要记载踏查表中规定的林分因子状况,以及调查时发现的其他有害生物及其危害情况。线路踏查记录表如表 J-4-1 所示。

对调查对象进行危害程度划分,按照《林业有害生物发生及成灾标准》(LY/T 1681—2006)执

行。调查时发现的其他有害生物可参照同类标准或按下列常规标准划分。

森林病虫害的危害程度常分为轻微、中等、严重3级,分别用"+""++""+++"符号表示。对于叶部病虫害,树叶被害率为1/3以下为轻微,树叶被害率为1/3~2/3为中等,树叶被害率为2/3以上为严重;对于枝干和根部病虫害,被害株率为10%以下为轻微,被害株率为10%~20%为中等,被害株率为20%以上为严重;对于种实病虫害,种实被害率为10%以下为轻微,种实被害率为10%~20%为中等,种实被害率为20%以上为严重。

(四)临时标准地调查

在踏查的基础上,对危害较重的病虫种类设立临时标准地进行调查,以便准确统计调查对象的发生数量、危害程度等。根据确定的调查对象的种类及分布特性,可在五点法、对角线法、棋盘法、"Z"字形法、平行线法等调查取样方法中选取合适的方法选取临时标准地。每个标准地面积不少于0.05 hm²,标准地总面积应控制在同查总面积的0.1%~0.5%。用激光测距仪或测绳量取每个标准地的边长,并对每个标准地进行编号。根据确定的调查对象的分布和危害特性,选择样株法、样枝法、样方法,并选择相应的病虫种类、害虫虫态、害虫数量、被害梢数、被害株数、发病株数、发病程度、失叶程度等同查项目。每个标准地都要按调查表要求同查标准地内的林分因子,并做好记录。

1.虫害标准地调查

在标准地选取一定数量的样株、样枝或样方,逐一调查其虫口数,最后统计有害生物密度和有虫株率。虫口密度是指单位面积或每株树上害虫的平均数量,它表示害虫发生的严重程度;有虫株率是指有虫株数占调查总株数的百分数,它表明害虫在林内分布的均匀程度。林业有害生物虫害标准地调查表如表J-4-2所示。林业有害生物虫害成灾情况标准地记录表如表J-4-3所示。

$$单位面积虫口密度 = \frac{调查总活虫数}{调查面积}$$

$$每株(种实、叶片、花、枝条) = \frac{调查总活虫数}{调查总株(种实、叶片、花、枝条)数}$$

$$有虫株率 = \frac{有虫株数}{调查总株数} \times 100\%$$

1)食叶害虫调查

在标准地内可逐株调查,也可采用对角线法,隔行法,选出10~20株样树进行调查。若样株矮小(一般不超过2 m),可全株统计害虫数量;若样株高大,不便于统计,可分别于树冠上、中、下部及不同方位取样枝进行调查。落叶和表土层中的越冬幼虫和蛹、茧的虫口密度调查:可在样树下树冠较发达的一面树冠投影范围内,设置0.5 m×2 m的样方(0.5 m的边靠树干),统计20 cm土深内主要害虫的虫口密度。

对于危害较重的食叶害虫,要调查失叶率以确定成灾情况。

$$失叶率 = \frac{单株树冠上损失的叶量}{单株树冠上的全部叶量} \times 100\%$$

2)蛀干害虫调查

在发生蛀干害虫的林分中,选有树100株以上的标准地,统计有虫株数,调查有害生物种类及虫态,如有必要,可从有虫树中选 3~5 株,伐倒,量树高、胸径,剥一条从干基至树梢的 10 cm 宽的树皮。分别记载各部位出现的害虫的种类。虫口密度的统计:在树干南北方向及上、中、下部、害虫居住部位的中央截取 20 cm×50 cm 的样方,查明害虫种类、数量、虫态,并统计每平方米和单株的虫口密度。

3)枝梢害虫调查

对危害幼嫩枝梢害虫的调查,可选有 100 株以上的标准地,逐株统计有虫株数,再从被害株中选出 5~10 株,查清虫种、虫口数、虫态和危害情况。对于虫体小、数量多、定居在嫩梢上的害虫,如蚜、蚧等,可在标准木的上、中、下部各选取样枝,截取 10 cm 长的样枝段,查清虫口密度,求出平均每 10 cm 长的样枝段的虫口密度。

4)种实害虫调查

种实害虫调查包括虫果率调查和虫口密度调查。调查虫果率可在收获前进行,抽查样株 5~10 株,检查树上种实(按上梢、内膛、外围及下垂枝不同部位,各抽查 50~100 个),分别记载健康种实、有虫种实及不同虫种危害的种实数,然后计算总虫果率及不同虫种为害的虫果率。虫口密度调查与虫果率调查同时进行,即在虫果率调查的样株上,按不同部位各抽查有虫种实 20~40 个,分别记载种实上不同虫种为害的虫孔数,计算出每个种实的平均虫孔数。

5)地下害虫调查

对于苗圃或造林地的地下害虫调查,调查时间应在春末至秋初,地下害虫多在浅层土壤活动的时期。取样方法采用对角线法或棋盘法。样坑大小为 0.5 m×0.5 m 或 1 m ×1 m。按 0~5 cm、5~15 cm、15~30 cm、30~45 cm、45~60 cm 段等不同层次分别进行调查记载。

2.病害标准地调查

在踏查的基础上设置标准地,调查林木病害的发病率和病情指数。发病率是指感病株数占调查总株数的百分比,表明病害发生的普遍性。

$$发病率 = \frac{感病株数}{调查总株数} \times 100\%$$

病情指数又叫感病指数,数值为 0~100,既表明病害发生的普遍性,又表明病害发生的严重性。病情指数的测定方法:将标准地内的植株按病情分为健康、轻、中、重、枯死等若干等级,并以数值 0、1、2、3、4 代表,统计出各级株数后,按下列公式计算。

$$病情指数 = \frac{\sum(病情指数代表值\times该等级株数)}{各级株数总和\times最重一级的代表值} \times 100\%$$

调查时,可从现场采集标本,按病情轻重排列,划分等级。重要病害分级标准在相关技术规程中均有规定,没有规定的可参考同类病害确定或依据常规分法确定。林业有害生物病害标准地调查成灾标准分级记录表如表 J-4-4 所示。

1)叶部病害调查

按照病害的分布情况和被害情况,在标准地中选取 5% ~10% 的样树,每株调查 100~200 片叶片。被调查的叶片应从不同的部位选取。统计感病叶片数,计算发病率和病情指数。

2)枝干病害调查

在发生枝干病害的标准地中,选取不少于100株的样株,统计感病株数和感病程度,统计发病率,计算病情指数。

3)苗木病害调查

在苗床上设置大小为1 m² 的样方,样方数量宜不少于被害面积的0.3%。在样方上对苗木进行全部统计或用对角线法取样统计,分别记录健康、感病、枯死苗木的数量,同时记录圃地的各项因子,如创建年份、位置、土壤类型、杂草种类及卫生状况等,并计算发病率,记录在苗木病害调查记录表中,如表J-4-5所示。

（五）调查资料的汇总整理与分析

外业调查记录按表J-4-6和表J-4-7的格式按病虫种类进行核实汇总。成灾情况的确定按《主要林业有害生物成灾标准》执行。原始记录装订保存。

在计算害虫平均虫口密度、平均被害率或平均发病率时,可采用算术平均数计算法和加权平均数计算法。

$$\overline{X} = \frac{x_1 + x_2 + x_3 + \cdots + x_n}{n} = \frac{\sum x_i}{n}$$

式中：$\overline{X}$——算术平均数；

n——抽样单位数；

$x_1, x_2, x_3, \cdots, x_n$——1~$n$ 个取样单位的数据。

$$\overline{X} = \frac{f_1x_1 + f_2x_2 + f_3x_3 + \cdots + f_nx_n}{\sum f} = \frac{\sum f_ix_i}{\sum f}$$

式中：$\overline{X}$——加权平均数；

f——权数,是指数值相同的各数据的比重；

$x_1, x_2, x_3, \cdots, x_n$——1~$n$ 个取样单位数据。

表 J-4-1　线路踏查记录表

编号：市（区）_____　县区_____　乡镇_____　场或村_____　林龄_____　小班或自然村地名_____

线路编号：_____　林分面积（hm²）：_____　林分类型及树种组成：_____

线路起始坐标	航卫轨迹图	植物名称	有害生物名称	调查面积或株数	被害面积或株数	虫态或症状	采集标本编号	坐标拍照编号（同种多态同编号注名）	备注

调查时间：_____年_____月_____日　　　　调查人：_____

下篇　技能训练

表 J-4-2　林业有害生物虫害标准地调查表

调查线路编号：＿＿＿＿　标准地编号：＿＿＿＿
林分类型及树种组成：＿＿＿＿
有害生物名称：＿＿＿＿

林班或小班名称：＿＿＿＿
林班或小班面积（hm²）：＿＿＿＿
林龄：＿＿＿＿
坐标：＿＿＿＿
踏查所报有虫株率（%）：＿＿＿＿

标准地株号	调查总株数（样枝总长度、样方面积、调查梢数）	有虫株数（被害梢长、被害面积、被害梢数）	有虫株率（%）	植株部位	有害生物数量	有害生物总数（有害枝总长度）	平均有害生物密度	被害状照片各状态编号	编号（线路+标准地号+照片号）	备注

调查时间：　　　年　　月　　日　　　　调查人：

表 J-4-3 林业有害生物虫害成灾情况及标准地记录表

调查线路编号：_____ 标准地编号：_____ 林班或小班名称：_____ 林班或小班名称：_____

林分类型及树种组成：_____ 林班或小班面积（hm²）：_____ 踏查所报有虫株率（%）：_____

有害生物名称：_____ 林龄：_____

坐标：_____

有害生物名称：_____

植物名称：	有害生物名称：					标本、照片编号：	备注
受害等级	叶	等级	种实	等级	枝干、根部	等级	线路＋标准地＋（标本）照片号（照片要求带坐标、时间）
0	叶无害		种实无害		枝干、根部无害		
1（+）	1/3 以下为轻微		10% 以下为轻微		10% 以下为轻微		
2（++）	1/3 ~ 2/3 为中等		10% ~ 20% 为中等		10% ~ 20% 为中等		
3（+++）	2/3 以上为严重		20% 以上为严重		20% 以上为严重		

调查时间：   年   月   日   调查人：

下篇 技能训练

表 J-4-4　林业有害生物病害标准地调查成灾标准分级记录表

调查线路编号：　　　　　标准地编号：　　　　　林班或小班面积（hm²）：　　　　　林班或小班名称：
林分类型及树种组成：　　　林龄：　　　　　　踏查所报被害株率（%）：
有害生物名称：　　　　　坐标：

有害生物名称：

植物名称：			标本、照片编号：	
受害级别	代表值	梢、叶、花、果	代表值	枝干	代表值	线路+标准地+（标本）照片号（照片要求带坐标、时间）	备注

1	0	梢、叶、花、果无病害健康植株		枝干无病害			
2	1	1/4 以下的梢、叶、花、果感病		病斑的横向长度占树干周长的 1/5 以下			
3	2	2/4 以下的梢、叶、花、果感病		病斑的横向长度占树干周长的 1/5～3/5			
4	3	3/4 以下的梢、叶、花、果感病		病斑的横向长度占树干周长的 3/5 以上			
5	4	3/4 以上的梢、叶、花、果感病		全部感病或死亡			

调查时间：　　　年　　月　　日　　　　　　调查人：

表 J-4-5　苗木病害调查记录表

调查线路编号：_____　标准地编号：_____　林班或小班面积（hm^2）：_____　林班或小班名称：_____

林分类型及树种组成：_____　林龄：_____　踏查所报被害株率（%）：_____

有害生物名称：_____　坐标：_____

调查日期	调查地点	样方号	树种	病害名称	苗木状况和数量					发病率 /（%）	死亡率 /（%）	定位照片
					健康	感病	枯死		合计			

调查人：_____

表 J-4-6　踏查情况汇总表

区县（局）：＿＿＿＿　汇总上报日期：＿＿＿＿　汇总人：＿＿＿＿　单位：hm²

调查有害生物记录卫片轨迹图层	调查线路/条	应调查面积	实调查面积	调查率/（%）	调查时间	线路调查照片	分布面积	发生面积										实际成灾面积	发生地点重复发生标记	有害生物种类（注明代数）	备注
							合计 低虫低感面积	计		轻		中		重							
								净面积	重复面积	净面积	重复面积	净面积	重复面积	净面积	重复面积						

表 J-4-7　有害生物标准地调查汇总表

区县（局）：_____　　汇总上报日期：_____　　汇总人：_____　　单位：hm²

调查林分线路编号	林班小班地址名称	有害生物名称	线路上标准地号（线路号+标准地号）	有害生物照片或标本号（线路+标准地+照片或标本号）	发育阶段	标准地状况			发生情况面积					成灾面积	调查日期	app记录文档处	备注
						森林类型及树种组成	林龄	有害生物平均密度	未发生	轻（+）	中（++）	重（+++）					

技能训练五
病虫标本采集与制作

一

一、技能要求

(1)能采集有害生物标本。

(2)会制作林业有害生物标本。

二、技能训练

（一）昆虫标本的采集

1.采集工具

1）捕虫网

采集昆虫常用的工具是捕虫网,由网框、网袋和网柄3部分组成(见图J-5-1)。按一般用途分类,常见的捕虫网有四个类型。

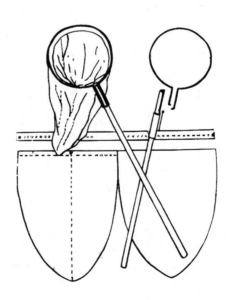

图 J-5-1　捕虫网的构造

(1)捕网:用来采集善飞的昆虫。

(2)水网:用来捕捞水生昆虫。

(3)扫网:用来扫捕植物丛中的昆虫。

(4)剥皮网:用来捕捉林木干、皮部的害虫。

2)吸虫管

吸虫管用来采集蚜虫、蓟马、飞虱等微小昆虫。吸虫管通常由一个直径为 40 mm、长 130 mm 的有底玻璃管,一个有双孔的软木塞,插在双孔中的 2 根细玻璃管组成(见图 J-5-2)。一根玻璃管的外端接上胶皮管并安上吸气球,瓶内的一端包上纱布,避免小虫被吸进吸气球;另一根玻璃管长些并弯成直角。使用时,将弯成直角的玻璃管对准要采集的小虫,按动吸气球形成气流将小虫吸入管中。

3)毒瓶

毒瓶是用来迅速杀死采集昆虫的工具,内盛有剧毒药品,一般选用密封性能好、开启方便、透明的玻璃或塑料广口瓶制作而成。毒瓶最下层放氰化钾或氰化钠毒剂,厚 5～10 mm,上铺一层锯末或其他替代品,一般厚 10～15 mm,压平后再在上面加一层石膏粉,厚 2～3 mm 即可,稍加震动使石膏摊平,再滴上几滴清水,以湿透石膏为准,待石膏变硬后,上铺一层吸水纸,以保持瓶内清洁。

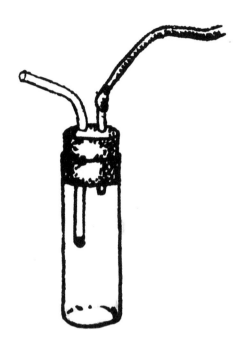

图 J-5-2　吸虫管

毒瓶不能用来杀死软体的幼虫;为避免昆虫垂死挣扎、互相碰撞,可在毒瓶中放一些细长的纸条;鳞翅目昆虫被毒杀后,应立即取出,放入三角纸袋,避免损坏翅面鳞片。

氰化物为剧毒物质,在制作或使用时应特别注意安全;破损的毒瓶要深埋处理。用棉球蘸上乙醚、氯仿或敌敌畏等置于瓶内,上用带孔的硬纸板或泡沫塑料隔开可以制成临时毒瓶,这类药物挥发快,作用时间短,要适时加药。

4)指形管

指形管用来保存幼虫或已被毒死的小虫。指形管要配以合适的软木塞或橡皮塞,大小可根据需要选用。

5)三角纸袋

三角纸袋用来临时存放采集到的鳞翅目和蜻蜓目昆虫。三角纸袋选用半透明、吸水性能好的长方形薄纸。长方形薄纸裁成长宽比为 3∶2 的长方形,按图折成三角纸袋(见图 J-5-3)。三角纸袋的大小可根据需要而定。昆虫被毒死后,一般将鳞翅目成虫的翅膀折叠放在三角形纸袋内。所用的纸光滑面向内。

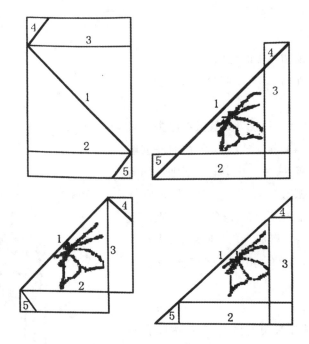

图 J-5-3　三角纸袋

6)活虫采集盒

活虫采集盒用来盛放需带回饲养的活虫,可用铁皮、铝等制成,盖上装一块透气的铜纱,打一个带活盖的孔(见图 J-5-4)。

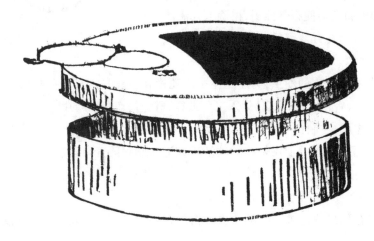

图 J-5-4　活虫采集盒

其他常用的采集工具还有镊子、玻璃管、采集箱、采集袋、活虫采集管、扩大镜、手铲、手剪、手锯、诱虫灯等。

2.标本采集的方法

1)捕捉

大型及动作迟缓的昆虫可用手捕捉,但鳞翅目幼虫有毒毛、毒刺或具臭腺;体小且脆弱的昆虫,可连同枝、叶取下,不宜用手捕捉。采集时应注意被害迹象,蛀干害虫根据排粪孔、蛀入孔、流脂等特征,剥皮、追捕或破木采集。地下害虫通过挖掘搜捕。叶部害虫采集时,可根据叶部缺刻、残留的叶脉、受害部位的潜叶、卷叶、叠叶、变色斑点、畸形、孔洞、虫粪、蜜露、霉层、脱皮、隧道等特征及其栖息物进行搜索采集。

2)毒瓶扣捕

对于静止蛾类、正在取食的成虫,以此法捕捉,可得到非常完整的标本。

3)网捕

网捕一般用来捕捉飞翔的昆虫,捕捉后立即将网折转,使网口封闭。对于静止的昆虫,可用手拉住网底,将网慢慢掩盖虫体进行捕捉。草丛及作物丛中的小型昆虫,可用网左右往返扫捕。

4)振落

对于一些有假死性的害虫,如象甲、金龟子等,可将棚布张于其下,通过振落捕捉。

5)诱捕

用黑光灯诱捕蛾类是常用方法之一,最好在灯后设置幕布。当蛾类上幕后,用毒瓶、毒管扣捕,能保持鳞片完整。次期害虫或趋化性强的昆虫,可设置饵料诱捕,还可应用性激素及糖醋诱捕。

捕捉的昆虫,要立即放入毒瓶、毒管或70%酒精中杀死,以保持标本的完整。毒死后的昆虫可暂置三角纸袋内,但应尽快加工整理制成标本,并注明采集日期、地点、寄主、编号存放。

3.采集昆虫的时间

因昆虫的种类和习性不同,采集时间也不相同。昆虫的发生期与寄主植物的生长季节大致相符,所以凡是植物生长的季节,都能采到昆虫。在我国北方地区,每年4月份就可以采到一些昆虫,6—9月为盛期,易于采集,10月份以后昆虫则减少。在我国华南亚热带地区终年可以采集昆虫。

一天之间采集的时间也要根据不同的昆虫种类而定。日出性昆虫,应在白天采集,上午10时至下午3时是这类昆虫最活跃的时间。夜出性昆虫在黄昏或夜间才能采集到。一般来说,温暖晴朗的天气易采到昆虫;阴冷有风的天气,昆虫大多蛰伏不动,不易采到。

4.采集昆虫的注意事项

(1)一件好的昆虫标本个体应完好无损,在鉴定昆虫种类时才能准确无误,因此在采集时应耐心细致,特别是对于小型昆虫和易损坏的鳞翅目成虫。

(2)昆虫的各个虫态及危害状都要采到,这样才能对昆虫的形态特征和危害情况在整体上进行认识,特别是制作昆虫的生活史标本,不能缺少任何一个虫态或危害状。

(3)每种昆虫都应采集一定的数量,以保证昆虫标本后期制作的质量和数量。

(4)采集昆虫时应做简单的记载,如寄主植物的种类、被害状、采集时间,采集地点等,必要时可编号,以保证制作标本时标签内容的准确和完整。

（二）昆虫标本的制作

为了使昆虫标本长久保存,以备观察、研究、教学和展览,应根据所采昆虫的形态构造特点和生长发育时期等,采用适当的方法制作成各种形式的标本。

1.昆虫标本的制作工具

1）昆虫针

昆虫针由不锈钢制成,顶端有一个小针帽,用于支撑和固定昆虫虫体(见图J-5-5)。昆虫针根据粗细、长短,可分为00、0、1、2、3、4、5七种型号,数字越大针越粗。1~5号针的长度均为39 mm;00号针没有针帽;00、0号针的长度为1号针的1/3,用来制作微小型昆虫标本。

图 J-5-5　昆虫针

2）展翅板

展翅板是伸展蝶、蛾、蜻蜓等昆虫翅的主要工具(见图J-5-6)。制作展翅板的材料多为量轻、较软的木料。展翅板底部是一整块木板,上面装有两块木板,略微向内倾斜,其中一块木板可活动,以便调节板间缝隙的宽度,两板中间缝隙的底部铺有软木条或泡沫塑料条。展翅板目前多用泡沫板代替,注意厚度要在20 mm左右,中央刻一个沟槽。

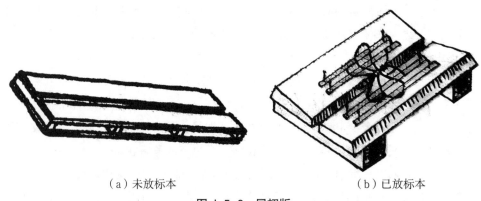

（a）未放标本　　　　　　　　　　（b）已放标本

图 J-5-6　展翅版

3）整姿台

整姿台用于整理昆虫附肢的姿势。整姿台用松软木材或硬泡沫板做成,长280 mm,宽150 mm,厚20 mm,板子的两头各钉一块高30 mm、宽20 mm的木条作为支柱,板上面有许多小孔,小孔的直径以昆虫针可以自由穿插为宜。现在,整姿台多被厚约20 mm的泡沫板代替。

4) 还软器

还软器是用于软化已经干燥昆虫标本的一种玻璃器皿(见图 J-5-7)。使用时,在容器底部铺上一层湿砂,并加几滴石炭酸,防止生霉。在瓷隔板上放置需要还软的标本,加盖密封,几天后干燥的标本即可软化。

图 J-5-7　还软器

5) 三级台

三级台可使昆虫标本、标签在昆虫针上的高度一致,保存方便,整体美观。三级台可用木料或塑料制成,长 75 mm,宽 30 mm,高 24 mm,分为三级,每级高 8 mm,中间有一个小孔(见图 J-5-8)。

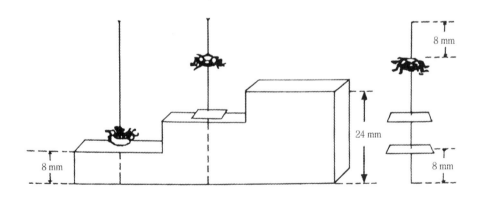

图 J-5-8　三级台

6) 三角台纸

三角台纸用来黏放小型昆虫标本。三角台纸是用硬的白纸剪成的宽 3 mm、高 12 mm 的小三角形纸片,或宽 4 mm、长 12 mm 的长方形纸片。

其他制作工具还包括镊子、剪刀、大头针、透明光滑纸条、黏虫胶或白乳胶等。

2.昆虫标本的制作方法

1) 干制标本的制作

插针标本根据虫体大小,选用适当型号的昆虫针。体型中等的夜蛾类昆虫一般用 3 号针;天蛾等大型昆虫一般用4号或5号针;体型较小的叶蝉、蜻、小型蝶蛾类一般用1号或2号针。昆虫针插入后应与虫体纵轴垂直,针插部位随昆虫种类而异(见图J-5-9)。鳞翅目、蜻蜓目从中胸背板正中插针,穿透中足中央,双翅目、膜翅目昆虫从中胸中央偏右的位置插针;蝗虫,蝼蛄等从前胸背板的后部背中线偏右的位置插针;半翅目昆虫从中胸小盾片中央略微偏右的位置插针;鞘翅目昆虫从右鞘翅基部距翅缝不远的位置插针。对于微小昆虫,如跳甲、米象、飞虱等,可将00号针的尖端插入虫体腹面,再将针的另一端用镊子刺入昆虫针上的三角台纸,或者直接在昆虫针上的三角台纸的尖端黏上黏虫胶,将虫体的右侧面黏在上面,三角台纸尖端应朝左方。

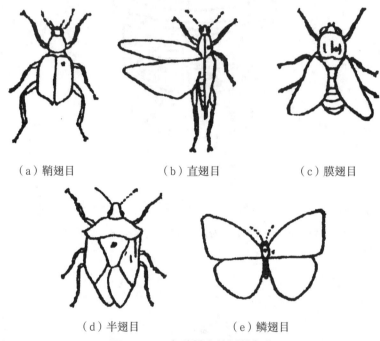

（a）鞘翅目　　（b）直翅目　　（c）膜翅目

（d）半翅目　　（e）鳞翅目

图 J-5-9　各种昆虫的插针部位

(1)标本的定高:插针后,用三级台调整虫体在针上的高度。对于中小型昆虫,制作者可直接从三级台的最高级小孔中插至底部;对于大型昆虫,制作者可将针倒过来,放入三级台的第一级的小孔中,使虫体背部紧贴台面,其上部的留针长度是8 mm。

(2)整姿:甲虫、蝗虫、蝼蛄、蜻象等昆虫,插针后移到整姿台上,将附肢的姿势加以整理。整姿原则:前足向前,后足向后,中足向两侧;短触角伸向前方,长触角伸向背侧面,应对称、整齐、自然美观。整姿后,用大头针固定,以待干燥。

(3)展翅:蝶类、蛾类昆虫,插针后还需要展翅(见图J-5-10)。展前翅时,把已插针定高的标本移到展翅板的槽内软木上,使虫体背面与两侧木板相平,用昆虫针轻拨较粗的翅脉,或用扁平镊子将前翅夹住前拉。蝶、蛾、蜻蜓等昆虫以两个前翅后缘与虫体纵轴垂直,草蛉等脉翅目昆虫以后翅的前缘与虫体纵轴垂直,蜂、蝇等昆虫以前翅的顶角与头平齐为准。后翅左右对称、压于前翅后缘下,并用透明光滑纸条压住,以大头针固定。昆虫的头应摆正,触角应平伸向前侧方。腹部易下垂的昆虫,可用硬纸片或昆虫针交叉支撑在腹部下面,或展翅前将腹部侧膜区剪一个小口,取出内脏,塞入脱脂棉再针插整姿保存。

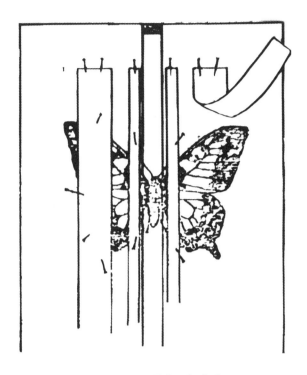

图 J-5-10　昆虫展翅方法

（4）装盒：将标本取出，插上采集标签，用三级台给采集标签定高（高度为三级台第二级的高度），然后将标本插入针插标本盒（每个标本都必须附采集标签）。

2）浸渍标本的制作

昆虫的卵、幼虫、蛹，以及体软的成虫和螨类都可被制成浸渍标本。活的昆虫，特别是幼虫在浸渍前，应饥饿一至数天，待其体内的食物残渣排净后在开水中煮一下，使虫体伸直、变硬，再投入浸渍液内保存。浸渍液应具有杀死昆虫和防止昆虫腐烂的作用，并应尽可能保持昆虫原有的体形和色泽。常用的浸渍液有以下几种。

（1）酒精浸渍液：浓度为 75% 的酒精加 0.5% ~1% 的甘油制成。酒精浸渍液在浸渍标本半个月后，应更换一次，以保持一定浓度并防止标本因浓度不够而变黑。

（2）福尔马林浸渍液：将福尔马林（40% 甲醛）稀释成 5% 福尔马林溶液，再用冰醋酸 5 mL、白糖 5 g、5% 福尔马林溶液 5 mL、蒸馏水 100 mL 混合配制而成。福尔马林浸渍液保存标本效果很好，标本一般不收缩、不变黑，浸渍液无沉淀。

（3）绿色幼虫浸渍液：将 10 g 硫酸铜溶于 100 mL 水，煮沸后停火，投入幼虫；投入后有褪色现象，恢复绿色时，立即取出，用清水洗净，浸入 5% 福尔马林溶液中保存。

（4）黄色幼虫浸渍液：氯仿 3 mL、冰醋酸 1 mL、无水酒精 6 mL 混合而成。浸渍时先用此液浸渍 24 h，然后移入 70% 酒精液中保存。

3）生活史标本的制作

将前面用各种方法制成的标本，按照昆虫的发育顺序，即卵、各龄幼虫（若虫）、蛹、成虫的雌虫和雄虫、成虫和幼虫（若虫）的危害状，安放在一个标本盒内，在标本盒的左下角放置标签即可制成生活史标本。

（三）病害标本的采集

1.采集用具

标本夹用来采集、翻晒和压制病害标本，由2块对称的木条栅状板和1条细绳组成。

标本纸多采用草纸、麻纸或旧报纸，用来吸收标本水分。

此外，采集用具还包括采集箱、修枝剪、手锯、手持放大镜、镊子、记载本、标签等。

2.采集方法与要求

（1）掌握适当的采集时期，症状要典型，真菌性病害应采有子实体的病害标本；新病害要有不同阶段的症状表现。采集时要将病部连同部分健康组织一起采下，以利于病害的诊断。

（2）每种标本只能有1种病害，不能有多种病害混发，以便正确鉴定和使用。

（3）采集标本的同时，应进行田间记录，包括寄主名称、发病情况、环境条件、采集地点、日期、采集人等。

3.采集注意事项

（1）适合干制的标本，应随采随压于标本夹中，尤其是容易干燥卷缩的标本，更应立即压制，否则叶片失水卷缩后无保存价值。

（2）对于不熟识的寄主植物，应将花、叶及果实等一并采回，以便于鉴定。

（3）各种标本的采集应具有一定份数（5份以上），以便于鉴定、保存和交换。

（四）病害标本的制作

1.干制标本的制作

叶片及嫩枝病害标本，可分层置于标本夹内的吸水纸中压制，标本夹捆紧放于室内通风干燥处。在压制过程中，必须勤换纸、勤翻动，以防标本发霉变色，特别是在高温、高湿天气。较大枝干和坚果类病害标本以及高等担子菌的子实体，可直接晒干、烤干或风干。肉质多水的病害标本，应迅速晒干、烤干或放在30～45℃的烘箱中烘干。

2.浸渍标本的制作

一些不适合干制的病害标本，如水果、伞菌子实体、幼苗和嫩枝叶等，为保存原有色泽、形状、症状等，可放在装有浸渍液的标本瓶内。使用的浸渍液及其使用方法如下。

（1）一般浸渍液：只防腐，不保色。配方：甲醛50 mL，酒精（95%）300 mL，水2000 mL。此浸渍液也可简化成5%甲醛溶液或70%酒精溶液。

（2）绿色标本浸渍液：将醋酸铜加入50%的醋酸中配成饱和溶液（大约1000 mL 50%的醋酸加15 g醋酸铜），加水稀释3～4倍使用。

存放标本的浸渍液易挥发或氧化，必须密封，才能长久保持浸渍液的功效。密封方法：取蜂蜡及松香各1份，分别熔化，然后混合，再加入少量凡士林，调成胶状物，趁热用毛笔涂于瓶口和瓶盖交接处。

3.标本的保存

(1)干制标本:干燥后的标本经选择制作后,连同采集记录一同放入标本盒或牛皮纸袋,贴上鉴定标签,分类存放于标本柜中。

(2)浸渍标本:在制好的浸渍标本瓶、缸等上贴好标签,直接放入标本柜中。

下篇　技能训练

技能训练六
昆虫性信息素诱捕监测森林害虫

一

一、技能要求

(1)能根据害虫种类选择相应类型的昆虫诱捕器。

(2)会制订昆虫诱捕器布设方案。

(3)能正确安装昆虫诱捕器。

(4)能进行害虫监测效果调查与结果分析。

二、技能训练

昆虫性信息素是由昆虫分泌和释放的一种吸引同种异性前来交配的活性物质。昆虫性信息素的应用是利用其能够引诱同种异性的原理,将人工合成的性信息素加入可控的释放载体,制成诱芯,模拟释放性信息素的行为,来引诱同种的个体,再结合诱捕器将引诱来的昆虫捕捉。由于没有足够的异性或同类,昆虫无法完成交配和聚集攻击寄主,从而降低了下一代的昆虫种群数量和聚集攻击导致寄主死亡的能力,达到防治害虫的目的。使用昆虫性信息素诱捕监测森林害虫的工作流程:虫情调查→诱捕器种类确定→制订诱捕器布设方案→组装诱捕器→现场布设→日常管理→效果调查→诱捕器回收保存。

(一)地点选择

选择有森林害虫(以下以检疫性有害昆虫美国白蛾为例)的林分,在害虫成虫即将羽化期,经现场勘察,确定诱捕器悬挂地点。通常,诱捕器悬挂地点应选择地势开阔,周围无遮挡物的地块。每100 m设1个诱捕器,诱集半径为50 m。

(二)高度设置

用于第1代和第2代监测时,诱捕器下端距地面5～6 m(树冠中上层)为宜;用于越冬代监测时,诱捕器下端距地面1.5～2 m(树冠下层)为宜。

（三）诱捕器安装

1.三角形诱捕器的安装

（1）按划好的折线，将遮雨盖折成三角形，将铁丝穿过顶部两端的圆孔固定。

（2）把涂好胶的板揭开，胶面朝上放在诱捕器底部。

（3）将诱芯用铁丝串起，挂于顶部圆孔处，诱芯应距离底部胶片1～2 cm。

三角形诱捕器如图J-6-1所示。

2.桶形诱捕器的安装

（1）扣合上桶和下桶，将上盖固定于上桶。

（2）将铁丝穿过上盖的小孔，固定于诱捕器位置（诱芯）。将诱芯的黑面粘在双面胶上，再将双面胶粘在上盖下方的横片上，然后揭下诱芯另一面的白色塑膜。

（3）将诱芯悬挂于距离上桶内口1 cm处。

（4）在下桶内放置洗衣粉水和敌敌畏棉球。

桶形诱捕器如图J-6-2所示。

图 J-6-1　三角形诱捕器　　　　　图 J-6-2　桶形诱捕器

（四）观察记录

定期检查诱捕器，从发现虫体开始，每天记录诱到的虫体数量，清理胶板上的蛾体，填写记录表格，定期更换胶板，确保监测数据的准确性。

（五）结果分析

逐日记载诱集到的成虫数，即可得出美国白蛾始见期、始盛期、高峰期、盛末期和结束期，为害虫预测预报和防治提供科学依据。

下篇　技能训练

技能训练七
林业有害生物监测预报

一、技能要求

(1)会运用北斗或 GPS 终端选择监测标准地。

(2)会用数据终端录取监测点数据和确定标准树。

(3)会用终端拍照填写各种监测表格。

(4)会调查卵和幼虫的密度及卵的孵化率、寄生率。

(5)会运用各种公式计算数据。

(6)会运用期距预测法预测害虫发生期。

(7)会运用有效虫口基数法预测害虫发生量。

(8)能撰写虫情报告。

二、技能训练

(一)线路调查

在手持终端(北斗 GIS 平板手机或 GPS 终端)资源卫星图片或无人机影像上进行卫片叠加重合后确定地点(林班或营林区),进行轨迹调查,在操作区内对观测林分进行线路踏查,对内设监测点或标准地坐标林分的基本情况进行调查,填写监测预报调查林分记录表(见表 J-7-1),附内设监测点或标准地病虫害照片。

(二)设置固定标准地

在观测林分内,选取 1～2 个标准地,标准地面积一般为 0.2 hm²(50 m×40 m),将标准地各项林分因子填入标准地概况记录表,如松毛虫标准地概况记录表(以下均以松毛虫为例),如表 J-7-2 所示。

(三)标准地虫情调查

在标准地内,采用对角线法或平行线法抽取 20 株样株详查。调查发生地点、面积、虫口密度、有虫株率、虫态、虫龄、针叶被害程度和林分因子,填写松毛虫虫情调查表(见表 J-7-3)。

（四）卵期监测调查

从松毛虫卵出现开始,每日调查标准树,发现卵块就标记编号,并记载每株卵块数。在雌蛾羽化高峰后1~4天,调查平均卵块数、卵块平均粒数。在卵块孵化前(约为成虫羽化高峰期5天后)将标准树上的卵块摘下,标记卵块所在位置。清点每个卵块的粒数,再用胶将卵粒粘在牛皮纸片上,标记(地点、产卵时间、数量和编号)后挂回原处。幼虫全部孵化后将纸片取回,清点未孵化卵粒数、被寄生卵粒数,总卵粒数减去未孵化卵粒数即为初孵幼虫数。计算每株平均卵块数(卵块总数/调查总株数)、每株平均卵粒数(卵粒总数/调查总株数)、有卵株率(有卵株数/调查总株数)、卵块平均粒数(卵粒总数/卵块总数)、卵的孵化率(孵化卵壳数/总卵壳数)、卵的寄生率(被寄生卵粒数/卵粒总数)、卵的死亡率(死亡卵粒数/卵粒总数)等。

在产卵末期,在固定标准地之外,选择2块辅助标准地,采集一定数量的卵块观察孵化情况,记录孵化始盛期(发育进度达16%时)、高峰期(发育进度达50%时)和盛末期(发育进度达84%时)。设计松毛虫卵期调查表(见表J-7-4),将上述内容填入表格。

（五）幼虫期监测调查

1.初孵幼虫调查

从固定标准树中选出3~5株,在幼虫孵化后调查初孵幼虫数,每日观察初孵幼虫死亡数及死亡原因,并做好记录,计算死亡率。

2.幼虫下树调查

幼虫下树前(约9月中旬),选3~5株标准树,在树干基部缠上塑料碗,每日14:00—15:00记载碗内幼虫数,然后将幼虫放至树下越冬。下树结束后,计算日下树百分率。

3.幼虫越冬死亡率调查

从越冬幼虫上树前一周开始,在标准地内选择20株标准树,查清每株树冠投影范围内土缝中和落叶、石块下的总虫数,区别自然死亡数和被寄生数,计算越冬死亡率。每次调查虫数不应少于200头。

4.越冬幼虫上树进度调查

从越冬幼虫上树前一周开始,在虫口密度较大的临时标准地内选3~5株标准树,在第一轮枝下缠2.5圈宽3.5 cm的塑料环,每天14:00—15:00检查记录塑料环下阻隔的幼虫数量,然后将环下幼虫释放到树上。计算每日上树幼虫数占总虫数的百分比,直至上树结束。

5.幼虫上树后调查

在幼虫上树结束后,全面调查标准树的虫口,作为标准树虫口基数。每日调查标准树幼虫损失数量,注意区分、记载自然死亡、天敌寄生、捕食和不明原因死亡数,在幼虫化蛹结束后,统计各种死亡方式的幼虫的数量及所占百分比。

平均虫口密度、有虫株率及天敌寄生率按下列公式计算。

$$平均虫口密度 = \frac{总虫数}{调查总株数}$$

$$每虫株率 = \frac{有虫株数}{调查总株数} \times 100\%$$

$$天敌寄生率 = \frac{被寄生数}{总虫数} \times 100\%$$

6.1～2龄幼虫密度调查

在固定标准地内不固定标准株地随机抽取10～20株树,调查幼虫取食且针叶枯黄卷曲的枝头数,推算幼虫数,参考公式为

$$平均枯黄叶丛密度 = 调查枯黄叶丛数/20株$$

$$平均每个枯黄叶丛幼虫密度 = 10个枯黄叶丛1～2龄幼虫总数/10丛$$

$$平均虫口密度 = 平均枯黄叶丛密度 \times 平均每个枯黄叶丛幼虫密度$$

7.3龄以上幼虫密度调查

采用2 m以下小树全树清点、标准枝推算法、振落法、虫粪粒推算法、有虫株率或零株率推算法调查(详见《马尾松毛虫监测与防治技术规程》)。

(六) 蛹期调查

1.化蛹进度调查

在老熟幼虫化蛹前,在各标准地内将标准树虫口数查清并记载。每天14:00—15:00调查1次,记载结茧数。化蛹结束后,计算日化蛹率,找出化蛹始盛期、高峰期和盛末期。采集老熟幼虫进行套笼化蛹观察并记录。

2.蛹存活率及性比调查

在结茧盛期(结茧率达50%)后2～5天,分别于标准地内随机采集100～200只茧,解剖检查统计雌雄蛹数、寄生及死亡蛹数,计算死亡率及雌性百分比。

$$死亡率 = \frac{死蛹数}{检查总茧数} \times 100\%$$

$$雌性百分比 = \frac{活雌蛹数}{(活雌蛹数 + 活雄蛹数)} \times 100\%$$

3.蛹重与产卵量的调查

在标准地采集50～100只活雌蛹,分别称重后,将其编号并放入养虫笼中。羽化后按1:1配入雄成虫,待其产卵后,统计产卵量,计算平均产卵量,找出蛹重与产卵量的关系,计算繁殖量。

$$繁殖量 = (1 - 死亡率) \times 雌性百分比 \times 平均产卵量$$

4.蛹密度和羽化率调查

幼虫终见期后,在调查林分内,用"Z"字形法(松毛虫)选取20株调查样株,调查样株及树冠投影范围内植被或样枝上的蛹数(因虫种而定)。

在成虫羽化结束后,将标准株上和树冠投影下(包括树皮、地被物、树根、石砾中)未羽化蛹的茧和羽化的空茧采下,统计蛹的总数、蛹羽化数和被寄生数,计算蛹的羽化率和寄生率。

（七）成虫期调查

从化蛹盛期开始,设置黑光灯和性信息素诱集成虫,记载每天诱集的雌雄成虫的数量,将结果填入表 J-7-5。观察和计算雌蛹羽化率,每雌产卵量,雌性百分比及羽化始见期、高峰期、终止期和发生量。

（八）数据整理与汇总

在虫情调查后的 5 天内,对监测调查数据进行整理、统计、汇总。将调查资料输入计算机数据库,设计 Excel 表格,以便分析预测。填写汇总表格,如松毛虫虫情汇总表与预测表,松毛虫系统观察表、松毛虫发生期汇总表,如表 J-7-6 至表 J-7-8 所示。

（九）预测预报

1.发生期预测

1)物候预测法

注意观察调查点附近常见植物的发育阶段是否与松毛虫发育阶段有相关性,可否用于预测。

2)期距预测法

利用监测地区森防机构积累的松毛虫历史资料,结合观察数据,计算各虫态或世代之间的生长发育所经历的时间。

预测虫态出现日期=起始虫态实测出现日期+（期距值±期距值对应的标准差）

3)回归模型预测法

利用松毛虫发生期(或发生量)的变化规律与气候因子的相关性,建立回归预测模型。

$$y = a_0 + a_1 x_1 + a_2 x_2 + a_3 x_3 + \cdots + a_n x_n$$

式中：y——发生期（或发生量）;

　　　x_n——测报因子(气温、降雨、相对湿度等);

　　　a_n——回归系数。

4)有效积温预测法

根据松毛虫各虫态的发育起始点温度、有效积温和发育期平均温度预测值,预测下一虫态的发生期。

$$发育历期 = \frac{有效积温 \pm 有效积温标准差}{发育期平均温度 - (发育起始点温度 \pm 发育起始点温度标准差)}$$

2.发生量预测

1)有效虫口基数预测法

根据松毛虫前一世代(或前一虫态)的有效虫口基数推测下一世代(或虫态)的发生量（繁殖量）。

$$P = P_0 \left[e \frac{f}{m+f} (1-d_1)(1-d_2)(1-d_3) \cdots (1-d_i) \right]$$

式中：P——预测发生量（繁殖量）；

P_0——调查时的虫口基数（虫口密度）；

m——雄虫数；

f——雌虫数；

$\dfrac{f}{m+f}$——雌雄性比；

e——每雌平均产卵量（繁殖力）；

$d_1, d_2, d_3, \cdots, d_i$——从调查虫态到预测虫态所经历的各虫态的死亡率。

2）利用虫口基数与危害程度作为参数预测

根据松毛虫发生量与虫口密度及松针保存率之间的关系，预测当代及后代的虫口密度。

$$N_n = N_0 \cdot F \cdot S^n$$

式中：N_n——某代虫口密度；

N_0——调查虫口密度；

F——繁殖量[产卵量 × 雌性百分比 ×（1 − 自然死亡率 − 寄生率）]；

S——松针保存率，$1 > S > 0$；

n——预测的代数（当代 $n=0$，下 1 代 $n=1$，下 2 代 $n=2$，以此类推）。

3）回归模型法

原理和发生期预测相同。

3.危害程度预测

通过抽样调查，预测单株危害程度，然后计算林分危害程度，再估测平均危害程度。

$$单株危害程度 = \frac{虫口基数 \times (1-死亡率) \times 取食量}{叶总量} \times 100\%$$

$$林分危害程度 = \frac{\sum(某危害级值 \times 某等级株数)}{调查总株数 \times (最高级值 + 1)} \times 100\%$$

$$平均危害程度 = \frac{\sum(某类型发生面积 \times 某类型危害程度)}{总面积} \times 100\%$$

4.发生范围预测

成虫的迁飞距离一般在 1000 m 以内，一般为 300 m，最远可达 2000 m；1 天内最远迁飞 600 m。发生范围预测即根据成虫飞向、飞行距离、光源、被害程度及松林分布情况等预测发生范围。

表 J-7-1　监测预报调查林分记录表

编号：市（区）＿＿＿＿　县区：＿＿＿＿　场或村：＿＿＿＿　小班或自然村地名：＿＿＿＿
线路编号：＿＿＿＿　林分面积（hm²）：＿＿＿＿　林龄：＿＿＿＿　时间：＿＿＿＿
林分线路编号：＿＿＿＿　林分类型及树种组成：＿＿＿＿

林分线路编号	地点（林班或营林区）	性质（临时或固定）	林分面积	内设监测点数或标准地数	预测对象	林分类型及树种组成（起源＋树种）	树种组成	平均胸径	平均树高	林龄	郁闭度	建立日期	线路有害生物照片和图层变更备注（线路＋照片号）

填报人：＿＿＿＿

表 J-7-2　松毛虫标准地概况记录表

调查线路编号：＿＿＿＿　标准地编号：＿＿＿＿　林班或小班面积（hm²）：＿＿＿＿　林班或小班名称：＿＿＿＿　林分类型及树种组成：＿＿＿＿
林龄：＿＿＿＿　踏查所报有虫株率（%）：＿＿＿＿　有害生物名称：＿＿＿＿　坐标：＿＿＿＿　时间：＿＿＿＿

海拔（m）：＿＿＿＿　　树龄（年）：＿＿＿＿　　胸径（cm）：＿＿＿＿　　树高（m）：＿＿＿＿
枝条盘数：＿＿＿＿　　冠幅（m）：＿＿＿＿
发生类型（安全、偶发、常发）：＿＿＿＿　　其他病虫：＿＿＿＿
坡向（阴、阳、平）：＿＿＿＿　坡度（0～90°）：＿＿＿＿　郁闭度（0～1.0）：＿＿＿＿　土壤质地：＿＿＿＿
土层厚度（cm）：＿＿＿＿　林下灌草丰富度：＿＿＿＿　林分健康状态：＿＿＿＿
调查株数：＿＿＿＿　调查虫态：＿＿＿＿　有虫株数：＿＿＿＿　代表面积（hm²）：＿＿＿＿
总虫数：＿＿＿＿　虫口密度：＿＿＿＿　虫情级（0,1,2,3,4）：＿＿＿＿　有虫株率（%）：＿＿＿＿
针叶保存率（%）：＿＿＿＿　灾情等级（＋,＋＋,＋＋＋）：＿＿＿＿　照片（线路＋标准地＋照片号）：＿＿＿＿　是否新扩散：＿＿＿＿

调查人：＿＿＿＿

填写说明：
1. 固定标准地每 3 年填写 1 次。
2. 乡镇代码：01～99，以县为单位统一编码。村代码：01～99，以乡为单位统一编码。固定标准地代码：001～999。
3. 标准地编号由 7 位数字组成，头 2 位为乡镇代码，中间 2 位为村代码，后 3 位为标准地代码，即标准地编号为乡镇代码＋村代码＋标准地代码。标准地编号一经确定，不得随意更改。

表 J-7-3　松毛虫虫情调查表

调查线路编号：_____　标准地编号：_____　林班或小班面积（hm²）：_____　林班或小班名称：_____　林分类型及树种组成：_____

林龄：_____　踏查所报有害株率（%）：_____　有害生物名称：_____　坐标：_____　时间：_____

发生类型（安全、偶发、常发）：	林班面积（hm²）：	
主要树种：	林木组成：	每亩株数：
树龄（年）：	胸径（cm）：	树高（m）：
枝条盘数（条）：	冠幅（m）：	
坡向（阴、阳、平）：	郁闭度（0~1.0）：	
植被种类：	其他病虫：	
调查株数：	代表面积（hm²）：	调查虫态：
有虫株数：	有虫株率（%）：	总虫数：
虫口密度：	虫情级（轻下、轻、中、重）：	是否新扩散（是、否）：
针叶保存率（%）：	灾情等级（中、重）：	
虫情调查人：	调查时间：　年　月　日	

填报时间：　　年　月　日

表 J-7-4 松毛虫卵期调查表

调查线路编号：_____ 标准地编号：_____ 林班或小班名称：_____ 林班或小班面积（hm²）：_____ 林分类型及树种组成：_____ 林龄：_____

踏查所报有害株率（%）：_____ 有害生物名称：_____ 虫情级（0、1、2、3、4）：_____ 时间：_____ 坐标：_____ 照片（线路＋标准地＋照片号）：_____

株号	卵块数/块	卵粒数/粒	未孵化卵粒数/粒	被寄生卵粒数/粒	幼虫数/只	针叶保存率（0～1.0）
1						
2						
3						
4						
5						
6						
7						
8						
9						
10						
11						
12						
13						
14						
15						
16						
17						
18						
19						
20						
总计						
平均						

调查人：_____

表 J-7-5 松毛虫成虫调查表

标准地编号：　　　　　　林班或小班名称：　　　　　　林分类型及树种组成：　　　　　　林龄：
监测面积（hm²）：　　　　有害生物名称：
坐标：　　　　　　　　　林班或小班面积（hm²）：　　　监测器具名称及型号：　　　时间：
虫情级（0，1，2，3，4）：

日期	诱虫数/（%）		性比/（%）	天气状况
	雌	雄		
总计				

调查人：

表 J-7-6 松毛虫虫情汇总表与预测表

世代：　　　　　有害生物名称：
汇总人：　　　　汇总时间：
汇总单位：
是否为预测结果：

地点	实际调查面积		虫态	虫口面积	发生面积				重复面积				面积（hm²）					防治面积			
	林分面积	标准地数			轻	中	重	计	轻	中	重	计	成灾面积				预防面积	生物	化学	其他	计
													轻	中	重	计					

表 J-7-7　松毛虫系统观察表

标准地编号：＿＿＿＿＿＿＿＿＿　林班或小班面积（hm²）：＿＿＿＿＿＿＿＿＿　林班或小班名称：＿＿＿＿＿＿

林分类型及树种组成：＿＿＿＿＿＿＿　林龄：＿＿＿＿＿＿＿　监测面积（hm²）：＿＿＿＿＿＿＿＿＿＿

监测器具名称及型号：＿＿＿＿＿＿＿　有害生物名称：＿＿＿＿＿＿＿＿　坐标：＿＿＿＿＿＿＿＿＿＿＿＿

虫情级（0、1、2、3、4）：＿＿＿＿＿＿＿　时间：＿＿＿＿＿＿＿＿　汇总人：＿＿＿＿＿＿＿

	世代	越冬代	第1代	第2代	第3代	第4代
卵	卵块数 /（块·株⁻¹）					
	每块卵粒数					
	平均每块卵粒数					
	孵化率 /（%）					
	寄生率 /（%）					
幼虫	幼虫死亡率 /（%）					
	越冬死亡率 /（%）					
蛹	蛹密度 /（只·株⁻¹）					
	平均每雌蛹重 /g					
	雌性百分比 /（%）					
	羽化率 /（%）					
	寄生率 /（%）					
成虫	每灯诱蛾量 / 只					
	每晚诱蛾数量 / 只					
	雌雄比					
	怀卵量 /（粒·雌⁻¹）					

填写说明：该表如果是汇总结果，标准地编号可以不填。

表 J-7-8　松毛虫发生期汇总表

标准地编号：_____　　林班或小班面积（hm²）：_____　　林班或小班名称：_____
林分类型及树种组成：_____　　林龄：_____　　监测面积（hm²）：_____
监测器具名称及型号：_____　　有害生物名称：_____　　坐标：_____
虫情级（0、1、2、3、4）：_____　　时间：_____　　汇总人：_____

世代	虫态	始见期	始盛期	高峰期	盛末期	终止期	照片号	备注
越冬代	产卵							
	卵孵化							
	幼虫上树							
	化蛹							
	成虫羽化							
第1代	产卵							
	卵孵化							
	化蛹							
	成虫羽化							
第2代	产卵							
	卵孵化							
	化蛹							
	成虫羽化							
第3代	产卵							
	卵孵化							
	化蛹							
	成虫羽化							
第4代	产卵							
	卵孵化							
	化蛹							
	成虫羽化							

技能训练八
林业植物检疫实施

一

一、技能要求

(1)会实施林业检疫性有害生物的产地检疫。

(2)会实施林业检疫性有害生物的调运检疫。

(3)能确定林业检疫性有害生物的除害处理方法。

二、技能训练

（一）产地检疫

1.苗圃检疫调查

(1)选择检疫对象或危险性病虫存在的苗圃,在检疫性有害生物发生季节进行调查。

(2)询问苗圃的种苗来源、栽培管理及检疫性有害生物发生情况。确定调查重点和调查方法,准备好用于观察、采集、鉴定的工具和记录表格。

(3)在苗圃中选择有代表性的线路进行踏查。踏查苗木时,须查看顶梢、叶片、茎干及枝条等是否有病变,病害症状、虫体及被害状等,必要时挖取苗木检查根部。初步确定病虫种类、分布范围、发生面积、发生特点、危害程度。在踏查过程中发现检疫性有害生物和其他危害性病虫,需进一步掌握危害情况的,应设立标准地(或样方)做详细调查。

(4)标准地应选设在病虫发生区域内有代表性的地段。标准地的累计总面积应为调查总面积的 0.1%～5%,针叶树每块标准地面积为 0.1 ～5 m²(或 1～2 m 条播带),阔叶树每块标准地面积为 1～5 m²,对抽取的样株逐株检查。统计调查总株数、病虫种类、被害株数和危害程度,计算感病株率、感病指数、虫口密度、有虫株率,记入种实苗木产地检疫调查表(见表 J-8-1)。

(5)填写产地检疫记录及产地检疫合格证(见表 J-8-2 和表 J-8-3)。

2.种子园、母树林的检疫调查

(1)选择有检疫对象或危险性病虫的种子园或母树林,在检疫性有害生物发生期进行调查。

(2)在种子园或母树林中选择有代表性地段设置标准地。同一类型的林木面积在 5 hm² 以上时不应少于 4 块标准地,面积在 5 hm² 以下时,选设一块标准地。每块标准地的林木应为 10～15 株。

按树冠上、中、下不同部位,每株随机采病种子(果实)10~100个,逐个进行解剖检查。

(3)用肉眼或借助放大镜直观检查采摘下的种子(果实)表面是否有病害症状、虫体或危害特征(斑点、虫孔、虫粪等),种子表面色泽异常的,剖开种粒检查种子内部是否有病害症状、虫体及被害状,确定病虫种类、被害数量及被害率,记入表 J-8-1。

(4)填写产地检疫记录及产地检疫合格证。

3.贮木场检疫调查

选择一处贮木场,从楞垛表面抽样或分层抽样调查。

对贮木场的原本、锯材、竹材、藤等,每堆垛(捆)抽样不应少于 5 m³ 或抽取 3~6 根(条),每根样本选设 2~4 个样方,样方大小一般为 20 cm×50 cm(或 10 cm×100 cm);检查受检物表面是否有蛀孔屑、虫粪、活虫、茧、蛹、病害症状等,铲起树皮查看韧皮部或木质部内部害虫和菌体。检查结束后填写产地检疫调查表。

4.种子室内检验

1)害虫检验

对混杂在种子间的害虫,可过筛检验。标准筛的孔径规格及所需用的筛层数,根据种粒和有害生物的大小而定,检查时,先把选定的筛层按照孔径大小(大孔径的在上,小孔径的在下)的顺序套好,再将种子样品放入最上面的筛层。样品不易放得过多或过少,以占本筛层体积的 2/3 为宜,加盖后进行筛选。手动筛选时,左右摆动 20 次;在筛选振荡器上筛选时,筛选时间为 0.5 min。分别将第 1 层、第 2 层、第 3 层的筛上物和筛底的筛下物倒入白瓷盘,摊成薄层,用肉眼或借助放大镜检查其中的虫体。将筛底的筛下物放在培养皿中,在解剖镜下检查其中害虫、虫卵的种类和数量。害虫含量可根据下列公式计算:

$$害虫含量 = \frac{害虫数量或卵粒数}{代表样品质量} \times 1000$$

对种子内的害虫,可采用剖粒、比重及软 X 射线透视等检验方法进行检验。

对隐藏在叶部或干、茎部的害虫,用刀、锯或其他工具剖开被害部位或可疑部位进行检查。剖开时要注意虫体完整。

借助显微镜、解剖镜等,参照已定名的昆虫标本、有关图谱、资料等进行识别鉴定。

2)病原真菌检验

用徒手切片法借助显微镜观察病原真菌的形态特征,并结合采集的病害寄主标本鉴定。

(二)调运检疫

1.阅读和填写检疫单证

调出森林植物的单位和个人要填写森林植物检疫报检表(见表 J-8-4),调入单位或个人要填写森林植物检疫要求书(见表 J-8-5),森检机构要对以上内容进行审核。

检疫合格要签发植物检疫证书(见表 J-8-6)。植物检疫证书的填写说明如下。

(1)林(　)检字:括号内填写签发机关所在省(自治区、直辖市)的简称。

(2)产地:详细写明 ×× 省(自治区、直辖市)×× 市(地、盟、州)×× 县(市、区、旗)。

（3）运输工具：注明汽车、轮船、飞机等。

（4）包装：注明包装形式（如袋装、箱装、筐装、散装、捆装等）和包装材料。

（5）运输起讫：详细写明自××省（自治区、直辖市）××市（地、盟、州）××县（市、区、旗）至××省（自治区、直辖市）××市（地、盟、州）××县（市、区、旗）。

（6）发货单位（人）及地址：详细注明发货单位名称（发货人姓名）及详细地址。

（7）收货单位（人）及地址：详细注明收货单位名称（收货人姓名）及详细地址。

（8）有效期限：用阿拉伯数字注明年、月、日。

（9）植物名称：填写植物名称。

(10)品种（材种）：填写"种子""种球""块根""草籽""苗木""接穗""盆景""盆花""原木""板材""竹材""胶合板""刨花板""纤维板""果品""中药材""木（竹）制品"等。

(11)单位：注明株、根、kg、m^3 等。

(12)数量：用阿拉伯数字填写。

(13)签发意见：签发意见栏的括号中填写"产地""调运"或"查验原植物检疫证书"。如有需要说明的其他情况，可在此栏空白处注明。

(14)委托机关：委托市、县办理出省植物检疫证书的，盖省级森林植物检疫专用章。

(15)签发机关：盖签发机关的森林植物检疫专用章。

(16)检疫员：签字或盖章。

(17)签证日期：用阿拉伯数字填写。

(18)其他：证书为无碳复写纸印制，可用于工填写或计算机打印，手工填写时要使用垫板，填写错误或更改处，需加盖检疫员章；证书保存时应避光、隔热、密封，注意不要被锐器顶、碰。

2.调运森林植物的现场检查

1）被检样品的抽取数量

(1)种子、果实（干、鲜果）按一批货物总数或总件数的 0.5% ~ 5% 抽取。

(2)苗木（含试管苗）、块根、块茎、鳞茎、球茎、砧木、插条、接穗、花卉等繁殖材料按一批货物总件数的 1% ~ 5% 抽取。

(3)原木、锯材、竹材、藤及其制品（含半成品）等按一批货物总数或总件数的 0.5% ~ 10% 抽取。

(4)散装种子、果实、苗木（含试管苗）、块根、块茎、鳞茎、球茎、生药材等按货物总量的 0.5% ~ 5% 抽查。种子、果实，生药材少于 1 kg，苗木（含试管苗）、块根、块茎、鳞茎、球茎、砧木、插条少于 20 株时需全部检查。

2）被检样品的抽取方法

(1)现场检查散装的种子、果实、苗本（含试管苗）、块根、块茎、鳞茎、球茎、花卉、中药材等时，按照抽样比例，从报检的森林植物及产品中分层取样，直到取完规定的样品数量。

(2)现场检查原木、锯材、竹材、藤等时，按抽样比例，视疫情发生情况从楞垛表层或分层抽样检查。

3）现场检验

(1)种子、果实外部检验：将抽取的种子、果实样品倒入事先准备好的容器，用肉眼或借助放大镜直接观察种子、果实外部是否有伤害情况;把异常的种子、果实拣出,放在白纸上剖粒检查果肉、果核或经过不同规格筛,选出虫体、虫卵、病粒、菌核等,做初步鉴定。

(2)苗木检验:将抽取的苗木(含试管苗)、块根、块茎、鳞茎、球茎、砧木、插条、接穗、花卉等检验样品,放在一块 10 cm×10 cm 的白布(或塑料布)上,详细观察根、茎、叶、芽、花等部位是否变形、变色、枯死,是否有溃疡、虫瘿、虫孔、蛀屑、虫粪等,做初步鉴定。

(3)枝干、原木、锯材、竹材、藤及其制品(含半成品)检验:现场仔细检查枝干,观察原木、锯材、竹材、藤等外表及裂缝处是否有溃疡、肿瘤、流脂、虫体、卵囊、虫孔、虫粪、蛀屑等,做初步鉴定。

(4)中药材、果品、野生及栽培菌类检验:用肉眼或借助放大镜直接观察种实表面是否有危害症状(斑点、虫体、虫粪等),并剖开内部检查,确定病虫种类、数量,做初步鉴定。

3.除害处理

对受检的森林植物及其产品,检疫人员应做好现场检查、室内检验,并做好记录(见表 J-8-7)。发现检疫对象或其他危险病虫的,森检机构应签发检疫处理通知单(见表 J-8-8),责令受检单位(个人)按规定要求进行除害处理。对目前没有办法进行除害处理的森林植物及其产品,森检机构应责令改变用途或控制使用,采取上述措施均无效时,应责令销毁。

1)退回处理

当货主不愿销毁携带危险性有害生物的检疫物时,森检机构应当将货物退给货主,不准其进境、出境,不准其过境,也可以将货物就地封存,不准货主将货物带离运输工具。

2)除害处理

除害是检疫处理的主要措施,可直接铲除有害生物而保障贸易安全。常用的除害方法有以下几种。

(1)机械处理:利用筛选、风选、水选等选种方法除去混杂在种子中的菌瘿、线虫瘿、虫粒和杂草种子;人工切除植株、繁殖材料已发生病虫为害的部位;挑选出无病虫侵染的个体。

(2)熏蒸处理:利用熏蒸剂在密闭设施内处理植物或植物产品,以杀死害虫和螨类;部分熏蒸剂兼有杀菌作用。

(3)化学处理:利用熏蒸剂以外的化学药剂杀死有害生物;处理后应保证检疫物在储运过程中免受有害生物的污染。

(4)物理处理:用高温、低温、微波、超声波以及核辐射等处理方法杀死有害生物。该方法兼具杀菌、杀虫效果,可用于处理种子、苗木、果实等。

3)限制处理

该处理措施不直接杀死有害生物,仅使其"无效化"而不能接触寄主或不能产生危害,所以也被称为"避害措施"。限制的原理是使有害生物在时间或空间上与其寄主或适生地区相隔离。限制处理方法有以下几种。

(1)限制卸货地点和时间:热带和亚热带植物产品调往北方口岸卸货或加工;北方特有的农作物产品调往南方使用或加工。植物产品若带有不耐严寒的有害生物,则可在冬季进口及加工。

(2)改变用途:例如植物种子用于加工或食用。

(3)限制使用范围及加工方式:种苗可有条件地调往有害生物的非适生区使用等。

4)隔离检疫处理(入境后检疫)

入境植物繁殖材料应在特定的隔离苗圃、隔离温室中种植,在生长期间实施检疫,以利于发现和铲除有害生物,保留珍贵的种质资源。

5)销毁处理

当不合格的检疫物无有效的处理方法或虽有处理方法,但在经济上不合算、在时间上不允许时,应退回或采用焚烧、深埋等方法销毁。国际航班、轮船、车辆的垃圾,动植物性废弃物、铺垫物等均应用焚化炉销毁。

表 J-8-1　种实苗木产地检疫调查表

调查地点:＿＿＿＿＿＿　树种:＿＿＿＿＿＿＿　种源:＿＿＿＿＿　面积（总株数）:＿＿＿＿
病虫名称（编号）:＿＿＿＿　发生面积:＿＿＿＿＿＿　发生特点:＿＿＿　防治措施及效果:＿＿＿＿
标准地调查记录:＿＿＿＿＿＿＿＿＿＿＿＿＿＿＿

样地（株）号	面积	总株（粒）数	被害株（粒）数	感病（虫）率	虫口密度	各级病株（粒）数					感病指数
						Ⅰ	Ⅱ	Ⅲ	Ⅳ	Ⅴ	

调查单位:　　　　　　　检疫员:　　　　　　　　　　　年　月　日

表 J-8-2　产地检疫记录

产检字　号　　　　　　　　　　　年　月　日

检疫地点	森林植物或林产品名单	总数量(kg、株、根)	产地检疫情况				备注
			抽查数量（kg、株、根）				
			计	不带危险病虫数	带有危险病虫数	危险病虫名称	
处理意见							

下篇
技能训练

表 J-8-3　产地检疫合格证

省（自治区、直辖市）　　　　　　　　　　　　　　　　县林检处 [　] 年第　号

受检单位（个人）	
通信地址	
森林植物及其产品名称	
数量	
产地检疫地点	
预定起运时间	
预定运往地点	

检疫结果：

经检疫检验，上列森林植物及其产品中未发现森林植物检疫对象、补充森林植物检疫对象和其他危险性森林病虫，产地检疫合格。

本证有效期　　　年　月　日至　　　年　月　日

签发机关（盖森检专用章）　　　　　　　　　　　　森检人员：

　　　　　　　　　　　　　　　　　　　　签发日期　年 月 日　　（签名或盖章）

备注	

表 J-8-4　森林植物检疫报检表

编号：　　　　　　　　　　　　　　　　　　　　　检疫日期：

报检人（单位）		地址	
		电话	
森林植物及其产品名称		产地	
数量（质量）		包装	
运往地点		存放地点	
调出时间		运输工具	

调入省的检疫要求：

检疫结果

　　　　　　　　　　　　　　　　　　　　　　　检疫员：
　　　　　　　　　　　　　　　　　　　　　　　年　月　日

注：双线以上由报检人填写。

表 J-8-5 森林植物检疫要求书

编号：

调入单位或个人填写	申请单位（个人）		申请日期	
	通信地址		电话	
	森林植物及其产品名称		数量（质量）	
	调入地点			
	调入时间			
	要求检疫对象名单			
森检机构填写	危险性病、虫			森检机构专用章 森检员（签名） 年 月 日
	备注			

注：1.本要求书一式二联，第一联由调入单位（个人）交调出单位；第二联由森检机构留存。

2.调出单位（个人）凭要求书向所在地的省、自治区、直辖市森检机构或其委托的单位报检。

表 J-8-6 植物检疫证书（出省）

林（ ）检字

产地			
运输工具		包装	
运输起讫	自	至	
发货单位（人）及地址			
收货单位（人）及地址			
有效期限	自 年 月 日至 年 月 日		
植物名称	品种（材种）	单位	数量
合计			

签发意见：上列植物或植物产品，经（ ）检疫未发现森林植物检疫对象，本省（区、市）及调入省（区、市）补充检疫的其他植物病、虫，同意调运。

委托机关（森林植物检疫专用章） 签发机关（森林植物检疫专用章）

检疫员

签证日期 年 月 日

注：1.本证无调出地省森林植物检疫专用章（受托办理本证的须再加盖承办签发机关的森林植物检疫专用章）和检疫员签字（盖章）无效。

2.本证转让、涂改和重复使用无效。

3.一车（船）一证，全程有效。

表 J-8-7　现场检疫记录

时间：

地点：

应施检疫的森林植物及其产品：

检疫记录：

检疫结果：

专职检疫员签名　　　　　　　　　　　　　　　　被检单位负责人签名

表 J-8-8　检疫处理通知单

省（自治区、直辖市）　　　　　　　　　　　　　　县林检处 [　] 年第　号

受检单位（个人）		
通信地址		
森林植物及其产品		
数量		
产地或存放地		
运输工具		包装材料

经检疫检验，上列森林植物及其产品中有下列森林病、虫：
根据《植物检疫条例》第　条＿＿＿＿＿的规定，必须按如下要求　进行除害处理：

签发机关（盖森检专用章）　　　　　　森检人员：
　　　　　　　　　　　　　　　　　　　　　（签名或盖章）

　　　　　　　　　　　　　　　　　　　　　　签发日期：　年　月　日

技能训练九
农药的配制、使用及防治效果调查

一

一、技能要求

(1)能了解农药的配制和使用过程中应注意的事项。

(2)能掌握农药的选择、稀释计算、配制和使用技术,以及防治效果调查方法,熟悉化学防治的一般过程和常用施药器械的规范操作。

二、技能训练

（一）农药药剂浓度的表示方法

在农药标签上,常见的药剂浓度主要有以下三种表示方法。

(1)百分浓度:用百分符号(%)表示,即 100 份药液、药粉或油剂中含有效成分的份数。

(2)倍数法:用倍表示,即药液或药粉中加入的稀释剂(水或填充剂)的量为原药量的倍数。

(3)百万分浓度:用百万分率表示,即 100 万份药液或药粉中含原农药的份数。

（二）农药稀释浓度的计算方法

以农药标签上标注的用量为例计算普通手动喷雾器 1 桶水(15 000 g)需加的农药量。

1.标明农药的稀释倍数

$$1喷雾器用药量 = 1喷雾器用水量 \div 稀释倍数$$

例如,配置 50% 多菌灵可湿性粉剂 500 倍液时,1 喷雾器用药量 = 15 000 ÷ 500 g=30 g。

2.标明农药的净重及稀释倍数

$$1瓶或1袋农药兑水量=1瓶或1袋农药的净重 \times 稀释倍数$$

例如,80 g 75% 百菌清,稀释倍数为 1000 倍时,1 袋药兑水量=80×1000 mL= 80 000 mL=80 kg。

3.标明农药的制剂浓度（原药含量）及百万分浓度

先转换成稀释倍数再进行计算,即

$$稀释倍数 = 制剂浓度 \times 1\ 000\ 000 \div 百万分浓度$$

$$1喷雾器用药量 = 1喷雾器用水量 \div 稀释倍数$$

例如,72% 农用链霉素的百万分浓度为 200 时,1 喷雾器用药量的计算公式为

$$稀释倍数 = 72\% \times 1\,000\,000 \div 200 = 3600$$

$$1 喷雾器用药量 = 15\,000 \div 3600 \text{ mL} \approx 4 \text{ mL}$$

(三)农药使用

根据说明书介绍的使用方法,稀释好的农药可以用于喷雾、浸种、拌种等,粉剂可以用于喷粉,颗粒剂以及配制好的毒饵可以用于撒施。

(四)防治效果调查与计算

杀虫剂要在施药后的 1 d、3 d、7 d 调查虫口密度,以未施药的区域作为对照计算防治效果,计算方法为(对照区虫口密度 – 施药区虫口密度)/ 对照区虫口密度。

杀菌剂要在施药后的 7 d、10 d、15 d 调查发病率和病情指数,计算防治效果,计算方法为(对照区发病率或病情指数 – 施药区发病率或病情指数)/ 对照区发病率或病情指数。

(五)注意事项

(1)在农药的配制和使用过程中要佩戴口罩和一次性手套,穿工作服,防止农药经口腔和皮肤进入体内而引起中毒。

(2)操作过程中不可喝水和吃食物,操作结束后和就餐前要用肥皂洗手、洗脸或洗澡,同时,工作服也要洗涤干净。

(3)操作过程中要严格遵守操作规程和实验室的规章制度,不得用手直接接触药品,不得嬉戏打闹。

(4)发生中毒事故后,在采取紧急措施的同时要立即前往医院治疗。

(5)施药结束后要清洗所有用具,洗涤废水、一次性手套和农药废瓶废袋等要集中处理。

技能训练十
病害的田间诊断

一

一、技能要求

(1)能根据植物的发病症状确定病原物的种类。

(2)能根据病原物采取有效的防治措施。

二、技能训练

(一)病害的诊断步骤

1.田间诊断

田间诊断就是在病虫害发生的现场,根据寄主植物的症状特点,辨别是虫害、机械损伤还是病害,其中,虫害、机械损伤没有病理变化过程,而病害有病理变化过程。若为病害则应进一步区别是非侵染性病害还是侵染性病害:侵染性病害在田间是零星、分散出现的,且有一个明显的发病中心,既有病状又有病征;非侵染性病害在田间是一大片或一大块出现的,各发病个体间症状相当,只有病状,没有病征。

2.症状观察

症状观察是首要的诊断依据,虽然比较简易,但必须在比较熟悉病害的基础上才能进行。诊断的准确性取决于症状的典型性和诊断人的实践经验。观察症状时,诊断人应注意是点发性病状还是散发性病状,注意是坏死性病变、刺激性病变,还是抑制性病变,注意病斑的部位、大小、长短、色泽和气味,注意病部组织的质地等不正常的特点。许多病害有明显病征,当出现病征时就能确诊。有些病害没有病征,但认识其典型病状也能确诊,如病毒性病害。

3.室内鉴定

许多病害单凭症状不能确诊,因为不同的病原物可产生相似症状,病害的症状也可因寄主和环境条件而变化,因此有时须进行室内病原鉴定才能确诊。一般来说,室内病原鉴定是借助扩大镜、显微镜、电子显微镜、保湿保温设备等,根据不同病原物的特点,采取不同手段,进一步观察病原物的形态、特征、特性、生理生化等。新病害还须请分类专家确诊病原物。

4.病原物的分离培养和接种

有些病害的病部表面不一定有病原物,即使检查到微生物,也可能是组织死亡后长出的腐生物,因此,病原物的分离培养和接种是植物病害诊断中最科学、最可靠的方法。

（二）接种鉴定

接种鉴定又称印证鉴定,就是通过接种使健康植株产生相同症状,以明确病原物。这对新病害或疑难病害的确诊很重要。接种鉴定的具体步骤如下。

(1)取植物上的病组织,按常规方法将病原物从病组织中分离,并加以纯化培养。

(2)将纯化培养的病原物接种在相同植物的健康植株上,给予有利的发病条件,使植株发病,以不接种的植株作为对照。

(3)接种植株发病后,观察其症状是否与原病株症状相同。

(4)观察接种植株的病原物或再分离,若得到的病原物与原接种病原物一致,即可证明其为病原物。

（三）非侵染性病害的诊断

非侵染性病害是由不适宜的环境因素引起的,在田间的表现主要有以下特点。

(1)病株在田间的分布有规律,一般比较均匀,往往大面积成片发生,没有从点到面扩展的过程。

(2)症状具有特异性,除了高温引起的灼伤和药害等个别原因引起的局部病变外,病株常表现为全株发病,如缺素症、涝害等。

(3)植株间不相互传染。

(4)病株只表现病状,不表现病征。常见的病状有变色、枯死、落花落果、畸形和生长不良等。

(5)病害发生与环境条件、栽培管理措施密切相关,因此,在发病初期,消除致病因素或采取挽救措施,可使感病植株恢复正常。

诊断时,进行田间观察,考察环境条件、栽培管理等因素的影响,用扩大镜仔细检查病部表面或先对病组织表面进行消毒,再经保温保湿,检查有无病征。必要时,可分析植物所含营养元素、土壤酸碱度、有毒物质等,可进行营养诊断和治疗试验,温度、湿度等环境影响的试验,以明确病原。

（四）侵染性病害的诊断

侵染性病害在田间往往由点到面,逐渐加重。有的病害的发生和蔓延与某些媒介昆虫有关,有些新发生的病害与换种、引种等栽培措施有关。地方性常见病害的严重发生,往往与当年的气候条件、植物品种布局和抗病性丧失等有关。

侵染性病害中,真菌、细菌及寄生性种子植物等引起的病害,既有病状,又有病征。病毒、类病毒、植原体等引起的病害只有病状,没有病征。但不论哪种病原物引起的病害,都具传染性。一般当栽培条件改善后,感病植株也难以恢复。

1.真菌性病害的诊断

真菌性病害的被害部位一般在发病后期出现各种病征,如霉状物、粉状物、棉毛状物、点（粒）状物、菌核、菌索、伞状物等。因此诊断时,可用扩大镜观察病部霉状物或经保温、保湿使霉状物重新长出后制成临时玻片,置于显微镜下观察。

2.细菌性病害的诊断

植物细菌性病害的症状有斑点、条斑、溃疡、萎蔫、腐烂、畸形等。症状共同的特点是病状多表现为急性坏死型,病斑初期呈半透明水渍状,边缘常有褪绿的黄色晕圈。气候潮湿时,病部的气孔、水孔、皮孔及伤口处有黏稠状菌脓溢出,干后呈胶粒状或胶膜状。植物细菌性病害仅凭症状诊断是不够的,还需要检查病组织中是否有细菌,最简单的方法是用显微镜检查是否有溢菌现象。诊断新的或疑难的细菌性病害时必须进行分离培养、生理生化和接种试验等。

3.病毒性病害的诊断

植物病毒性病害多为系统性发病,少数为局部性发病。病毒性病害的特点是只有病状,没有病征,常呈花叶、黄化、畸形、坏死等。病状以叶片和幼嫩的枝梢表现最明显。病株常从个别分枝或植株顶端开始发病,逐步扩展到植株其他部位。病毒性病害还有如下特点。

(1)田间病株多是分散、零星发生的,没有规律性,病株周围往往可以发现健康的植株。

(2)有些病毒是接触传染的,在田间分布比较集中。

(3)不少病毒性病害靠媒介昆虫传播。若媒介昆虫的活动力弱,病株在田间的分布就较集中。若初侵染来源是野生寄主上的媒介昆虫,在田边、沟边的植株发病比较严重、田中间的植株发病较轻。

(4)病毒性病害的发生往往与传毒媒介昆虫活动有关系。田间害虫发生严重,病毒性病害也严重。

(5)病毒性病害往往在高温下有隐症现象,但不能恢复正常状态。

根据以上特点观察比较后,必要时可采用汁液摩擦接种、嫁接传染或昆虫传毒等接种试验,有的还可用不带毒的菟丝子做桥梁传染,少数病毒性病害可用病株种子传染,以证实其传染性。确定病毒性病害后,还要进行寄主范围物理特性、血清反应等试验,以确定病毒的种类。

(五)植原体病害的诊断

植原体病害的病状常为矮缩、丛枝、枯萎、叶片黄化、卷曲、花变叶等,多数为黄化型系统性病害。植原体病害的症状与植物病毒性病害相似,可采用以下两种方法区分。

(1)用电子显微镜,对病株组织或带毒媒介昆虫的唾液腺组织的超薄切片进行检查,观察是否有植原体。

(2)对受病组织施用四环素族抗生素进行治疗试验。

(六)线虫病害的诊断

线虫多数引起植物地下部分发病,受害植株大都表现缓慢的衰退症状,很少急性发病,发病初期不易发现。线虫病害的症状通常是病部产生肿瘤,茎叶畸形、扭曲,叶尖干枯,虫瘿,须根丛生及植株生长缓慢,类似营养缺乏。诊断方法是将虫瘿或肿瘤切开,挑出线虫制片或做成病组织切片镜检。有些线虫不产生虫瘿和根结,在病部也较难看到虫体,在这种情况下,就需要采用漏斗分离法或叶片染色法检查,根据线虫的形态特征,寄主范围等确定分类地位。必要时可用虫瘿、病株种子、病田土壤等进行人工接种。

(七)寄生性种子植物病害的诊断

寄生性种子植物不论是全寄生还是半寄生,均与寄主植物有显著的形态区别。

全寄生的菟丝子主要为害常绿果树和树木。菟丝子为金黄色或略带紫红色丝状藤茎,常缠绕寄主的部分枝条,严重时覆盖整个树冠,形成一张"网"。

半寄生性种子植物多在寄主树冠的枝条上长出形态与寄主植物有显著区别的簇生状枝梢,有的枝梢在茎基部还可形成匍匐茎,在寄主枝干的表面生长,并有多处通过吸根与寄主树干连接在一起。半寄生性种子植物均为常绿植物,能开花结果。冬季,寄主植物落叶后,可于寄主植物树干部位明显地看到丛生的小枝梢。

植物病害的症状是复杂的,每种病害的症状都有典型性和稳定性,也有易变性。不同的病原物可导致相似的症状;相同的病原物在同一寄主植物的不同发育时期、不同发病部位表现不同的症状;相同的病原物在不同的寄主植物上表现的症状也不尽相同。同时,环境条件对症状也有很大影响。加强实践,积累经验,才能准确诊断,采取有效施防治,保证寄主植物健康生长。

技能训练十一
松材线虫病防治

一

一、技能要求

(1)能识别松材线虫病。

(2)能进行松材线虫病调查。

(3)能开展松材线虫病防治。

二、技能训练

(一)松材线虫病的主要生物学特性

松材线虫的雌雄虫交尾后产卵,每只雌虫产卵约100粒。虫卵在温度为25 ℃时30小时孵化。幼虫共4龄。在温度为30 ℃时,线虫3天即可完成一个世代。松材线虫生长繁殖的最适温度为20 ℃,10 ℃以下不能发育,28 ℃以上繁殖会受到抑制,33 ℃以上不能繁殖。松树感染松材线虫病后,最快40天死亡,3～5年,整片松林毁灭。

松树感染松材线虫病后的典型外部症状:针叶陆续变为黄绿色、黄褐色、红褐色,整株迅速萎蔫、枯死或部分枝条萎蔫、枯死(见图J-11-1);树干部分有松褐天牛产卵刻槽(见图J-11-2)、侵入孔;树脂分泌减少、甚至停止,树体失水、材质干枯、木材变轻(在树干的任何部位人为制造伤口,不会出现像健康松树那样伤口充满树脂的现象);树木木质部常有蓝变现象(树干横截面上出现放射状蓝色条纹或全部变蓝,如图J-11-3所示)。

(二)调查方法

调查对象是本行政区内的所有松林,重点调查与疫区毗邻地带、交通沿线、港口、风景区、松木制品生产和使用单位、建筑工地、仓库、驻军营房、城镇、木材集散地、移动通信站、电视发射台、高压线塔、电缆线路、光缆线路及高压线路等地区附近的松林。

1.踏查

调查采取线路踏查和群众举报相结合的办法。踏查应根据当地松林分布特点,设计具体踏查路线,采用目测方法查找是否有枯死、濒死松树,以踏查中发现的枯死及濒死松树为重点,选择抽样对象。

图 J-11-1　松材线虫病外部症状（树冠）

图 J-11-2　松材线虫病外部症状（树干）　　　图 J-11-3　树木木质部蓝变现象

2.详查

发现枯死、濒死的松树时,首先排除其他死亡原因(如人畜破坏、森林火灾、水渍、其他病虫危害),然后查看是否有松材线虫病典型外部症状,及时对有松材线虫病典型外部症状的枯死松树、濒死松树进行取样、镜检。

1)取样

取样要及时,重点抽取尚未完全枯死或刚枯死不久的优势木。以小班为单位,表现典型外部症状的枯死松树在 10 株以下的,全部取样;10 株以上的,先抽取 10 株,再选取其余数量的 1% ~ 5%。取样位置为树干下部(胸高处)、中部、上部(主侧枝交界处),尽量选取松褐天牛侵入孔或蛀道部位。

取样方法为用锯子锯下一块三角形木块(要锯到树的髓心,质量不低于 200 g)或者截取 2~3 cm 厚的圆盘。样品取下后及时装入塑料袋。

2)样品检测

采用漏斗法分离线虫,根据其形态特征进行鉴别,以确定是否为松材线虫。

(三)数据统计

在取样和镜检的过程中填写松材线虫病监测普查统计表(见表 J-11-1),汇总后填写松材线虫病发生情况统计表(见表 J-11-2)。

发生危害程度划分标准:发病株率小于 1% 为轻度,1%~3% 为中度,大于 3% 为重度。

表 J-11-1　松材线虫病监测普查统计表

序号	单位	松林面积/km²	调查面积/km²	枯死松树数量/株	取样数量/株	取样部位			鉴定结果			
						上	中	下	无	拟线虫	松材线虫	其他线虫
1												
2												
3												
4												
5												
6												
7												
8												
9												
合计												

填表人:　　　　　　　　审核人:　　　　　　　　日期:　　年　　月　　日

注:1.单位:以县(区、市)级为单位统计。

2.取样数量按《松材线虫病普查抽样检测办法》中的有关规定执行。

3.取样部位:"上"指树冠部;"中"指树中部;"下"指树干胸高部。

表 J-11-2　松材线虫病发生情况统计表

疫情发生区(县)名称	松林面积/km²	发生面积/km²	松材线虫病致枯、致死松树数量/株	疫情发生乡镇松林总面积/km²	疫情发生点(乡镇)	
					疫点数	名称

续表

疫情发生区（县）名称	松林面积/km²	发生面积/km²	松材线虫病致枯、致死松树数量/株	疫情发生乡镇松林总面积/km²	疫情发生点（乡镇）	
					疫点数	名称
合计						

填表人：　　　　　　　审核人：　　　　　　　　　日期：　　年　　月　　日

注：1.发生面积按小班统计。

2.如为当年新发生，请在县、乡名称后用 ※ 注明。

3.疫情发生区应注明属于哪个市（地区）。

（四）防治技术

1.山场除治

在松材线虫病防治中,山场除治是治本的关键。所有发病小班必须采取择伐或皆伐方式彻底清除疫木,并进行安全除害处理,彻底消除疫源。

1)适用条件

(1)择伐:适用于发病小班及其外围5 km 以内的松林的疫木清理。自然保护区、重要风景区、特殊用途林及其他需要特别保护的松林,连片发生无法根除疫情的大面积松林,应当采用择伐。

(2)皆伐:仅适用于当年新发生疫点所在小班、孤立疫点所在小班区位特别重要需尽快根除疫情的小班等,一般不提倡皆伐。

2)作业时间

当年 11 月至次年 3 月 31 日前完成。

3)作业要求

病区择伐要由外向内伐除病死木、枯死木、濒死木;皆伐要由外向内皆伐所有松树。作业时要先清理死树,后伐残余活树,分开堆置,分别除害处理。伐桩高度不超过 5 cm,全部去皮后喷除害药剂,再加套不易穿破的塑料农膜袋,并在四周压土。除治山场不残留直径为 1 cm 以上的枝丫、树干。

4)除害处理

山场除治所有伐除的疫木(包括皆伐的活立木)及直径为 1 cm 以上的枝丫、伐桩,均须除害处理,做到疫木不下山。疫木数量较大时,在确保安全的前提下,就地就近安全利用。

(1)烧毁。

在平坦或可实施烧毁堆放的场地,在确保森林防火安全的条件下,对采伐的疫木、直径为 1 cm 以上的枝丫,可采取就地烧毁。

(2)切片或粉碎。

对交通方便、树木切片机或粉碎机可以到达的山场,采伐下的疫木、直径为 1 cm 以上的枝丫,可就地进行切片(厚度不超过 0.5 cm)或粉碎。

(3)不锈钢丝网罩法。

对高山区、交通不便、不便焚烧疫木的山场,采伐下的疫木、直径为 1 cm 以上的枝丫,可采取不锈钢丝网罩法处理。

2.松褐天牛防治技术

发生疫情的松林区在采取山场除治技术措施后,应分区施策,根据实际情况因地制宜选择以下松褐天牛防治技术。

1)化学防治松褐天牛

(1)适用条件:所有松林分布区,重点是发病山场及其周边和重点防治区域。

(2)作业要求:使用微胶囊缓释剂,在 5—6 月松褐天牛羽化高峰期各喷药一次。具体施药方式和施药量视不同的药剂而定。

2)诱杀松褐天牛

(1)挂设诱捕器诱杀。

①适用条件:交通相对便利的发病山场。

②挂设原则:在松褐天牛羽化始现期前挂设,至当年成虫活动末期(5—10 月)进行诱杀。挂设诱捕器和诱芯更换的具体方法参照产品说明书。

③注意事项。

a.诱捕器要均匀挂设在重点发生区,相对集中连片。

b.在新发生点,应在发病山场内部挂设,不得在外部挂设。重点防治的地点应连年挂设。

c.用 GPS 定位,并绘制位置示意图。

(2)设置诱木诱杀。

①适用条件:发病山场。

②设置要求:在松褐天牛羽化始现期前,选择衰弱或较小的松树作为诱木,至少 10 亩设置一株,并标记;在诱木基部离地面 50 cm 处的 3 个侧面,每个侧面用砍刀向下斜砍 3 刀;用注射器将诱木引诱剂注入刀口,引诱剂的稀释倍数和注射量按照产品说明书确定;在松褐天牛产卵期结束后,将诱木伐除烧毁。

③注意事项。

a. 诱木要均匀设置,相对集中连片。重点防治的地点应连年设置。

b. 禁止在发病林分边缘使用,防止疫情向外扩散蔓延,特别是在新发生点,要在发病山场内部设置,不得向外设置。

c. 用 GPS 定位,并绘制位置示意图。

d. 加强诱木管理,严防诱木流失。

(3)生物防治松褐天牛。

①适用条件:重点预防区。

②作业要求:松褐天牛幼虫2龄时释放管氏肿腿蜂防治,3~4龄时释放花绒寄甲卵或成虫防治。

(4)打孔注药保护。

适用条件:有特殊意义的名松古松,自然保护区、风景名胜区等重点保护区域的松树。

技能训练十二
美国白蛾防治

一、技能要求

(1)能识别美国白蛾。

(2)能进行美国白蛾防治。

二、技能训练

(一)美国白蛾的特点

美国白蛾[*Hyphantria cunea*(Drury)]又称秋幕毛虫、网幕毛虫,属鳞翅目灯蛾科白蛾属,是世界性的植物检疫性害虫。

美国白蛾的特点:寄主植物杂、适应能力强、传播途径广、直接危害重、除治难度大。

1.寄主植物杂

美国白蛾的食性复杂,主要为害阔叶植物。在欧洲,美国白蛾的寄主植物超过600种,分属50余科;在我国,美国白蛾的寄主植物多达49科,有300多种。美国白蛾主要为害行道树、观赏树木和果树,也为害农作物和蔬菜(见图J-12-1)。其寄主植物几乎包括所有栽培的林木、果树、园林植物和花卉、蔬菜、农作物,以及多种草本、灌木。杂食性使其在北半球温带地区很容易找到适宜的寄主,这是美国白蛾广泛分布的重要因素之一。

图 J-12-1　杨、榆等的被害状

美国白蛾成虫对腥、香、臭味较为敏感，时常出现在卫生条件较差的环境中。成虫喜光，光照充足的叶片受害重。

2.适应能力强

美国白蛾幼虫有极强的耐饥饿能力，15天不取食仍可以正常繁殖；幼虫期网幕的存在提高了幼虫的适应力和存活率。美国白蛾在湖北1年可完成完整的3代，以蛹越冬（见图J-12-2）。作为一种典型的外来有害生物，美国白蛾分布范围广。国家林业和草原局公告2021年第7号显示，美国白蛾在我国北京市、天津市、河北省、内蒙古自治区、辽宁省、吉林省、上海市、江苏省、安徽省、山东省、河南省、湖北省、陕西省共13个省（区、市）均有出现。自2016年孝感市出现美国白蛾以来，湖北省现有大悟县、安陆市、云梦县、应城市、孝感市孝南区、孝昌县、随县、广水市、襄阳市襄州区、枣阳市、黄冈市红安县等11个疫区。

图 J-12-2　美国白蛾的幼虫和蛹

3.传播途径广

美国白蛾的成虫和幼虫有很强的扩散能力，一年四季均可随多种货物、交通工具等进行远距离传播（见图J-12-3）。

图 J-12-3　美国白蛾随交通工具远距离传播

4.直接危害重

美国白蛾幼龄幼虫群集在网幕内取食叶肉(见图 J-12-4),使受害叶片仅留叶脉,呈白膜状且枯黄;老龄幼虫食叶,使叶呈缺刻和孔洞,严重时将树木食成光秆,影响树木正常生长,降低经济林果的产量和质量,破坏园林绿化景观,甚至造成被害树死亡。 此外,美国白蛾老熟幼虫到处乱爬,可进入农户、居室、办公场所以及公共场所寻找化蛹场所,严重干扰人们正常的生活和生产(见图 J-12-5)。

图 J-12-4　美国白蛾幼龄幼虫群集在网幕内取食

图 J-12-5　美国白蛾老熟幼虫到处乱爬,寻找化蛹场所

5.除治难度大

美国白蛾一旦入侵定殖成功,彻底根除的难度非常大:1~4 龄幼虫于网幕内生活,网幕对药剂、天敌形成一定的阻隔作用;5~7 龄幼虫分散取食,取食量大。 短期内彻底根除和高效控制美国

白蛾为害还很难做到。

（二）美国白蛾的生物学特性

1.美国白蛾的鉴定特征

美国白蛾属完全变态昆虫，一个世代有卵、幼虫、蛹和成虫4个虫态。

1)卵

卵近球形，直径约0.5 mm，表面具许多规则的小刻点，初产时为淡绿色或黄绿色，有光泽，后变成灰绿色，近孵化时呈灰褐色，顶部呈黑褐色。卵块大小为2~3 cm^2，表面覆盖有雌蛾腹部脱落的毛和鳞片，呈白色(见图J-12-6)。

图 J-12-6 美国白蛾的卵块

2)幼虫

幼虫一般6~7龄，头部为黑色，胸部背面有两行大的黑色毛瘤，毛瘤上具短且细的白色毛丛，每个毛丛有一根粗而长的黑色刚毛(见图J-12-7和图J-12-8)。

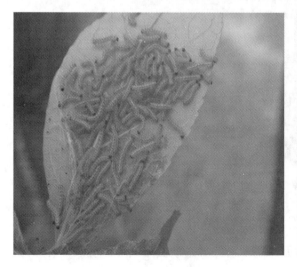

图 J-12-7 美国白蛾低龄幼虫

图 J-12-8 美国白蛾高龄幼虫

3）蛹

蛹体长 8.0～15.0 mm，宽 3.0～5.0 mm。初结蛹为淡黄色，后变为橙色、褐色、暗红褐色，中胸背部稍凹，前翅侧方稍缢。茧为淡褐色或深灰色，薄，丝质，围着蛹，缀成一个混以幼虫体毛的网状物，呈椭圆形。美国白蛾的蛹如图 J-12-9 所示。

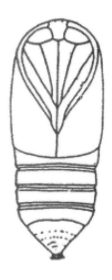

图 J-12-9　美国白蛾的蛹

4）成虫

体色为白色，前足基节、腿节为橘黄色，胫节及跗节外侧为白色，内侧为黑色。雄成虫体长 9.0～13.5 mm，触角为双栉齿状（见图 J-12-10）；雌成虫体长 9.5～15.0 mm，触角为锯齿状（见图 J-12-11）。

图 J-12-10　美国白蛾雄成虫

图 J–12–11　美国白蛾雌成虫

2.美国白蛾的生活习性

目前,美国白蛾在我国的分布范围为北纬 31° 30′ ~ 北纬 43° 84′,从最北的吉林长春市(北纬 43° 84′,东经 125° 39′)到最南的安徽芜湖市(北纬 31° 30′,东经 118° 30′),纬度跨越 12°,一年的代数也由 2 代增加到 3 代。

1)卵期

成虫产卵多产于叶背面,少产于叶表。卵块上附有许多雌虫腹部白色鳞毛,具有很好的拒水性,可起到保护卵块的作用。

卵块多呈不规则的单层块状排列。卵孵化与温度关系密切,在 15 ~ 35 ℃时,温度越高,卵的发育越快;卵孵化与湿度关系不太密切。

2)幼虫期

幼虫发育最适温度为 24 ~ 26 ℃,相对湿度为 70% ~ 80%,温度超过 38 ℃或湿度低于 50%,均对幼虫发育不利。

3 龄幼虫多将几个叶片缀在一起拉网,并群居网内取食。4 龄幼虫拉网的叶片更多些,或由大群体分为小群体分别拉网取食。幼虫 5 龄后则开始抛弃网幕分散取食习惯,营个体分散生活。美国白蛾幼虫有明显的暴食期,5 龄后食量剧增,到化蛹前的累计取食量可占总取食量的 80% 以上。美国白蛾幼虫各龄均有较强的耐饥力。

3)蛹期

幼虫一般化蛹前停止取食,排空粪便,虫体收缩至长 14 mm 左右,并在体外结成淡褐色、椭圆形的薄茧,经2~3 d蜕掉老皮化蛹。

美国白蛾老熟幼虫化蛹有群集性,一般一处有数头至上百头。越冬代化蛹有趋暖的特性,因气温渐低,化蛹场所较分散,除少数在老树皮下化蛹外,大部分幼虫爬到背风、向阳的建筑物缝隙内、草垛中、屋檐下、砖瓦乱石堆中化蛹。

4)成虫期

大多数成虫集中在黄昏前后羽化。越冬代羽化盛期日平均温度为17 ~25 ℃,相对湿度为60% ~80%。在日平均温度为20 ~22 ℃条件下,成虫寿命为5~14 d,平均7 d。

美国白蛾成虫具有趋光、趋味、喜食3个特性。美国白蛾对气味较为敏感,特别是对腥、香、臭味敏感。一般在卫生条件较差的厕所、畜舍、臭水坑等周围的树木,极易发生美国白蛾疫情。美国白蛾对取食的植物种类有明显的选择性,特别喜食法国梧桐、桑树、杏树、樱花、榆树、杨树等。

3.美国白蛾的扩散传播

1)自然扩散

美国白蛾具有一定的主动扩散能力,成虫1次可飞行70 m,整个成虫期可飞行上千米。美国白蛾不同龄期的幼虫可随风飘落。低龄幼虫会就近寻找寄主和食物,进行近距离迁移。老熟幼虫可爬行500 m左右,并可借助流水漂流2 h以上。在我国,美国白蛾每年自然扩散的距离为30~50 km。

2)人为传播

美国白蛾的各虫态均有人为传播的可能性。美国白蛾幼虫对恶化的取食环境强适应能力使其更适宜人为传播,特别是随车、船等交通工具进行远距离传播。美国白蛾幼虫喜欢在缝隙中化蛹,故可随货物包装材料和交通工具进行远距离传播。

(三)美国白蛾的监测

美国白蛾监测的目的是准确掌握其发生发展规律和实时动态,在其大发生前有针对性地采取措施加以预防,并在大发生后及时开展有效的治理。农业行业标准《美国白蛾监测规范》(NY/T 2057—2011)、林业行业标准《美国白蛾防治技术规程》(LY/T 2111—2013)都规定了美国白蛾的虫情调查和预测方法。在美国白蛾可能发生的地区,根据主要寄主植物分布情况,按林班、公路等划定固定或临时踏查线路,在美国白蛾发生期进行踏查,目测发生范围、危害状况。发现虫情,应立即进行详细调查。做到"三个重点,两个不漏",即重点监测喜食树种、老疫情点、脏乱差地段,不漏一块虫源地、不漏一个死角。

1.成虫监测

充分利用美国白蛾成虫期具有的趋光、趋味和喜食3个特性,重点监测其喜食树种及卫生条件差的厕所、畜舍、臭水坑、食堂等处周边的树木。目前成虫监测技术有性信息素监测和灯光监测。监测时间为成虫羽化期(每年4月中旬至5月中旬、6月下旬至7月中旬、8月上旬至8月下旬),观察统计美国白蛾成虫羽化始见期、高峰期、终止期、发生量和雌雄性比。

(1)成虫性信息素监测:利用人工合成的美国白蛾性信息素专一性强、灵敏度高、监测结果客观的特性,在主要交通干线通道、绿化带、多处道路连接关键点,选择美国白蛾喜食树种的林冠层,布设陷阱型昆虫诱捕器(见图 J-12-12),使用人工合成的美国白蛾性信息素诱芯,开展性信息素监测,通过人工定期巡视检查,可及时发现美国白蛾是否有入侵迹象,以及进入的时间、范围、数量等。

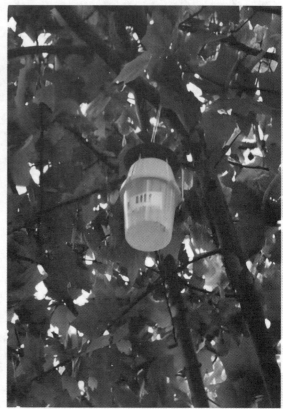

图 J-12-12　林间挂设的陷阱型昆虫诱捕器

　　(2)成虫灯引诱:利用成虫趋光性诱捕美国白蛾;安装智能测报灯(见图 J-12-13),采用高负压方式,把害虫直接吸入,捕捉各种趋光性害虫。

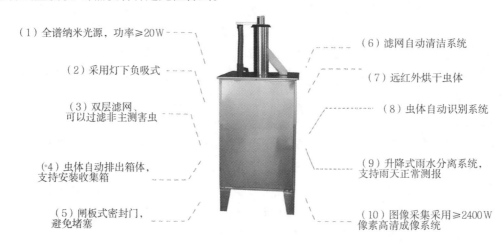

（1）全谱纳米光源,功率≥20W

（2）采用灯下负吸式

（3）双层滤网、可以过滤非主测害虫

（4）虫体自动排出箱体,支持安装收集箱

（5）闸板式密封门,避免堵塞

（6）滤网自动清洁系统

（7）远红外烘干虫体

（8）虫体自动识别系统

（9）升降式雨水分离系统,支持雨天正常测报

（10）图像采集采用≥2400W像素高清成像系统

图 J-12-13　"源霸"负吸式远程智能测报灯

2.幼虫监测

在5月中旬至9月中旬,美国白蛾幼虫1~3龄期结网为害,幼虫取食植物叶片,被害叶仅留下叶脉。对美国白蛾喜食的绿化树种和花卉,如悬铃木、杨树、桑、构、多种蔷薇科植物,以及外地调入苗木定植的苗木,采用地面踏查的方式,注意观察树上的网幕和被害状。把网幕用高枝剪剪下,查看并记录网幕内幼虫数,统计单株虫口密度,计算有虫株率。记数后对网幕进行除害处理。注意在不同方位仔细观察树冠上是否有幼虫网幕和扩散幼虫。第1代重点调查树冠中下部外缘,第2、第3代重点调查树冠中部及上部外缘。可疑的靶标幼虫,在有安全控制措施的隔离网内饲养至成虫后进行形态鉴定。

3.蛹期监测

蛹期监测指在美国白蛾蛹期,调查雌雄性比、天敌寄生率等,将调查结果填入美国白蛾蛹期调查表。蛹可以在树皮缝中越冬,也可以在寄主树下的枯枝落叶和表土层中越冬,监测时要撬起树皮、扒开枯枝落叶或翻动表土层进行仔细检查。

4.卵期监测

卵期监测指在雌成虫羽化高峰期,调查平均卵块数、卵块平均粒数,并继续观察孵化率和天敌寄生率等。

5.外调苗木监测

外调苗木监测指对来自毗邻美国白蛾疫区的苗木花卉跟踪检查,重点检查苗木根系、土球是否携带美国白蛾越冬虫蛹。为杜绝苗木带疫情,森检机构应在查阅全国森防检疫信息的基础上,对照检疫信息系统提供的苗木调运信息,对外地调入的苗木进行现场复查,查看苗木是否有网幕和幼虫活动痕迹,检查苗木根系、土球是否携带越冬虫蛹;采取持续监测调查,确保在第一时间、第一地点掌握美国白蛾入侵情况,为及时封锁美国白蛾传播扩散赢得时间。

（四）美国白蛾的检疫

1.检疫的重要性

人为传播在美国白蛾扩散蔓延过程中具有主导作用。美国白蛾在我国境内传播的主要方式是随物资及交通工具进行远距离传播蔓延。美国白蛾传播的特点是一年四季都可发生,7月、8月和9月最多,这个时段正好是两个世代交替发生与扩散的盛期;疫区内的各种货物都能携带,农、林、牧、渔业产品易携带,尤其是木材、水果、草制品及其包装物携带的机会更多;卵、幼虫、蛹和成虫都能随货物和交通工具进行传播,5龄、6龄的幼虫和蛹的传播机会最多。

近年来美国白蛾在我国的扩散明显加快,疫情发生区域、发生面积都在迅速增加,说明了检疫工作在产地检疫、调运检疫和复检等环节中出现诸多疏漏。

2.检疫检验技术

国家标准《美国白蛾检疫技术规程》(GB/T 23474—2009)规定了实施美国白蛾产地检疫、调运检疫、复检、检验鉴定、除害处理的程序和方法。

1)产地检疫

产地检疫包括种苗繁育基地的检疫调查,贮木厂及加工、经销场(点)的疫情调查,集贸市场的疫情调查,如图 J-12-14 所示。

图 J-12-14　产地检疫

2)调运检疫

(1)检疫范围和方法:针对不同地区,特别是来自疫情发生区的应检物,仔细检查是否带有任何虫态的美国白蛾及排泄物、蜕皮物或被害状、土壤(蛹),如图 J-12-15 所示。

图 J-12-15　调运检疫

①将苗木、砧木、插条、接穗等繁殖材料,放在一块 100 cm × 100 cm 的白布(或塑料布)上,逐株(根)进行检查,详细观察根、茎、叶、芽等部位是否有美国白蛾的不同虫态,进行检疫。

②在现场仔细对枝干、木材、运输工具等外表或树皮裂缝处是否有美国白蛾的不同虫态、虫粪等进行检查。

③用肉眼或借助扩大镜、放大镜直接观察中药材、果品表面是否有危害症状(虫孔、虫粪等)。

④应检寄主植物及产品、植物性包装材料(含铺垫物、遮阴物、新鲜枝条)及装载植物的容器数量巨大,应进行抽样检查。

(2)抽样方法:现场检查散装的寄主植物、果实、苗木、花卉、中药材等时,从应检物中分层取样,直到取完规定的样品数量;现场检查原木、锯材时,按抽样比例,视美国白蛾疫情发生情况从楞垛表层或分层抽样检查。

（3）抽样比例：按照植物及其产品的种类和数量，采取随机抽样方法，抽取一定数量的样品进行现场检验。苗木、砧木、插条、接穗、花卉等繁殖材料，按一批货物总件数抽取1%～5%，少于20株时，应全部检查。生药材，按1袋货物总件数抽取0.5%～5%。原木、锯材及其制品（含半成品）和进境的植物及其产品的再调运，按一批货物总数或总件数抽取0.5%～10%。散装寄主植株、果实、生药材，按货物总量的0.5%～5%抽查，果实、生药材少于1 kg时，应全部检查。

其他怀疑带有美国白蛾的植物及其产品，按上述比例抽样检查的最低数量不得少于5件，不足5件的，全部检查。怀疑应检物带有美国白蛾时要扩大抽样数量，抽样数量应不低于上述规定的上限。

3）复检

怀疑来自疫情发生区及其毗邻地区或途径疫情发生区的应检物带有美国白蛾时，调入地森检机构须进行检疫。

4）检验鉴定

检验鉴定是指借助解剖镜、显微镜等仪器设备，参照有关的昆虫标本、图谱、资料等进行美国白蛾识别鉴定。对一时无法鉴定的幼虫采取人工饲养，养至成虫期鉴定，或结合观察各虫态特征及其生物学特性，做出准确鉴定。必要时送请有关专家鉴定，并由专家出具书面鉴定材料。

3.检疫处理技术

1）物理除害

在美国白蛾卵期、幼虫网幕期，每隔2～3天检查一次，将带美国白蛾卵块、幼虫网幕的叶连同小枝一起剪下，用纱网罩住，待天敌羽化后再烧毁或深埋。剪网幕时，注意不要破网，防止网内幼虫漏出，落在地上的幼虫应立即杀死。

2）药物除害

对于3龄前幼虫尽可能选择生物制剂或仿生制剂进行喷雾处理；对于3龄后幼虫应选择高效、低毒农药进行喷雾处理。

3）熏蒸除害

带有美国白蛾卵、幼虫、蛹的木材及其制品、包装材料、运载工具等应用溴甲烷进行熏蒸处理，用药量为9～20 g/m³，熏蒸时间为24～72 h。

4）其他方法

对带有美国白蛾的应检物，无法进行彻底除害处理或不具备检疫处理条件的应停止调运，进行改变用途或就地销毁处理。

（五）美国白蛾的防治

美国白蛾的防治有人工、物理、生物和化学防治。国家林业和草原局制定了林业行业标准《美国白蛾防治技术规程》(LY/T 2111—2013)，从技术层面对美国白蛾防治中的人工物理防治、生物防治、化学防治等技术要求进行了规范。这些规定是做好美国白蛾综合防治的法规和技术依据。

1.人工防治

人工防治美国白蛾的方法有人工剪除网幕、摘除卵块、人工挖蛹、绑草把等。

1)幼虫期防治

利用美国白蛾幼虫结网幕群居生活的习性,人工将网幕整体剪除是最经济、最环保、最高效的防治手段,方法是在美国白蛾3龄前,每2~3天1次重点寻找网幕,发现后用高枝剪及时剪下并销毁。

美国白蛾老熟幼虫要下树化蛹,防治人员可在其下树之前在树干离地1.0~1.5 m处用麦秸、稻草、杂草等沿树干"上松下紧式"绑一圈草把,提供幼虫化蛹环境诱使幼虫化蛹,在幼虫全部下树后取下草把烧毁以消灭美国白蛾蛹。

2)蛹期防治

美国白蛾多在树皮缝、建筑物缝隙、枯枝落叶下、砖石瓦块下等场所化蛹,多集中成堆,可在蛹期组织人员在上述地方挖取销毁。冬季可采取刮树皮、清扫林地、耕翻冬灌等措施,将翌春的虫口基数降低,起到事半功倍的效果。

3)成虫期防治

越冬代成虫飞翔力弱,清晨和傍晚多停留在建筑物的墙壁、树干、草地上休息,可进行人工捕杀。

4)卵期防治

在美国白蛾卵期可用人工摘除的方法,将带卵的叶片摘除,集中销毁、深埋处理。

2.物理防治

物理防治是在美国白蛾成虫期,利用成虫的趋光性,利用杀虫灯进行诱杀,以减少成虫交尾和产卵。物理防治方法是在美国白蛾的整个成虫期,在距地面2~3 m高处,悬挂杀虫灯,每天从19:00到次日6:00开灯诱杀美国白蛾成虫。

3.生物防治

生物防治是利用生物及其代谢产物防治有害生物的方法,其实质是利用生物种间关系、种内关系,调节有害生物种群密度。美国白蛾生物防治主要包括寄生性天敌的应用、微生物(病毒、细菌、真菌)防治、仿生药剂防治、信息素防治等。

1)白蛾周氏啮小蜂的应用

白蛾周氏啮小蜂在其自然分布区1年发生7代,以老熟幼虫在美国白蛾蛹内越冬,群集寄生于寄主蛹内,其卵、幼虫、蛹及产卵前期均在寄主蛹内度过,具有出蜂量性比大、雌蜂怀卵量大、成蜂寿命长、趋光性强、寻找寄主的能力强等特点。

放蜂最佳虫期为美国白蛾老熟幼虫期和化蛹初期。白蛾周氏啮小蜂应在美国白蛾老熟幼虫期,按1头白蛾幼虫释放3~5头白蛾周氏啮小蜂的比例,选择无风或微风的上午10时至下午5时进行释放。放蜂的方法:可采用二次放蜂,间隔5 d左右。也可以一次放蜂,用发育期不同的蜂茧混合搭配;将茧悬挂在离地面2 m的枝干上。

释放方法:把即将羽化出蜂的柞蚕茧用皮筋套挂或直接挂在树上,或用大头针钉在树干上,让白蛾周氏啮小蜂自然飞出(见图J-12-16)。为防止其他动物侵害,可用树叶覆盖。用试管、指形管或其他器皿繁殖的,在即将出蜂时,可直接将其放在树干基部,揭开堵塞物,让小蜂飞出。

图 J-12-16　白蛾周氏啮小蜂的释放方法

2) 应用 HycuNPV 病毒防治美国白蛾

美国白蛾的寄生病毒有 3 种,即核型多角体病毒(HycuNPV)、质型多角体病毒及颗粒体病毒。其中,核型多角体病毒最常见。病毒侵入虫体后在害虫细胞核内发育增殖,产生特殊的晶体微粒,即病毒多角体。核型多角体病毒经口腔或伤口感染害虫,在细胞核内增殖发育,再侵入害虫的健康细胞,致死害虫。病毒具有一定的自然传染能力和持效作用,且具有高度的专一性。昆虫幼虫感染病毒后,出现生理紊乱现象,具体表现为行动迟缓,取食量减小,体毛显长,体色逐渐由黄绿色变为黑褐色,部分体节肿大、伸长,体壁变薄、轻触即破,幼虫死亡时以腹足抓紧寄主树枝、叶,呈倒挂状下垂死亡,虫体出现腐烂现象。

(1)美国白蛾病毒防治。

美国白蛾病毒是一种高效无毒和无公害的微生物,对美国白蛾具有持续控制作用。美国白蛾病毒防治选用中国林业科学研究院森林生态环境与保护研究所研制的美国白蛾病毒杀虫剂(浓度为 2.5×10^9 OBs/mL),在幼虫发生期采用地面喷雾防治,兑水稀释 100 倍防治 $2 \sim 3$ 龄幼虫。喷洒时病毒浓度为 2.5×10^7 OBs/mL,每亩地需要病毒原液 100 mL。施药后 $10 \sim 15$ d 幼虫死亡。采用无人机防治时,每架次 20 亩,用药量为 2000 mL 病毒原液 +16 000 mL 水。

(2)美国白蛾病毒与细菌(Bt)复配防治。

对 $2 \sim 4$ 龄美国白蛾幼虫,用 HycuNPV 病毒原液(浓度为 2.5×10^9 OBs/mL)与 Bt 复配防治,即 10 mL 病毒原液中加入 2.5 g Bt。喷洒时原液稀释 800 倍。$10 \sim 12$ d 幼虫死亡。Bt 对 HycuNPV 毒力具有增效作用。采用无人机防治时,每架次 20 亩,用药量为 200 mL 病毒原液 +50 gBt+16 000 mL 水。

(3)美国白蛾病毒防治与人工物理措施相结合。

成虫羽化期(4 月下旬至 5 月上旬、6 月下旬、8 月上旬),采用杀虫灯诱杀:在村庄四周、林带及片林内,相隔 400 m 左右,将杀虫灯悬挂在树上,离地 $2 \sim 3$ m,挂灯处周围应无高大障碍物,每天从 19:00 至次日 6:00 开灯诱杀。幼虫期采用美国白蛾病毒兑水稀释喷雾防治。当虫口密度不大时,采用人工剪除网幕防治:利用白蛾幼虫结网幕群居生活的习性,在幼虫 3 龄前(5 月中旬、7 月上旬、8 月下旬),每 $2 \sim 3$ d 重点寻找 1 次网幕,组织专业队利用高枝剪剪除网幕并销毁。当虫口密度大时,采用美国白蛾病毒稀释喷雾防治,病毒浓度为 2.5×10^7 OBs/mL,施药后 $10 \sim 15$ d 幼虫死亡。

3)应用细菌防治美国白蛾

利用细菌防治美国白蛾目前研究和应用最多的是苏云金杆菌(简称 Bt)。在美国白蛾第1代、第2代 2~4 龄幼虫期,应用苏云金杆菌 8000 IU/ul 悬浮剂稀释 2000~3000 倍防治,5~7 d 后防效较好,校正死亡率为 83.1%~88.0%;应用 0.25% 阿维菌素·Bt32 000 IU/mg 悬浮剂稀释 2000~3000 倍防治,5~7 d 后防效较好,校正死亡率为 92.8%~96.4%。

4)应用仿生药剂防治

苦参碱是神经毒剂,是能麻痹昆虫神经,使蛋白质凝固堵塞气门导致昆虫窒息而死的虫酰肼属的高效低毒的昆虫生长调节剂,昆虫取食后在不该蜕皮时蜕皮,导致幼虫脱水、饥饿而死亡。烟·参碱乳油利用中药植物中的苦参素与烟碱等主要杀虫成分研制合成来防治害虫,具有高效、低毒、低残留等特点。印楝素为抗昆虫蜕皮激素,可以干扰昆虫蜕皮,导致昆虫产生形态上的缺陷,还可以影响昆虫的交配及卵子的发育,对害虫具有拒食、忌避、毒杀及影响昆虫生长发育等作用。

在美国白蛾第1代、第2代 2~4 龄幼虫期应用仿生药剂苦参碱、虫酰肼、印楝素等进行防治:应用 0.3% 苦参碱水剂稀释 2000 倍防治,4 d 后美国白蛾幼虫平均校正死亡率为 96.4%;应用 20% 虫酰肼悬浮剂稀释 4000 倍防治,6 d 后平均校正死亡率为 95.2%;应用 5‰ 印楝素乳油稀释 2000 倍防治,4 d 后平均校正死亡率为 96.4%。上述 3 种仿生药剂防治美国白蛾幼虫效果好,校正死亡率均在 95% 以上。

5)应用信息素防治

信息素是同种个体之间相互作用的化学物质,能影响彼此的行为、习性、发育和生理活动。性信息素主要运用在昆虫种群动态监测上。美国白蛾性信息素腺主要分布在雌蛾腹部末端 8~9 节间膜上。在成虫期利用美国白蛾性信息素诱杀雄性成虫,会导致雌雄比例严重失调,减少雌雄间的交配概率,降低下一代虫口密度。在越冬代成虫期,诱捕器设置高度为 2.0~2.5 m;在第1代、第2代成虫期,诱捕器设置高度为 5~6 m。每 100 m 设 1 个诱捕器,诱捕效果好。

应用性信息素防治美国白蛾,不但保护了美国白蛾的天敌,也保护了其他害虫的天敌,对于整个生态环境的天敌群落没有影响。

4.化学防治

化学防治是在美国白蛾灾害暴发严重时,采取必要的化学防治手段对美国白蛾的种群数量进行控制。在一些高密集林区和地形复杂的地区,一般采取飞机防治。相比人工喷药,飞机作业成本低、效果好。化学防治虽有见效快等优点,但也容易带来诸多弊端,如污染环境、杀伤天敌以及使害虫的抗药性增强等。

对 3~4 龄幼虫作用较好的药剂有高效氯氟氰菊酯、联苯菊酯、甲氰菊酯、氯氰菊酯等。

5.美国白蛾综合防治

综合防治是指根据美国白蛾不同发生阶段的特点,采取以生物防治为主,人工防治、物理防治为辅的方法进行防治,包括在成虫期(4月中旬至8月下旬)设置黑光灯诱杀成虫;在卵期(4月下旬至8月下旬)人工摘除卵块;在幼虫网幕期(5月上旬至9月下旬)人工摘除网幕及喷洒 HycuNPV、Bt、白僵菌等生物制剂;在老熟幼虫期在树干绑草把诱杀下树的老熟幼虫和蛹;在蛹期释放周氏啮小蜂或人工挖蛹。

参考文献
REFERENCES

[1] 张文颖，朱艾红 . 园林植物病虫害防治 [M]. 吉林：吉林教育出版社，2017.

[2] 关继东 . 森林病虫害防治 [M]. 北京：高等教育出版社，2002.

[3] 张灿峰 . 林业有害生物防治药剂药械使用指南 [M]. 北京：中国林业出版社，2010.

[4] 康克功，曾晓楠 . 园林植物病虫害防治 [M]. 武汉：华中科技大学出版社，2012.